普通高等教育公共基础课系列教材·信息技术类

Python 语言程序设计

（修订版）

主　编　胡　滨　石礼娟　万世明

副主编　章　程　田　芳　彭明霞

科 学 出 版 社

北　京

内 容 简 介

本书主要介绍 Python 的运行环境、基本语法、程序基本结构、组合数据类型、函数、文件、文件异常、常用标准库和第三方库的相关知识等内容。书中列举了丰富的教学案例，以帮助学生更好地掌握相关知识。本书知识完整、实用性强，讲解基础知识的同时，还介绍了使用 Python 进行数据处理、图像处理的方法。

本书既可以作为程序设计初学者和高等院校学生学习 Python 程序设计的基础教材，也可以供参加全国计算机等级考试的人员参考。

图书在版编目（CIP）数据

Python 语言程序设计（修订版）/ 胡滨，石礼娟，万世明主编. 一北京：科学出版社，2020.3

（普通高等教育公共基础课系列教材·信息技术类）

ISBN 978-7-03-064429-9

Ⅰ.①P… Ⅱ.①胡… ②石… ③万… Ⅲ.①软件工具-程序设计-高等学校-教材 Ⅳ.①TP311.561

中国版本图书馆 CIP 数据核字（2020）第 025865 号

责任编辑：戴 薇 王国策 袁星星 / 责任校对：王万红
责任印制：吕春珉 / 封面设计：东方人华平面设计部

科学出版社 出版

北京东黄城根北街 16 号
邮政编码：100717
http://www.sciencep.com

三河市骏杰印刷有限公司印刷
科学出版社发行 各地新华书店经销

*

2020 年 3 月第 一 版 开本：787×1092 1/16
2023 年 8 月修 订 版 印张：18 3/4
2025 年 1 月第九次印刷 字数：443 000

定价：60.00 元
（如有印装质量问题，我社负责调换）

销售部电话 010-62136230 编辑部电话 010-62135763-2047

前　言

Python 是一种面向对象的解释型计算机程序设计语言，由荷兰人吉多·范罗苏姆（Guido van Rossum）于 1989 年发明，1991 年公开发行第一个版本。Python 的设计哲学是优雅、明确、简单，它强调代码的可读性和语法的简洁性。Python 通过缩进划分不同结构，所以 Python 代码总是清晰明了的，这也对编程者在编码的规范性上提出了要求。Python 具有非常优秀的可扩展性，提供了海量的标准库和第三方库，主要用于小规模程序设计，如处理计算量大的矩阵、进行数据分析、画饼图等。

程序设计是高等院校普遍开设的计算机基础课程，它面向计算机专业和非计算机专业的学生，旨在使学生掌握程序设计的基本思想和方法。随着大数据、人工智能时代的到来，Python 以其简单易学的特点和丰富的数据处理功能得到了广泛的应用。因此，Python 语言程序设计适合作为程序设计的入门课程。

本书由工作在教学第一线的高校教师编写完成。在编写本书时，编者坚持科技是第一生产力、人才是第一资源、创新是第一动力的思想理念，紧紧围绕"培养什么人、怎样培养人、为谁培养人"这一教育根本问题，全面落实立德树人根本任务，强化学生素养教育，培养德智体美劳全面发展的社会主义建设者和接班人。本书注重保持知识的完整性和系统性，精选教学案例，由浅入深，脉络清晰，既有对具体问题的思路解析，又有对代码的具体讲解。书中教学案例提供相应的源代码，方便教学。

全书共分 10 章，主要内容如下：

第 1 章主要介绍 Python 的发展过程、特点、编程环境的配置和使用方法。

第 2 章主要介绍 Python 的编码规则、变量的声明及使用、基本数据类型、运算符的使用、输入函数 input() 和输出函数 print() 的使用。

第 3 章主要介绍 Python 程序的 3 种基本控制结构、常用算法及其应用。

第 4 章主要介绍字符串、元组、列表、字典、集合的相关知识和应用。

第 5 章主要介绍函数的定义和调用方法、参数传递的多种方式、嵌套函数的使用方法、lambda 函数的使用方法、变量的作用域和递归函数的使用方法。

第 6 章主要介绍 Python 中文本文件的读写方法、二进制文件的读写方法、os 模块中实现文件级和目录级操作的方法、jieba 库的应用和第三方库的安装、Python 的异常处理机制。

第 7 章主要介绍基于 turtle 库的绘图方法及应用、random 库的常用函数及应用、time 库的常用函数及应用。

第 8 章主要介绍 numpy 和 matplotlib 库的应用方法、Python 中科学计算的综合应用方法。

第 9 章主要介绍网络爬虫的概念及工作原理、urllib 库 request 请求模块的使用方法、

urllib 库 parse URL 解析模块的使用方法、常见的网络异常、urllib 库 error 异常处理模块的使用方法、requests 库的使用方法、服务器返回的数据格式、网页的结构、正则表达式的使用、re 模块解析网页数据、lxml 库解析网页数据。

第 10 章主要介绍 Python 图形图像处理的基本原理，Pillow 库的基本功能和用法。

本书由胡滨、石礼娟、万世明担任主编，章程、田芳、彭明霞担任副主编，姚超、刘嘉鞞、朱丽参与编写。具体编写分工如下：第 1 章和第 5 章由胡滨编写，第 2 章和第 3 章由田芳编写，第 4 章由彭明霞编写，第 6 章由石礼娟、刘嘉鞞编写，第 7 章由石礼娟编写，第 8 章由胡滨、刘嘉鞞编写，第 9 章由姚超、万世明编写，第 10 章由章程、朱丽编写。在修订本书的过程中，编者坚持"产教融合，科教融汇"，以农业相关案例穿插全书，将"绿色发展""科教兴国"有机融入学生素养教育之中，不断提升育人效果。

由于编者水平有限，书中疏漏和不足之处在所难免，敬请广大读者批评指正。

目　　录

第1章 概　述

🖱️ 学习要点

1. 了解 Python 语言的发展过程。
2. 了解 Python 语言的特点。
3. 掌握 Python 语言编程环境的配置和使用方法。
4. 了解 Python 程序设计的基本流程。
5. 了解程序设计语言的发展过程和三大基本结构。

Python 是一种计算机程序设计语言。Python 设计之初主要用于编写自动化脚本，随着版本的不断更新和语言功能的添加，其越来越多地用于独立的、大型项目的开发。Python 的创始人是荷兰人吉多·范罗苏姆。1989 年圣诞节期间，吉多·范罗苏姆决心开发一个新的脚本解释程序，即 Python。Python 的语法非常简单，初学者可以轻松上手。因此，用 Python 做科学计算的研究机构日益增多，一些知名大学已经采用 Python 来教授程序设计课程。例如，卡耐基-梅隆大学的编程基础、麻省理工学院的计算机科学及编程导论就使用 Python 语言讲授。近年来，随着 Python 功能的完善，其应用越来越广泛，编程时需要的绝大多数功能可以找到相应的类库，从而节省了使用者大量的时间和精力。对于初级程序员而言，Python 是一种伟大的语言，它支持广泛的应用程序开发，如简单的文字处理、WWW 浏览器开发、游戏开发。另外，Python 也可以应用在人工智能、大数据和机器学习等前沿科技领域。此外，Python 的社区活跃度非常高。

值得注意的是，Python 目前有两个主流的版本：一个是 Python 2.×，另一个是 Python 3.×。这两个版本相差较大，并且不完全兼容。本书是基于 Python 3.7.3 版本进行编写的。

1.1　Python 的特点

1. Python 的优点

（1）简单易学。Python 语言力求代码简洁、优美。其采用强制缩进的方式来标识代码块，通过减少无用的结构符号使代码具有极佳的可读性。阅读一段结构良好的 Python 程序时，读者能够专注于要解决的问题，而不用太纠结编程语言本身的语法。相比其他语言经常使用英文关键字和标点符号的情况，Python 有相对较少的关键字，明确定义的语法，且结构简单，容易理解和学习。

（2）解释型、交互式和面向对象的脚本语言。Python 是一种解释型语言，故在开发过程中没有编译环节。Python 是一种交互式语言，故可以在一个提示符"＞＞＞"后直接执行代码。Python 是面向对象的语言，故其支持面向对象的风格及将代码封装在对象中的编程技术。

（3）可移植性、可扩展性、可嵌套性。可移植性基于 Python 开放源代码的特性。Python

程序可以在绝大多数系统平台上运行，包括 Linux、Windows、FreeBSD、Macintosh、Solaris 及 Android 等。可扩展性是指 Python 程序中可以使用 C 或 C++编写的程序。例如，如果需要一段运行很快的关键代码，或是需要编写一些不便公开的算法，可以先使用 C/C++完成关键部分的代码，然后从 Python 程序中调用这部分代码即可。可嵌套性是指能够把 Python 程序嵌入 C/C++程序中，从而向程序用户提供脚本功能。

（4）丰富的库资源。Python 拥有一个功能丰富的标准库。Python 语言的核心只包含数字、字符串、列表、字典、文件等常见类型和函数，其标准库提供了系统管理、网络通信、文本处理、数据库接口、图形系统、XML 处理等功能。另外，Python 还提供了大量的第三方库，其使用方式与标准库类似，功能覆盖科学计算、Web 开发、数据库接口、图形系统等多个领域。

下面对解释型语言做进一步说明。与解释型语言对应的为编译型语言。因为计算机只能直接理解机器语言，不能直接理解高级语言，所以必须将高级语言翻译成机器语言，这样计算机才能执行高级语言编写的程序。翻译的方式有两种，一种是编译，另一种是解释。两种方式的本质相同，只是翻译的时间点不同。

解释型语言编写的程序在运行时翻译。这样，解释型语言每执行一次就要翻译一次，执行效率较低。编译型语言编写的程序在编译时直接编译成机器可以执行的文件（通常为.exe 文件），编译和执行是分开的，但是不能跨平台，如 C++、C 语言。这样，以后运行该程序时直接使用编译的结果（.exe 文件）即可，程序执行效率高。

2. Python 的缺点

（1）速度慢。Python 的运行速度相比 C、C++、Java 确实慢很多，但这里所指的运行速度慢在大多数情况下用户是无法直接感知到的。在大多数情况下，Python 已经完全可以满足用户对程序速度的要求。若有速度要求，可以用 C/C++来改写关键部分。

（2）代码不能加密。Python 的开源性使其不能加密，即它的源码都是以明文形式存放的。如果项目要求源代码必须是加密的，则不宜用 Python 实现。

（3）对多处理器支持受限。这是 Python 较突出的缺点。全局解释器锁（global interpreter lock，GIL）是计算机程序设计语言解释器用于同步线程的工具，当 Python 的默认解释器要执行字节码时，都需要先申请这个锁。如果试图通过多线程扩展应用程序，将被 GIL 限制，使任何时刻仅有一个线程在执行。即使在多核 CPU 平台上，由于 GIL 的存在，Python 也禁止多线程的并行执行。

（4）构架选择太多。

（5）Python 2.×系列与 Python 3.×系列不兼容。在使用 Python 的过程中，不同系列互不兼容给所有的 Python 工程师造成了很多不便。

1.2　Python 3.×编程环境的配置与编程实例

因为 Windows 系统未内置任何 Python 版本，必须手动安装 Python 程序。Python 可以在官网下载，网址为 https://www.python.org/downloads/。Python 官网下载界面如图 1-1 所示。下载时要注意选择所用的操作系统和版本，如本书选择 Python 3.7.3 版本的 Windows x86-64 executable installer 类型。

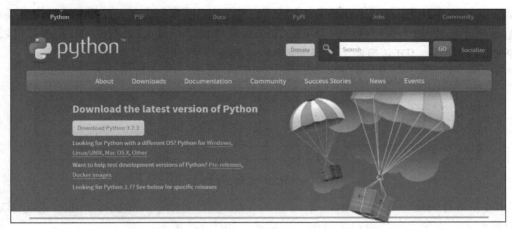

图 1-1　Python 官网下载界面

　　下载完成后直接双击安装包进行安装，安装过程中应选中 Add Python 3.7 to PATH 复选框，如图 1-2 所示。选中该复选框的目的是将 Python 加入环境变量中，以便在 cmd 命令行窗口任意目录下识别 Python 命令。

图 1-2　Python 安装界面

　　在图 1-2 所示安装界面选择 Install Now 选项开始安装。安装完成后，打开 cmd 命令行窗口，输入 "python" 命令，如图 1-3 所示。如果可以查看到相关版本信息，表示 Python 已经可以使用了。

图 1-3　cmd 命令行窗口输入界面

　　Python 提供了一个简洁的集成开发环境 IDLE。利用 IDLE 可以较为方便地创建、运行、测试和调试 Python 程序。在 Windows 环境下启动 IDLE 有多种方式，如可以通过快捷菜单、桌面图标运行 IDLE，也可以进入 Python 安装目录直接运行 IDLE。启动 IDLE 后就可以编写 Python 程序了。IDLE 启动后的界面如图 1-4 所示。

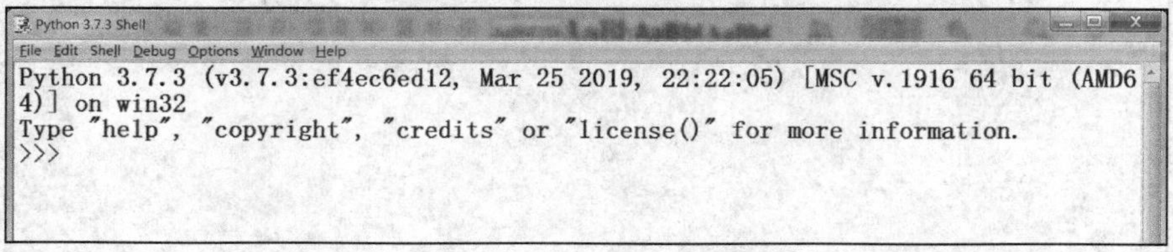

图 1-4　IDLE 启动后的界面

　　IDLE 本身就是一个 Python Shell，可以在 IDLE 窗口直接输入和执行 Python 语句。IDLE 自动对输入的语句进行排版和关键词高亮显示，如图 1-5 所示。

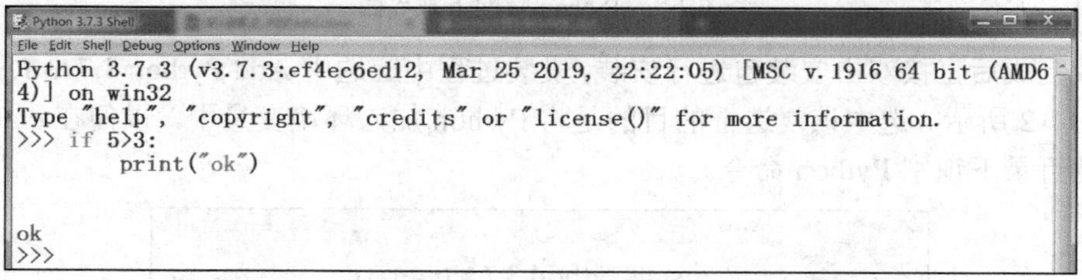

图 1-5　IDLE 高亮显示 Python 关键词

　　IDLE 还可以保存、打开并执行代码文件。

　　（1）在 IDLE 窗口，选择 File→New File 命令，可以打开编辑窗口，在其中可以输入代码并保存，如图 1-6 所示。

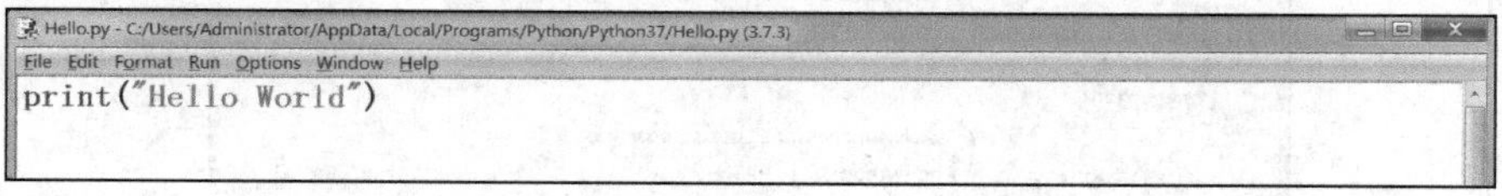

图 1-6　Hello.py 文件编辑窗口

　　（2）选择 Run→Run Module 命令或按 F5 键，即可执行代码文件。执行后的输出结果如图 1-7 所示。

图 1-7　执行 Hello.py 文件的输出结果

1.2.1　Python 2.×和 Python 3.×的区别

初学者学习 Python 或想要用 Python 开发一个新项目时，该如何选择 Python 版本呢？其实大部分 Python 库同时支持 Python 2.×和 Python 3.×版本，所以无论选择哪个版本都是可以的。但是，为了在使用 Python 时避开某些版本中常见的一些陷阱，或移植某个 Python 项目，依然有必要了解 Python 两个常见版本之间的主要区别。

1. print()函数

输出函数在 Python 3.×中有一个很小的改动，由于该函数大量使用，下面做简要介绍。Python 2.×中的 print 语句被 Python 3.×中的 print()函数取代，在 Python 3.×中必须用括号将需要输出的参数括起来。在 Python 2.×中使用额外的括号也是可以的。但在 Python 3.×中以 Python 2.×的形式不带括号调用 print()函数时，会触发 SyntaxError 错误提示。

Python 2.×中的 print 语句如下。

```
1    print "Hello,world!"
```

Python 3.×中的 print()函数如下。

```
1    print("Hello,world!")
```

两者输出的结果都是字符串"Hello,world!"，但语法是不同的。

2. 整除

因为即使写错了也不会触发 SyntaxError，所以人们常常会忽视 Python 3.×在整除上的改变。在移植代码或在 Python 2.×中执行 Python 3.×的代码时，需要特别注意这个改动。

在 Python 2.×中，如果除数和被除数都是整数，则结果一定是整数。例如，在 Python 2.×中 9/4 的结果是整数 2。

在 Python 3.×中，整除结果是带小数点的浮点数（float），即使能整除，其结果也是浮点数。例如，在 Python 3.×中 9/4 的结果是浮点数 2.25，8/4 的结果是浮点数 2.0。

为了避免不同版本整除时的区别，可以在 Python 3 的代码中用 float(9)/4 或 9.0/4 代替 9/4，使代码在 Python 2.×和 Python 3.×运行下能得到一致的结果。

3. Unicode

Python 2.×有基于 ASCII 码的 str()类型，其可通过单独的 unicode()函数转换成 unicode 类型，但没有 byte 类型。在 Python 3.×中，有 Unicode（UTF-8）字符串，以及两个字节类：bytes 和 bytearrays。

通过列举以上 3 个方面的不同，就可以知道 Python 2.×和 Python 3.×之间是不兼容的，使用过程中要明确所用版本类型。除了以上 3 个初学者经常遇到的问题外，Python 2.×和 Python 3.×还在 xrange、异常处理、比较无序类型和 input()解析输入内容等多方面有很多区别，读者可以自行查阅相关资料。

1.2.2　编写简单 Python 程序

前面已经介绍了 Python 的开发环境和一些基本概念，下面通过两个应用程序实例来讲解编写应用程序的全过程。编写一个应用程序的基本过程如下：

（1）分析问题，明确目标与算法设计。

（2）输入所需数据。

（3）对数据进行处理（算法设计的核心所在）。

（4）输出数据和相应结果。

（5）保存程序文件。

（6）运行和调试程序。

例 1.1 输入圆半径，求出圆的周长和面积。

任务分析：

本例是根据输入函数 input()给出圆半径 r，再根据 r 的值结合圆周长 c 和圆面积 s 的计算公式分别计算出相应结果。最后使用 print()函数输出结果。

源程序：

```
1   pi=3.14
2   r=float(input("请输入半径(默认单位厘米):"))
3   c=2*pi*r            #求圆周长 c
4   s=pi*r**2           #求圆面积 s
5   print("半径%f 的圆,其周长是%f,其面积是%f"%(r,c,s))
```

程序结果：

代码编写完后，一个完整的程序就设计好了，然后选择 Run→Run Module 命令或按 F5 键运行程序。如果有语法错误，系统显示错误信息，提示用户进行修改；如果没有语法错误，则正常执行程序。

对于初次接触计算机语言的学习者，程序运行时出现错误很正常，关键是要耐心去发现错误、纠正错误。最开始的编程要求是没有语法错误，随着学习的深入，需要掌握逻辑错误的排除方法。该程序的运行结果如下：

```
请输入半径(默认单位厘米):3
半径 3.000000 的圆,其周长是 18.840000,其面积是 28.260000
```

读者可以通过保留小数位数的 round()函数来得到想要的结果，如保留两位小数。

例 1.2 求 1～100 间所有偶数的和。

任务分析：

本例求在一定范围内（1～100）、满足一定条件（偶数）的若干整数的和，是一个累加和的问题。这类问题的基本解决方法是，设置一个变量（如 sum）作为累加的和，将其初值置为 0，再在指定的范围内（1～100）寻找满足条件（偶数）的整数，将它们一个一个累加到 sum 中。为了处理方便，将正在查找的整数也用一个变量（如 i）来表示。

所以，累加过程的 Python 语句为

```
sum=sum+i
```

它表示把 sum 的值加上 i 后再重新赋给 sum。

这个累加过程要反复做，可以用结构化程序设计中的循环结构来实现。在循环过程中：

（1）需要判断 i 是否满足问题要求的条件（偶数）。用分支结构实现将满足条件的整数累加到 sum 中。

（2）需要对循环次数进行控制。这可通过 i 值的变化进行控制，即 i 的初值设为 1，每循环一次加 1，一直加到 100 为止；也可以将 i 的初值设为 2，每循环一次加 2，一直加到 100 为止，第二种方式可以省略 i 是否为偶数的判断。

基于上述解决问题的思路，就可以逐步明确解决问题的步骤，即解决问题的算法。

算法（algorithm）是一组明确的解决问题的步骤，它产生结果并可在有限时间内终止。可以用多种方式来描述算法，包括用自然语言和流程图。下面主要介绍流程图的使用。

流程图是算法的图形表示法。它用图的形式掩盖了算法的所有细节，只显示算法从开始到结束的整个流程。

对于求 1～100 间偶数和的问题，可以用流程图来描述解决步骤（算法），如图 1-8 所示。

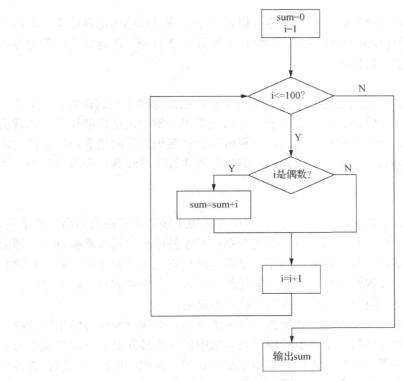

图 1-8　求 100 以内的偶数和流程图

源程序：

```
1    sum=0
2    for i in range(1,101):
3        if i%2==0:
4            sum=sum+i
5    print("100 以内的偶数和是:",sum)
```

程序结果：

```
100 以内的偶数和是:2550
```

1.3　计算机程序设计概述

1.3.1　计算机程序设计语言概述

计算机之所以能自动进行计算，是因为采用了程序存储的原理，计算机的工作体现为执行程序。程序是控制计算机完成特定功能的一组有序指令的集合，编写程序使用的语言称为程序设计语言，它是人与计算机之间进行信息交流的工具。

程序设计语言的发展从低级到高级经历了机器语言、汇编语言、高级语言的发展过程。具体发展过程如下：

1）机器语言

计算机能够直接识别和执行的二进制指令（机器指令）的集合称为机器语言。早期的计算机程序都是直接使用机器语言编写的，这种语言使用 0、1 代码，因此编写的程序难以理解和记忆，目前已不被人们使用。

2）汇编语言

通过助记符代替 0 和 1 机器指令以便于理解和记忆，由此形成了汇编语言。汇编语言实际上是与机器语言相对应的语言，只是在表示方法上采用了便于记忆的助记符来代替机器语言中的二进制代码，一般又称符号语言。计算机不能直接识别汇编语言，需要经过汇编程序转换为机器指令码后计算机才能识别。汇编语言的执行效率较高，但难以理解，因此使用较少。

3）高级语言

机器语言和汇编语言是面向机器的语言，高级语言采用更接近自然语言的命令或语句。使用高级语言编程时，一般不必了解计算机的指令系统和硬件结构，只需掌握解决问题的方法和高级语言的语法规则，就可以编写程序。早期高级语言在程序设计时着眼于问题解决的过程，因此它是面向过程的语言。对于面向过程的语言，人们更容易理解和记忆，这也给编程带来了很大方便，但它与自然语言仍有较大的差别。

面向对象语言是比面向过程语言更高级的一种高级语言。面向对象语言的出现改变了编程的思维方式，使程序设计的出发点由着眼于问题域中的过程转向着眼于问题域中的对象及其相互关系，这种转变更加符合人们对客观事物的认识。因此，面向对象语言更接近于自然语言，面向对象语言是人们对客观事物更高层次的抽象。

目前，世界上已经设计和实现的计算机语言有上千种之多，但实际上被人们广泛接受和使用的计算机语言只有数十种。

1.3.2　结构化程序设计

程序设计的方法是随着计算机的发展而不断进步和完善的，在程序设计的发展过程中，人们对程序的结构进行了深入的研究，并不断地探索，如究竟应该用什么样的方法来设计程序，如何保证程序设计的正确性，程序设计的主要方法和技术应如何规范等。经过反复的实践，人们逐渐确定了程序设计基本技术方法——结构化程序设计方法。

结构化程序设计强调从程序的结构风格上来研究程序设计。它将程序划分为 3 种基本结构，人们可以用这 3 种基本结构来展开程序，表示一个良好的算法，从而使程序的结构清晰、易读、易懂且质量好。这 3 种基本结构为顺序结构、分支结构和循环结构。

1）顺序结构

顺序结构是一种最简单、最基本的结构。在顺序结构内，各程序块按照出现的先后顺序依次执行。图 1-9 表示了一个顺序结构流程图，从图中可以看出它有一个入口点 a，一个出口点 b，在结构内 A 框和 B 框是按先后顺序执行的处理框。

2）分支结构

分支结构中包含一个判断框，根据给定的条件 P 是否成立而选择执行 A 框或 B 框。当条件成立时，执行 A 框，否则执行 B 框。A 框或 B 框可以是空框，即不执行任何操作，但判断框中的两个分支在执行完 A 框或 B 框后必须合在一起，从出口点 b 退出，然后接着执行其他过程。图 1-10 为分支结构流程图，在分支结构中程序产生了分支，但对于整个虚线框而言，它仍然只有一个入口 a 和一个出口 b。

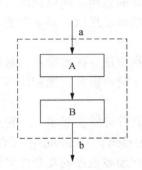

图 1-9 顺序结构流程图

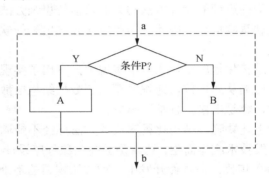

图 1-10 分支结构流程图

3）循环结构

循环结构是指在一定的条件下反复执行一个程序块的结构。其流程图如图 1-11 所示。循环结构也只有一个入口和一个出口。其功能：当给定的条件 P 成立时，执行 A 框操作，执行完 A 框操作后，再判断条件 P 是否成立，如果成立，再次执行 A 框操作，如此重复执行 A 框操作，直到判断条件 P 不成立后退出循环，此时不再执行 A 框操作，而从出口 b 脱离循环结构。

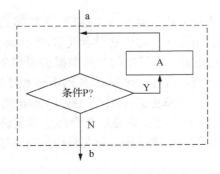

图 1-11 循环结构流程图

由上述 3 种基本结构构成的程序，称为结构化程序。3 种基本结构中的每一种结构都应具有以下特点：

（1）只有一个入口和一个出口。

（2）没有死语句，即每条语句都应该有一条从入口到出口的路径（即至少执行一次）。

（3）没有死循环（无限次循环）。

实践证明，任何满足以上 3 个条件的程序，都可以表示为由以上 3 种基本结构所构成的结构化程序；反之，任何一个结构化程序都可以分解为一个个基本结构。

结构化程序设计方法使程序的逻辑结构清晰、层次分明，有效地改善了程序的可靠性和可维护性，提高了程序的开发效率。

1.3.3　面向对象程序设计

结构化程序设计技术虽已使用了几十年，但如下问题仍未得到很好的解决。

（1）面向过程的设计方法与人们习惯的思维方法仍然有一定的差距，所以很难自然、准确地反映真实世界。因此，用此方法开发出来的软件有时很难保证质量，甚至需要进行重新开发。

（2）结构化程序设计在方法实现中只突出了实现功能的操作方法，而被操作的数据处于实现功能的从属地位，即程序模块和数据结构松散地耦合在一起。因此，当应用程序比较复杂时，容易出错，且难以维护。

由于上述缺陷，结构化程序设计方法已经不能满足现代化软件开发的要求，一种全新的软件开发技术应运而生，这就是面向对象程序设计（object oriented programming，OOP）。20 世纪 80 年代，在软件开发中各种方法积累的基础上，就如何超越程序的复杂性障碍，如何使计算机系统自然地表示客观世界等问题，人们提出了面向对象程序设计方法。面向对象程序设计方法不再将问题分解为过程，而是将问题分解为对象。对象将自己的属性和方法封装成一个整体，供程序设计者使用。对象之间的相互作用则通过消息传递来实现。使用面向对象程序设计方法可以使人们对复杂系统的认识过程、系统的程序设计与实现过程尽可能一致。

本 章 小 结

近年来，随着 Python 的不断升级及其在人工智能、大数据处理等方面的应用越来越广，越来越多的人开始重视 Python 的使用。对于初学者而言，Python 比 C 系列语言更容易上手，其提供了列表、字典、集合、元组等非常好用的复杂数据类型和非常丰富的第三方库。Python 是一种代表简单主义思想的语言，阅读一个良好的 Python 程序时，读者能够专注于要解决的问题，而不是关注语言本身。本章主要介绍了一些 Python 的入门知识，如 Python 的特点、Python 3.7.3 的安装过程和编码环境，并通过两个程序案例讲解了编写程序的完整过程，程序设计会用到的 3 种基本结构（顺序结构、分支结构和循环结构），以及通过流程图来描述程序算法的方法。

第 2 章　Python 语言基础

学习要点

1. 掌握 Python 的编码规则。
2. 熟悉变量声明及使用方法。
3. 掌握运算符和表达式的使用方法。
4. 输入函数 input()和输出函数 print()的使用方法。

2.1　Python 的语法特点

2.1.1　注释

在程序语言中，为了让人们更加轻松地了解代码功能，通常可以引入注释对程序代码进行解释和说明，且不同的程序语言注释形式有所不同。在 Python 中，注释形式有普通注释、文档字符串两种形式。

1. 普通注释

Python 中的注释使用"#"符号标识。在程序执行时，解释器会自动忽略"#"后面的内容。"#"可以标识单行注释，也可以标识行内注释（即语句或表达式之后的注释）。行内注释与语句至少相隔两个空格，从程序的可读性考虑，应谨慎使用行内注释。

单行注释：

```
#Hello World!
```

行内注释：

```
print('Hello World!')  #print"Hello World!"
```

例 2.1　在 Python 中输入上面两行代码，并查看执行结果。其中，print()函数用于输出。

打开 IDLE 窗口，选择 File→New File 命令，如图 2-1 所示。

在打开的编辑窗口中输入上述代码，如图 2-2 所示，保存为 py2-01.py。

图 2-1　选择 New File 命令

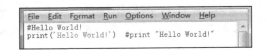

图 2-2　语句代码窗口中行注释语句的显示

选择 Run→Run Module 命令（图 2-3）或按 F5 键执行该代码，其运行结果如图 2-4 所示。

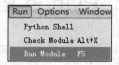

图 2-3　选择 Run Module 命令

```
======================= RESTART: F:/python/py2-01.py =========================
Hello World!
>>>
```

图 2-4　例 2.1 运行结果

2. 文档字符串

文档字符串是在开头和结尾加入 3 个单引号（'''）或 3 个双引号（"""）的注释形式。在编写公共模块、函数、类和方法时，可以使用文档字符串来注释它们的使用方法。文档字符串可以使用 function.__doc__（双下划线）调用。

例 2.2　文档字符串的使用及调用方法。新建一个 py2-02.py 文件，输入如图 2-5 所示代码，按 F5 键执行程序，运行结果如图 2-6 所示。

```
x=input("请输入第一个数:")
y=input("请输入第二个数:")
def  calculate(x,y):
     '''输入两个数
         计算和
         计算差
     '''
     sum1=int(x)+int(y)
     diff1=int(x)-int(y)
     print("两数和:"+str(sum1))
     print("两数差:"+str(diff1))
calculate(x,y)
#调用__doc__
print(calculate.__doc__)
```

图 2-5　文档字符串的使用

```
>>>
========================= RESTART: F:\python\py2-
02.py =========================
请输入第一个数: 50
请输入第二个数: 25
两数和: 75
两数差: 25
输入两个数
        计算和
        计算差
```

图 2-6　调用__doc__的运行结果

2.1.2　代码缩进

Python 语句不使用 "{}" 表示代码块，而是使用缩进即逻辑行首的空白（制表符或空格）来区分代码块。制表符和空格不能混合使用，错误地使用制表符或空格时，解释器会提示 "unindent does not match any outer indentation level"（缩进级别不匹配）。

缩进决定逻辑行的层次和语句的分组。缩进在 Python 中非常重要，同一层次语句有着相同缩进，每组语句为一个代码块。同一组语句的缩进必须保持一致，代码缩进混乱会直接导致程序不能正确运行或运行结果达不到预定的目标。

例 2.3　代码缩进实例。

源程序：

```
1    #j 赋值为*
2    j="*"
3    #从 0 到 3,循环 3 次
4    for i in range(3):
5    #输出 i
6        print(i)
7    #输出 j
8        print(j)
```

程序结果：

```
0
*
1
*
2
*
```

代码分析：

第 4 行代码为 for 循环语句，输入完毕，按 Enter 键后系统会自动留出下行代码前的空白，range(3) 是创建一个 0～3 的整数列表，print(i) 和 print(j) 在同一个 for 语句层次内循环 3 次，输出的结果分别为第 1 次 0、*，第 2 次 1、*，第 3 次 2、*。

例 2.4　下面将例 2.3 中第 8 行代码前的缩进去掉，根据运行结果理解缩进对程序的影响。

源程序：

```
1    #j 为*
2    j="*"
3    #从 0 到 3,循环 3 次
4    for i in range(3):
5    #输出 i
6        print(i)
7    #输出 j,删掉 print(j) 前的空白
8    print(j)
```

程序结果：

```
0
1
2
*
```

代码分析：

print(j)和 print(i)缩进不同、层次不同，print(j)不在 for 循环语句中。这里循环 3 次输出的结果分别为第 1 次 0，第 2 次 1，第 3 次 2，最后该循环执行完毕，继续执行下一条 print(j)语句。

2.1.3　编码规范

1. 源文件编码

在核心 Python 3 发行版中的代码使用 UTF-8（或 Python 2 中的 ASCII 码）。使用 ASCII 码（Python 2）或 UTF-8（Python 3）的文件不需要编码声明，但是在 Python 2 中使用 UTF-8 编码时需要有编码声明：

```
#-*- coding: utf-8 -*-
#! /usr/bin/env python2
```

在 Python 3 或更高版本的标准库中规定：标准库中的所有标识符必须仅使用 ASCII 码，且尽量使用英文字母；字符串和注释必须是 ASCII 码格式；非默认编码应仅用于测试目的，或当普通注释或文档字符串需要提及包含非 ASCII 码的数据时；否则，使用\x、\u 或\n 等转义字符。

2. 代码行的长度规则

Python 将代码行限制为最多 79 个字符。对于结构限制较少的长文本块（普通注释或文档字符串），行长度应限制为 72 个字符。

对于较长的语句，Python 中可以使用反斜杠"\"作为续行符，但在圆括号"()"、方括号"[]"和花括号"{}"内使用 Python 的隐式续行符时，无须使用反斜杠"\"。但有些语句，如 long、multiple with 等不能使用隐式延续，故它们可以使用反斜杠"\"。

例 2.5　行反斜杠"\"的用法实例。

源程序：

```
1   #在当前目录创建一个文本文件 01.txt
2   fp=open('01.txt','w+')
3   #输出 Hello world!Good morning!I wish you a good day!并保存到 01.txt 中
4   print("Hello world!\
5   Good morning!\
6   I wish you a good day!",file=fp)
7   #定义一个列表 x
8   x=[1,2,3,
9       4,5,6,
```

```
10          7,8,9]
11     #关闭文件对象
12     fp.close()
13     #输出文本文件 01.txt
14     print('这是文本文件 01: '+open('01.txt').read())
15     #将 01.txt 和列表 x 的内容写入 02.txt 中
16     with open('01.txt','r') as file_1, \
17          open('02.txt', 'w') as file_2:\
18          file_2.write(file_1.read()+str(x))
19     #输出文本文件 02.txt
20     print('这是文本文件 02: '+open('02.txt').read())
```

程序结果：

```
这是文本文件 01: Hello world!Good morning!I wish you a good day!
这是文本文件 02: Hello world!Good morning!I wish you a good day!
[1, 2, 3, 4, 5, 6, 7, 8, 9]
```

代码分析：

上述代码中涉及的列表和文件功能分别在第 4 章和第 6 章中介绍，这里仅掌握反斜杠 "\" 在语句中的使用方法即可。代码中：print() 中的字符串较长，使用反斜杠 "\" 进行连接；在输入列表 x[] 时可以在 "," 后直接换行；with 语句分行可以使用反斜杠 "\"。

3. 空行

在 Python 中插入空行时，解释器不会报错。为了增强代码的可读性，在顶部函数和类定义时可以使用两个空行进行包围，甚至可以利用空行来将两段不同功能的代码块进行分隔。

2.2　保留字与标识符

计算机编程语言中，通常会指定一些具有特定意义的字符串作为系统语言使用，这些字符串称为保留字。而用户在程序中自定义变量、函数、类、模块等时使用的名称，通常称为标识符。

2.2.1　保留字

不同版本 Python 语言的保留字有一定的差别，如在 Python 3.× 的 IDLE 中使用 "help("keywords")" 命令查询到当前版本的保留字为 35 个，如图 2-7 所示。

```
>>> help("keywords")
Here is a list of the Python keywords.  Enter any keyword to get more help.

False           class           from            or
None            continue        global          pass
True            def             if              raise
and             del             import          return
as              elif            in              try
assert          else            is              while
async           except          lambda          with
await           finally         nonlocal        yield
break           for             not
```

图 2-7　Python 中的保留字

表 2-1 展示了常用的保留字及其基本意义，程序中经常会使用它们来完成程序所需求的功能，保留字在程序中有重要的作用。

表 2-1　常用的保留字及其基本意义

序号	保留字	意义	序号	保留字	意义
1	False	布尔类型，假值，与 True 相反	19	from	导入模块，from…import
2	None	表示为空	20	global	声明全局作用域内定义的变量
3	True	布尔类型，真值，与 False 相反	21	if	条件语句，if…else、if…elif…else
4	and	表达式运算，逻辑与	22	import	导入模块，from…import
5	as	用于类型转换	23	in	判断变量是否在序列中
6	assert	断言的作用，必须为真，为假时触发异常	24	is	判断变量是否为某个类的实例
7	async	异步处理	25	lambda	匿名
8	await	程序挂起	26	nonlocal	外层变量
9	break	终止执行的循环	27	not	表达式运算，逻辑非
10	class	定义类	28	or	表达式运算，逻辑或
11	continue	继续执行下一次循环	29	pass	空的函数、方法、类的占位符
12	def	定义函数或方法	30	raise	异常抛出
13	del	删除变量、序列的值	31	return	返回结果到调用处
14	elif	条件语句，结构 if…elif…else	32	try	可能错误或异常，try…except
15	else	条件语句，结构 if…elif…else	33	while	循环语句
16	except	捕获异常，与 try、finally 结合使用	34	with	简化语句
17	finally	异常语句，始终执行 finally，与 try 和 except 结合使用	35	yield	返回生成器对象
18	for	循环语句			

2.2.2　标识符

每种计算机程序语言的标识符都规定了相应的命名规则，在 Python 语言中标识符的命名规则应遵循以下几点：

（1）标识符由字母、数字、下划线组成。

（2）标识符不能以数字开头。

（3）标识符区分大小写。

（4）标识符不能包含空格。

（5）保留字不能作为标识符使用。

（6）尽量避免使用下划线开头、结尾的命名，因为下划线在 Python 解释器中有特殊的意义。

例 2.6　标识符的命名规则实例。

合法的标识符：n、n1、N、N_1。

不合法的标识符：1n、def、N@1、123、N 1、n+1。

2.3　变　　量

变量的概念来源于数学，数学中的变量是表示对象的符号，可以是数字、函数、矩阵、向量等。在计算机程序语言中，变量在程序执行期间的值是变化的，它代表内存中指定的存储单元，程序编译时通过对变量名的寻址来调用该地址内存中存储的数据。变量的属性包括变量名、类型、值、大小、地址、生存周期、作用域等。

2.3.1　理解 Python 中的变量

变量是以标识符命名的存储单元地址。在 Python 中，变量使用前必须先赋值，赋值完成后，解释器会创建相应的内存空间。在很多计算机程序语言中，变量使用前一般需要定义变量名、数据类型；但在 Python 中，变量可以直接赋值，不需要声明数据类型，这是因为变量的数据类型存在于对象中。

例 2.7　理解 Python 中变量的概念，代码如图 2-8 所示。

图 2-8 所示代码中，x=1 时，x 的 id（地址）与 1 的 id（地址）相同，且 x 与 1 的 type（类型）也相同，都是 int（整型）。变量 x 存储的是对象地址，它通过地址引用对象。换言之，变量可以理解为对内存中对象的引用。

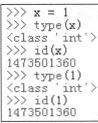

图 2-8　变量的赋值

2.3.2　变量的定义与使用

在 Python 中，可以使用声明语句来声明变量，语法格式如下：

```
变量名=值　#变量的声明
变量1=变量2=变量3=…=变量n=值　#每个变量赋值相同的多个变量赋值
变量1,变量2,变量3,…,变量n=值1,值2,值3,…,值n　#每个变量对应赋值的多个变量赋值
```

注意：在 Python 中变量使用前必须赋值，如果不指定初始值，解释器会提示"name 'xxx' is not defined"（名称未定义）的错误。另外，在 Python 中赋值操作符除了等号"="外，还有+=、-=、*=、/=、%=、**=、//=等赋值运算符。

2.4　基本数据类型及其转换

Python 中的数据类型有数字、字符串、布尔、列表、元组、字典等。本节主要介绍数字、字符串、布尔这几种基本数据类型及其转换，列表、元组、字典等将在第 4 章详细介绍。

2.4.1　数字类型

Python 的数字类型分为整型（int）、浮点型（float）、复数型（complex）。

1. 整型

整型是带正负号的整数数据。在 Python 中，整型数据的表示方法有十进制整数、二进

```
>>> hex(1)
'0x1'
>>> oct(1)
'0o1'
>>> bin(1)
'0b1'
```

图 2-9　3 种函数的使用

制整数、八进制整数、十六进制整数 4 种。在 Python 中，可以利用 hex()函数、oct()函数、bin()函数来进行表示方法的转换。图 2-9 是将十进制数字 1 分别转换成十六进制、八进制、二进制。

　　另外，Python 中的 int(字符串,base)函数可以将十六进制、八进制、二进制的字符串转换成十进制。例如，int('0x1',16)、int('0o1',8)、int('0b1',2)，它们的结果均显示为 1。

　　在 Python 2.×版本中，整数最大值范围规定：32 位整数的取值为−2147483648～+2147483647，64 位整数的取值为−9223372036854775808～+9223372036854775807。在 Python 3.×中，取消了整数的最大值限制，因此 Python 可以对超大值的数进行运算，应用领域更加广泛。

2. 浮点型

浮点数表示实数数据，由整数部分、小数点和小数部分组成，一般使用科学计数法表示，即把 10 用 e（或大写 E）替代，小数点的位置可以改变，如浮点数 1.25 用科学记数法表示为 125e−2、12.5E−1。整数的运算结果是精确的，而浮点数的运算结果有可能存在误差。

3. 复数型

在数学概念中把形如 $z=a+bj$（a、b 均为实数）的数称为复数，其中，a 称为实部，b 称为虚部。在 Python 中，复数型数据用于表示数学中的复数。可以使用 x.real、x.imag 和 x.conjugate()获得复数 x 的实部、虚部和其共轭复数。例如，对于复数 x=1.25+0.0333j，x.real 为 1.25、x.imag 为 0.0333、x.conjugate()为 1.25−0.0333j。

　　利用 Python 中的内置函数 complex(real,imag)可以创建一个复数或将某个数字、字符串转换为复数形式。例如，complex(1.25,0.0333)表示创建一个复数，其中 1.25 是实数（real），0.0333 是虚数（imag）；complex('1.25+0.0333j')表示将一个字符串转换为复数。如果使用 complex()，即 real 和 imag 参数都是零，则返回 0j；如果单独使用 complex(j)，即 real 参数没有输入，imag 参数的值为 1，则返回 1j。在使用 complex()函数时，j（或 J）必须输入，否则系统会报错。

2.4.2　字符串类型

字符串类型是计算机语言中常用的一种数据类型。字符串是一个字符序列，它可以是一个字符，也可以是一组字符。在 Python 中，可以使用单引号（'）、双引号（"）或三引号（"""）来创建字符串，如 x='name'或 x="name"。创建字符串时，如果组成字符串的字符中含有单引号，则使用双引号来创建；相反，如果组成字符串的字符中含有双引号，则使用单引号创建。在 Python 中，字符串一旦被创建，其值是不可改变的，处理字符串的实质是生成一个新的字符串。本章仅介绍字符串格式的相关知识，有关字符串的序列部分的操作在第 4 章中介绍。

1. 转义字符

在字符串中需要使用一些特殊字符时，可以使用反斜杠"\"来进行转义。表 2-2 中列出了常用的转义字符。

表 2-2　常用的转义字符

转义字符	描述	转义字符	描述
\	续行符	\n	换行
\'	单引号	\r	回车
\"	多引号	\0	空
\\	反斜杠	\v	纵向制表符
\a	响铃	\t	横向制表符
\b	退格	\oyy	八进制数，yy 代表的字符
\f	换页	\xyy	十六进制数，yy 代表的字符

例 2.8　转义字符"\n"的应用实例。

源程序：

```
1  str1="Hello world!\nGood morning!\nI wish you a good day!"
2  print(str1)
```

程序结果：

```
Hello world!
Good morning!
I wish you a good day!
```

代码分析：

"\n"在字符串中出现，因此输出结果为 3 行。

2. 字符串操作

字符串之间可以通过"+"或"*"进行连接，其中，"+"为加法操作，表示将两个字符串连接成为一个新的字符串；"*"为乘法操作，表示生成一个由其本身重复连接而成的字符串。例如：

```
"pine"+"apple"→"pineapple"
3*"pine"→"pinepinepine"
```

3. 原始字符串

原始字符串是指所有字符串均直接按照字面的意思使用，没有转义字符或不能输出的字符。原始字符串除在字符串的第一个引号前加上字母 r（也可以大写）以外，与普通字符串有着完全相同的语法。例如：

```
>>>print(r'\n')
```

```
\n
>>> print(R'\n')
\n
```

2.4.3　布尔类型

计算机二进制数由 0 和 1 构成，Python 布尔类型的值与二进制相似，有 True（代表 1）、False（代表 0）两种值。布尔类型通常用来判定比较对象的结果。

2.4.4　数据类型转换

本章前面几节介绍了几种基本数据类型，在编写程序代码时，经常需要完成数据类型之间的转换。为此，Python 提供了许多内置函数供用户使用，完成转换功能后，返回的值是一个新对象。表 2-3 中介绍了几种常用的转换函数。

表 2-3　几种常用的转换函数

函数	描述	示例
int()	转换为整型	int("125")返回 125 int(1.25)返回 1
float()	转换为浮点型	float("125")返回 125.0 float(125)返回 125.0
complex(real,imag)	创建一个复数	complex(1.25, 0.0333)返回(1.25+0.0333j)
str()	转换为字符串，适用于供人们阅读的信息	str(125)返回'125' str('125')返回'125'
repr()	转换为表达式字符串，供解释器读取	repr('125')返回'''125''' repr(125) 返回'125'
eval()	计算在字符串中的表达式，并返回一个对象	eval('125+12.5')返回 137.5 eval('125>12.5 and 148<14.8')返回 False
chr()	转换为一个字符	chr(125)返回'}'
ord()	转换为字符对应的十进制整数值，超出定义范围，则提示异常	ord('{')返回 123 ord('%')返回 37
hex()	转换为一个十六进制字符串	hex(125)返回'0x7d'
oct()	转换为一个八进制的字符串	oct(125)返回'0o175'
bin	转换为一个二进制的字符串	bin(125)返回'0b1111101'

2.5　运　算　符

运算符是用于表示不同运算类型的符号，包括算术运算符、赋值运算符、关系运算符、逻辑运算符等，被运算的数据称为操作数。由操作数与运算符一起组成表达式，如 1.25/x、a<=b、x or y 等。

2.5.1　算术运算符

算术运算符用于简单的算术运算，是常用的运算符。表 2-4 中列出了算术运算符。

表 2-4　算术运算符

运算符	对应的运算	运算符	对应的运算
+	加法	/	除法
−	减法	//	取整除
*	乘法	%	取模，返回余数
**	幂运算		

例 2.9　算术运算符的操作实例。

源程序：

```
1    a=int(input("输入 a 的值"))
2    b=int(input("输入 b 的值"))
3    print("a=",a)
4    print("b=",b)
5    print("a+b=",a+b)
6    print("a-b=",a-b)
7    print("a*b=",a*b)
8    print("a/b=",a/b)
9    print("a%b=",a%b)
10   print("a**b=",a**b)
11   print("a//b=",a//b)
```

程序结果：

```
输入 a 的值 8
输入 b 的值 10
a= 8
b= 10
a+b= 18
a-b= -2
a*b= 80
a/b= 0.8
a%b= 8
a**b= 1073741824
a//b= 0
```

2.5.2　赋值运算符

Python 中提供了增强型赋值的方式，即可以直接将算术运算符和"="赋值运算结合在一起使用。表 2-5 中列出了赋值运算符。

表 2-5　赋值运算符

运算符	对应的运算	运算符	对应的运算
=	赋值	**=	幂运算赋值
+=	加法赋值、字符串连接	/=	除法赋值
−=	减法赋值	//=	取整除赋值
*=	乘法赋值	%=	取模赋值

例如，a=a+b 可以直接写成 a+=b，a=a*b 可以直接写成 a*=b。

注意：进行增强型赋值运算时，两个运算符中间不允许出现空格，如"+="不能写成"+ ="，即"+"和"="之间不能有空格。

2.5.3 关系运算符

关系运算符又称比较运算符，用于比较两个表达式的值并返回布尔类型（True 或 False）的比较结果。表 2-6 中列出了关系运算符。

表 2-6 关系运算符

运算符	对应的运算	运算符	对应的运算
==	等于	>	大于
!=	不等于	<=	小于等于
<	小于	>=	大于等于

注意：赋值运算 a=b 与关系运算 a= =b 有着本质的区别。a=b 是将 b 的值赋给 a，而 a==b 是比较 a 和 b 两个对象的值是否相同，返回布尔值 True 或 False。

2.5.4 逻辑运算符

逻辑运算符有 and（与）、or（或）、not（非）。表 2-7 中列出了逻辑运算符。

表 2-7 逻辑运算符

运算符	对应的运算
and	逻辑与
or	逻辑或
not	逻辑非

and 运算符对两个布尔表达式执行逻辑与操作。如果两个表达式的值都为 True，则 and 运算的结果也为 True；如果一个表达式的值为 False，则 and 的运算结果为 False。例如：

```
#x=True
x=125>120 and 38>26
#x=False
x=125>120 and 38<26
```

or 运算符对两个布尔表达式执行逻辑或操作。如果两个表达式中有一个表达式的值为 True，则 or 的运算结果为 True；如果两个表达式的值都为 False，则 or 的运算结果为 False。例如：

```
#x=False
x=12<10 or 56<43
#x=True
x=12>10 or 56<43
```

not 运算符对一个布尔表达式执行逻辑取反。也就是说，得到与表达式的值相反的结果。如果表达式的值为 True，则 not 运算的结果为 False；如果表达式的值为 False，则 not 运算的结果为 True。例如：

```
#x=False
x=not 125>120
#x=True
x=not 65>200
```

注意：Python 中逻辑运算符为英文小写字母，且运算级别低于表达式。

2.5.5　位运算符

位运算是将数据转换成二进制进行计算，计算完后的值为相对应的十进制。表 2-8 中列出了位运算符。

表 2-8　位运算符

运算符	对应的运算	描述
&	位与运算符	把数据转换成二进制，同位的数都为 1，结果为 1，否则为 0
|	位或运算符	把数据转换成二进制，同位的数有一个为 1，结果为 1，否则为 0
^	位异或运算符	把数据转换成二进制，同位的数不同，则结果为 1，否则为 0
~	位取反运算符	数据取反且符号位进行补码，例如：~x=-(x+1)
<<	左移动运算符	把数据转换成二进制，进行左移，高位丢弃，低位补 0
>>	右移动运算符	把数据转换成二进制，进行右移，高位丢弃，低位补 0

例 2.10　位运算实例。以 x=4，y=7 为例。

4 的二进制为 100，7 的二进制为 111。

$$4\&7 \rightarrow \begin{array}{r} 100 \\ \&\,111 \\ \hline 100 \end{array}$$

结果：100 的十进制为 4。

$$4|7 \rightarrow \begin{array}{r} 100 \\ |\,111 \\ \hline 111 \end{array}$$

结果：111 的十进制为 7。

$$4 \wedge 7 \rightarrow \begin{array}{r} 100 \\ \wedge\,111 \\ \hline 011 \end{array}$$

结果：011 的十进制为 3。

$$4<<2 \rightarrow 100 \rightarrow 10000$$

4 的二进制为 100，左移 2 位变成 10000，10000 的十进制为 16。

$$\sim 4 \rightarrow 100 \rightarrow -(100+1)$$

即-101 转换为十进制为-5。

例 2.11　位运算完成奇偶判断。

任务分析：

奇数的末位数为 1，偶数的末位数为 0，因此与 1 做位与运算保留原来的末位，即可判断。

```
>>> a=5              101
>>> a&1          &   001
1                    001
>>> a=6              110
>>> a&1          &   001
0                    000
```

例 2.12 位运算完成清零操作。

任务分析：

使用异或操作，每个数据与自身做异或运算，每位相同，故得 0。

```
>>> a^a              101
0                ^   101
                     000
```

除了算术运算符、赋值运算符、关系运算符、逻辑运算符、位运算符外，Python 中还提供了成员运算符 "in" "not in" 和身份运算符 "is" "not is"。

成员运算符用于判断成员是否在序列中。对于运算符 "in"，成员包含在序列中时返回 True，如 str1='abcd','c' in str1，返回 True。对于运算符 "not in"，成员不在序列中时返回 True，如 'e' not in str1，返回 True。

身份运算符用于比较两个对象的存储单元。"is" 用于判断两个标识是否引用的是同一对象，若是返回 True，否则返回 False，如 a=1,b=1, a is b，返回 True。"is not" 与 "is" 的功能相反，其用于判断两个标识是否引自不同对象，若是返回 True，否则返回 False。

一个表达式中时常会出现多种运算，此时先执行哪种运算是由运算符的优先级所决定的。在 Python 中，运算符的优先级由低到高依次为逻辑运算符、成员运算符、身份运算符、关系运算符、位运算符、算术运算符。Python 语言中大部分运算符是从左向右执行的，只有单目运算符（如 not）、赋值运算符是从右向左执行的。

2.6　基本输入和输出

前面的章节中，许多代码中用到了 input()、print() 两个函数。本节将具体介绍它们的语法和调用方法。

2.6.1　使用 input() 函数输入

输入函数格式：

```
input(prompt=None)
```

说明：prompt 表示从标准输入读取字符串。

它的参数是带有引号（单引号或双引号）提示语句，可以实现与用户间的交互，返回的值是字符串。

　　例如，语句 x=input('请输入数 x 的值：')执行后，显示"请输入数 x 的值："，等待用户输入的操作，当用户输入内容并按 Enter 键确认后，input()会以字符串形式返回用户输入的全部信息，并将输入的字符串赋值给变量 x。

2.6.2　使用 print()函数输出

　　输出函数格式：

```
print(value,…,sep=",end='\n',file=sys.stdout,flush=False)
```

　　说明：

　　value 表示要输出的值，多个值可以用逗号","分隔。

　　sep=表示各值之间分隔，默认为空，也可自行定义。

　　end=表示输出完后的结束符，默认为换行。

　　file=表示可以输出到文件。

　　flush=表示刷新，默认为不刷新。

　　1.　直接输出

　　例 2.13　print()函数实例。

　　（1）print()函数可以直接输出内容。

　　源程序：

```
1    print('Hello World!')
```

　　程序结果：

```
Hello World!
```

　　（2）print()函数可以输出变量、表达式结果等。

　　源程序：

```
1    a=125
2    b=46
3    print(a+b)
```

　　程序结果：

```
171
```

　　（3）print()函数可以将输出的内容保存到文本文件中。

　　源程序：

```
1    fp = open('01.txt','w+')
2    #输出 Hello world!Good morning!I wish you a good day!并保存到 01.txt 中
3    print("Hello world! ", "Good morning!","I wish you a good day!",file=fp)
4    #关闭文件对象
5    fp.close()
```

程序结果：

print()函数将输出内容保存到文本文件的运行结果如图 2-10 所示。

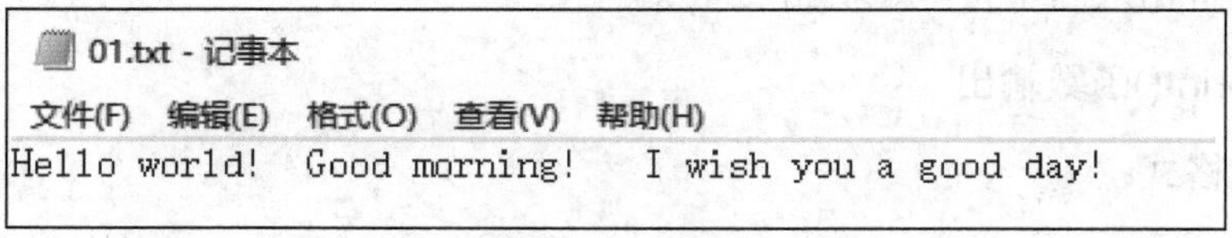

```
📝 01.txt - 记事本
文件(F)   编辑(E)   格式(O)   查看(V)   帮助(H)
Hello world!  Good morning!   I wish you a good day!
```

图 2-10   print()函数将输出内容保存到文本文件的运行结果

2. 格式化输出

Python 除了上述简单的直接输出功能外，还提供了按一定格式进行输出的功能。格式化输出使用 "%" 符号。表 2-9 中列出了格式化符号。

表 2-9   格式化符号

符号	描述	符号	描述
%%	字符%	%x	无符号十六进制整数（小写）
%s	字符串	%X	无符号十六进制整数（大写）
%C	字符及 ASCII 码	%e	浮点数，科学记数
%d	有符号十进制整数	%E	同%e，浮点数，科学记数
%f	浮点数	%F	同%f，浮点数
%o	无符号八进制整数	%g	浮点数，判断值采用%e 或%f
%u	无符号十进制整数	%G	浮点数，与%g 类似

例 2.14   格式化输出实例。

源程序：

```
1   #输出结果:175,分析:使用了%o 表示输出为八进制整数
2   print('%o' % 125)
3   #输出结果:1.250000,分析:使用了%f 表示输出为浮点数
4   print('%f' % 1.25)
5   #输出结果:1.25e+02,分析:使用了%e 表示按科学记数法输出
6   print('%.2e' % 125.125)
7   #输出结果:Good,分析:使用了%.4s 表示截取前 4 个字符
8   print('%.4s' % 'Good morning')
```

程序结果：

```
175
1.250000
1.25e+02
Good
```

本 章 小 结

　　本章主要讲述 Python 的语言基础，包括语法特点、保留字与标识符、变量、基本数据类型及运算符等，这些内容是在进行 Python 程序设计前必须牢牢掌握的基础内容。通过本章的学习，读者应对 Python 中的基本数据类型有一个基本的认知，并且掌握各种运算符的使用方法。本章内容对后期学习编程有重要的作用。

第 3 章　Python 程序的控制结构

⌒ 学习要点

1. 了解 Python 程序的基本控制结构。
2. 掌握 3 种基本控制结构的语法结构和程序流程。
3. 了解常用算法及其应用。

3.1　程序的顺序结构

程序的顺序结构是按顺序自上而下逐条语句执行的控制结构，其流程图如图 3-1 所示。

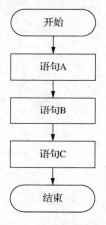

图 3-1　顺序结构流程图

例 3.1　蛋鸡养殖户针对 51～150 日龄蛋鸡的用料计算公式如下：

日用料量=50+（日龄数-50）÷2

输入蛋鸡日龄，计算每日用料。

源程序：

```
1    a=input("请输入蛋鸡日龄: ")
2    W=50+(int(a)-50)/2
3    print("今日用料: "+str(w))
```

程序结果：

```
请输入蛋鸡日龄: 66
今日用料: 58
```

代码分析：

上述代码从 1～3 行按顺序逐条语句执行，没有任何跳转、循环等，由于 input()函数返回的是一个字符串，需要先用 int()函数转换成数值后再进行计算。print()函数输出拼接字符串时，两个值的类型需要一致，所以使用 str()进行转换后输出，否则会出现"TypeError: can only concatenate str (not "int") to str"的类型错误提示。

3.2　程序的分支结构

顺序结构的程序只能完成计算、输出等较为简单的功能，不能按给定的条件进行判断、决策。观察下面两个常见的例子：

（1）针对各个不同日龄的蛋鸡，各阶段用料的计算方法不同，需要采用不同的计算公式。

（2）在学生选课系统中，如果某一时间段该学生选择了"计算机基础"的科目，那么该时间的其他科目禁止选择。

为了实现上述通过条件进行判断，确定下一步操作等功能，需要使用分支结构来完成。程序的分支结构是根据给定的条件进行判断，执行不同流程的结构。分支结构语句主要有 if、if…else 等。

3.2.1　单分支结构

单分支结构是根据条件判断，如果条件表达式为 True，执行条件语句体，否则不执行条件语句体。单分支结构流程图如图 3-2 所示。

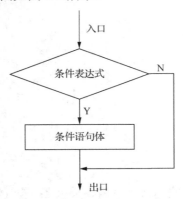

图 3-2　单分支结构流程图

语法结构：

```
if <条件>:
    <语句体（左边需要缩进 4 个空格）>
```

例 3.2　输入两个整数，交换后输出。

源程序：

```
1    a=int(input("输入数 a:"))
2    b=int(input("输入数 b:"))
3    if a>b:
```

```
4        a,b=b,a
5    print(a,b)
```

程序结果：

```
输入数 a:5
输入数 b:6
5 6
```

代码分析：

在用户输入 a、b 两个数后，如果 a 的值大于 b 的值，则将 a 与 b 的值互换，否则 a 与 b 的值不变。

例 3.3　设计程序计算养殖鸡的每日饮水量，如果气温超过 35℃（含 35℃）时，鸡的饮水量约为正常温度时的 2 倍，输入今日气温和鸡的正常温度的饮水量，输出鸡的每日饮水量。

源程序：

```
1    t=eval(input("请输入气温："))
2    w=eval(input("请输入正常饮水量："))
3    if t>=35:
4        w=w*2
5    print("今日饮水量：",w)
```

程序结果 1：

```
请输入气温：25
请输入正常饮水量：150
今日饮水量： 150
```

程序结果 2：

```
请输入气温：35
请输入正常饮水量：150
今日饮水量： 300
```

代码分析：

今日气温如果超过 35℃，鸡的饮水量需要乘以 2；若气温不超过 35℃则不需要调整饮水量，只需要按正常的饮水量即可，因此该题设计为单分支即能完成程序设计。

3.2.2　双分支结构

双分支结构是根据条件进行判断，如果条件表达式为 True，执行语句 1，否则执行语句 2。双分支结构流程图如图 3-3 所示。

语法结构：

```
if <条件>:
    <if-语句体>
else:
    <else-语句体>
```

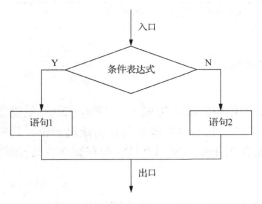

图 3-3　双分支结构流程图

例 3.4　读入一个年份，判断该年是否为闰年。判断方法：当年份能被 4 整除但不能被 100 整除，或能被 400 整除时，该年份为闰年。

源程序：

```
1    year=eval(input("输入年份:"))
2    if year%400==0 or (year%4==0 and year%100!=0):
3        print("闰年")
4    else:
5        print("平年")
```

程序结果 1：

```
输入年份:2020
闰年
```

程序结果 2：

```
输入年份:2021
平年
```

代码分析：

依据用户输入的年份，判断是否为闰年。闰年的判断有两个条件：输入的年份 year 能被 400 整除；输入的年份 year 能被 4 整除，且不能被 100 整除。满足两个条件之一时为 True，输出结果"闰年"；否则为 False，输出结果"平年"。观察第 2 行语句中"=="运算符与"!="的用法，注意混合运算的优先级顺序。

例 3.5　我国农业普查每 10 年开展一次，在逢 6 的年份实施。随机生成一个 1996~2050 的年份，编程判断其是否为农业普查年份，并输出结果。

源程序：

```
1    import random
2    year=random.randint(1996,2050)
3    if str(year)[-1]=='6':
4        print(str(year)+"是农业普查年。")
5    else:
```

```
6        print(str(year)+"不是农业普查年。")
```

程序结果：

2034 不是农业普查年。

代码分析：

random.randint()函数的作用为随机生成一个 1996～2050 的整数。第 3 行语句是将生成的数 year 转换为字符串，然后利用字符串索引取出最后一位，判断是否为'6'，因为是字符所以同等为字符判读，条件为 True，输出"是农业普查年"；否则输出"不是农业普查年"。

3.2.3 多分支结构

多分支结构是对多个条件进行判断，如果满足某个条件，则执行其后的语句体；如果所有条件均不满足，则执行 else 语句。多分支结构流程图如图 3-4 所示。

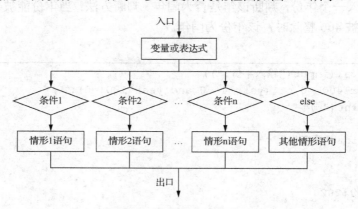

图 3-4 多分支结构流程图

语法结构：

```
if <条件 1>:
    <情形 1 语句体>
elif <条件 2>:
    <情形 2 语句体>
...
elif <条件 n>:
    <情形 n 语句体>
else:
    <其他情形语句体>
```

例 3.6 某蛋鸡养殖户针对不同日龄蛋鸡的用料计算公式如下，输入蛋鸡日龄，计算用料。

$$w=\begin{cases} a+2 & a\leqslant 10 \\ a+1 & 10<a\leqslant 20 \\ 28 & 20<a\leqslant 50 \\ 50+(a-50)/2 & 50<a\leqslant 150 \\ 100 & a>150 \end{cases}$$

源程序：

```
1     a=int(input("请输入日龄："))
2     if a<=10:
3         w=a+2
4     elif 10<a<=20:
5         w=a+1
6     elif 20<a<=50:
7         w=28
8     elif 50<a<=150:
9         w=50+(a-50)/2
10    else:
11        w=100
12    print("日龄：%d 天，参考用料为：%f"%(a,w))
```

程序结果 1：

```
请输入日龄：20
日龄：20 天，参考用料为：21.000000
```

程序结果 2：

```
请输入日龄：35
日龄：35 天，参考用料为：28.000000
```

程序结果 3：

```
请输入日龄：165
日龄：165 天，参考用料为：100.000000
```

代码分析：

根据用户输入的 a（日龄）值进行判断，满足某个日龄范围的条件时，输出对应参考用料。其中，12 行的输出采用%的字符串格式显示方式。

例 3.7　输入学生 3 门课程的分数，判断奖学金等级。一等奖学金条件为平均分 avg≥90，二等奖学金条件为 85≤avg<90，三等奖学金条件为 80≤avg<85，否则不获奖学金。

任务分析：

首先输入 3 门课程的成绩，然后进行平均值计算。根据题目要求，条件为 4 个，即一等奖学金、二等奖学金、三等奖学金和不获奖学金，即需要编写 4 层 if 语句完成程序代码。

源程序：

```
1     s1,s2,s3=eval(input("请输入三门课程成绩:"))
2     show="不获奖学金"
3     avg=(s1+s2+s3)/3
4     if avg>=90:
5         show="一等奖学金"
6     elif avg>=85:
7         show="二等奖学金"
8     elif avg>=80:
```

```
9        show="三等奖学金"
10   print(show)
```

程序结果 1：

> 请输入三门课程成绩：90,95,92
> 一等奖学金

程序结果 2：

> 请输入三门课程成绩：85,90,88
> 二等奖学金

程序结果 3：

> 请输入三门课程成绩：80,78,90
> 三等奖学金

程序结果 4：

> 请输入三门课程成绩：80,78,80
> 不获奖学金

代码分析：

程序中，将"不获奖学金"作为默认数据，当满足其他 3 种奖学金条件时，将替换该数据。如果没有满足任何一种奖学金条件，则输出该默认数据，这样 if 嵌套层数减少，使程序更简洁。

3.2.4 分支结构的嵌套

分支的嵌套是指 if 语句或 else 语句中又包含分支结构。建议最多使用 3 层的嵌套，较多的嵌套会使语句结构变得复杂，难以理解。图 3-5 为一个分支结构的嵌套流程图例子，根据分支的不同结构流程图也会不同。

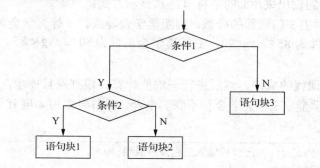

图 3-5 一个分支结构的嵌套流程图

语法结构：

```
if 表达式 1:
    语句块 1
    if 表达式 2:
```

```
            语句块 2
        else:
            语句块 3
    else:
        if 表达式 4:
        语句块 4
```

例 3.8　输入停车时间，计算实付停车费。停车费规则：停车 1～6 小时，每小时 3 元；停车 7～24 小时，按每天 20 元上限收取；若停车超过一天，按累加每天的停车费用收取。

任务分析：

停车费计费规则可分两个层次的 if 语句进行嵌套实现。任务中要注意停车时间，如果是小数，如 1.5，需要按 2 小时计算。如果停车超过一天甚至几天，需要先计算停了几天几小时，然后再计算停车费。

源程序：

```
1   hours=eval(input("请输入停车时间:"))
2   days,hour=divmod(hours,24)
3   if hour<=6:
4       if (int(hour)!=hour):
5           fee=days*20+(int(hour)+1)*3
6       else:
7           fee=days*20+hour*3
8   else:
9       fee=(days+1)*20
10  print("你停车的小时数为:{},收费为{}元。".format(hours,fee))
```

程序结果 1：

```
请输入停车时间:5
你停车的小时数为:5,收费为15。
```

程序结果 2：

```
请输入停车时间:6.2
你停车的小时数为:6.2,收费为20.0。
```

程序结果 3：

```
请输入停车时间:5.4
你停车的小时数为:5.4,收费为18.0。
```

程序结果 4：

```
请输入停车时间:26
你停车的小时数为:26,收费为26。
```

程序结果 5：

```
请输入停车时间:32
你停车的小时数为:32,收费为40。
```

代码分析：

第 2 行代码是计算输入的小时数，为几天几小时，并将天数赋值给 days 变量、小时数赋值给 hour 变量。第 4～7 行代码是判断输入的时间是否带有小数位，如果为 True，按 hour 加 1 小时收费；如果为 False，按原 hour 数值收费。第 4～7 行代码在实际编写中容易漏掉，这是因为在设计程序时没有考虑全面，从而影响程序的健壮性。

例 3.9　输入年月，判断该月有多少天。

任务分析：

根据用户输入的年和月进行判断。判断是否为闰年，闰年的 2 月为 29 天，平年的 2 月为 28 天。判断月份为 1、3、5、7、8、10、12 时，天数 days 为 31 天；判断月份为 4、6、9、11 时，天数 days 为 30 天。

源程序：

```
1   year,month=eval(input("请输入年份和月份:"))
2   if month in (1,3,5,7,8,10,12):
3       days=31
4   elif month in (4,6,9,11):
5       days=30
6   else:
7       if year%400==0 or (year%4==0 and year%100!=0):
8           days=29
9       else:
10          days=28
11  print(year,month,days,sep=',')
```

程序结果 1：

```
请输入年份和月份:2019,10
2019,10,31
```

程序结果 2：

```
请输入年份和月份:2020,2
2020,2,29
```

代码分析：

根据例 3.7 为程序设置默认值的方法，可以优化程序如下：

```
1   year,month=eval(input("请输入年份和月份:"))
2   days=31
3   if month in (4,6,9,11):
4       days=30
5   else:
6       days=29 if year%400==0 or (year%4==0 and year%100!=0) else 28
7   print(year,month,days,sep=',')
```

3.3　程序的循环结构

循环结构是当循环条件为真时重复执行循环体内的语句块的流程结构。Python 中循环结构有 while 语句和 for 语句两种。

3.3.1　while 循环

while 循环是条件成立时执行循环，不成立时停止循环。图 3-6 为 while 循环语句的流程图。

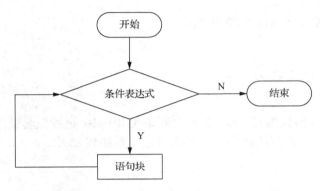

图 3-6　while 循环语句的流程图

语法结构：

```
while <表达式>:
<语句块>
```

例 3.10　计算 s=1+2+3+…+100。
源程序：

```
1    a=0
2    s=0
3    while (a<100):
4        a=a+1
5        s+=a
6    print(s)
```

程序结果：

```
5050
```

代码分析：

定义一个变量 a，满足 a 的值小于 100 时，进入循环语句块，每循环一次 a 加 1，s 将每次 a 的值进行累加，满足了 1～100 的数相累加的需求。

例 3.11　计算 1～100 中所有偶数的和及奇数的和。

源程序：

```
1    a=0
2    s1=0
3    s2=0
4    while (a<100):
5        a=a+1
6        if a%2==0:
7            s1+=a
8        else:
9            s2+=a
10   print("偶数和:",s1,"奇数和:",s2)
```

程序结果：

偶数和: 2550 奇数和: 2500

代码分析：

与例 3.10 的循环结构相同，加入条件判断语句 if…else 进行嵌套使用，a 除以 2 如果余数为 0，判断为偶数，累加到 s1 中；否则为奇数，累加到 s2 中。

3.3.2 for 循环

for 循环是遍历某个对象，如列表、字符串等，遍历完成后停止。图 3-7 为 for 循环语句的流程图。

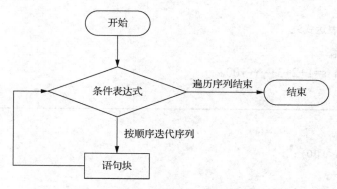

图 3-7   for 循环语句的流程图

语法结构：

```
for <变量> in <序列>:
    <语句块>
```

例 3.12   随机生成车牌号。

任务分析：

随机生成车牌号实际是从允许的字符中 5 次随机挑出字符组合成一个新的字符串。所以，将允许的字符定义成 permit_str 字符串，然后随机生成一个数字，作为从字符串中挑选的索引，将 5 次合并即为生成的车牌号。

源程序：

```
1    import random
2    permit_str="ABCDEFGHIJKLMNOPQRSTUVWXYZ0123456789"
3    carno=""
4    for a in range(5):
5        carno+=permit_str[random.randint(0,len(permit_str)-1)]
6    print(carno)
```

程序结果：

```
03UTX
```

代码分析：

第 2 行代码定义一个包含 A～Z、0～9 的字符串变量 permit_str。第 4 行代码中 range(5) 函数代表从 0～5（不包含 5），它常与 for 结合使用。第 5 行代码表示随机提取字符串 permit_str 中的某一个字符，然后拼接到 carno 变量中。循环 5 次后，5 位的车牌号随机生成。

当车牌号的允许字符发生变化时，如实际车牌号中没有字母 O 和 i，只需要更改 permit_str 的值即可。在程序的编写过程中通用性也非常重要，请读者思考，怎样编写程序，程序通用性较好呢？

3.3.3　循环控制：break 和 continue

break 用来跳出最内层 for 或 while 循环，脱离该循环后程序从循环后代码继续执行；continue 用来结束当次循环，即跳出循环体中下面尚未执行的语句，但不跳出当前循环。

例 3.13　应用实例。下面代码中包含 break 和 continue 语句。

源程序：

```
1    #break 语句
2    for s in "python":
3        if s=="t":
4            break
5    print("使用 break 语句返回",s,end="\n")
6    #continue 语句
7    for s in "python":
8        if s=="t":
9            continue
10   print("使用 continue 语句返回",s,end="")
```

程序结果：

```
使用 break 语句返回 t
使用 continue 语句返回 n
```

代码分析：

for 循环遍历字符串 python，循环到字符为"t"时，第 4 行代码使用 break 语句，终止循环，输出结果为"使用 break 语句返回 t"；第 9 行代码使用 continue 语句结束当次循环，但不跳出当前循环，输出结果为"使用 continue 语句返回 n"。

for 循环和 while 循环中都存在一个 else 扩展用法。else 中的语句块只在一种条件下执行，即 for 循环正常遍历了所有内容没有因为 break 或 return 而退出。continue 对 else 没有影响。break 语句跳出了最内层 for 循环，但仍然继续执行外层循环。每个 break 语句只有能力跳出当前层次循环。

例 3.14　下面的实例代码结构为 for 循环与 else 结合使用，两段代码分别运用 break 和 continue 语句。

源程序：

```
1   #break 语句
2   for s in "python":
3       if s=="t":
4           break
5       print("使用 break 语句返回",s,end="\n")
6   else:
7       print("正常退出 1")
8   #continue 语句
9   for s in "python":
10      if s=="t":
11          continue
12      print("使用 continue 语句返回",s,end="\n")
13  else:
14      print("正常退出 2")
```

程序结果：

使用 break 语句返回 p
使用 break 语句返回 y
使用 continue 语句返回 p
使用 continue 语句返回 y
使用 continue 语句返回 h
使用 continue 语句返回 o
使用 continue 语句返回 n
正常退出 2

代码分析：

上述两段 for 循环代码中，为了便于观察循环过程，我们将每次循环的 s 值都进行了输出。在第 1 个 for 循环中，当循环至 s 为"t"时，使用了 break 语句，跳出循环且不执行 else 语句；在第 2 个 for 循环中，当循环至 s 为"t"时，使用了 continue 语句，不输出 s，但继续进行下一个循环，整个遍历循环完毕后，继续执行 else 语句输出"正常退出 2"。

3.3.4　循环的嵌套

本节主要介绍多层次的 for 语句的嵌套。

例 3.15　随机生成 10 个车牌，提示用户："若有喜欢的车牌，请输入对应编号，否则，请输入 Y"，用户再次选择。

任务分析：

图 3-8 所示为车牌号生成实例程序流程图。

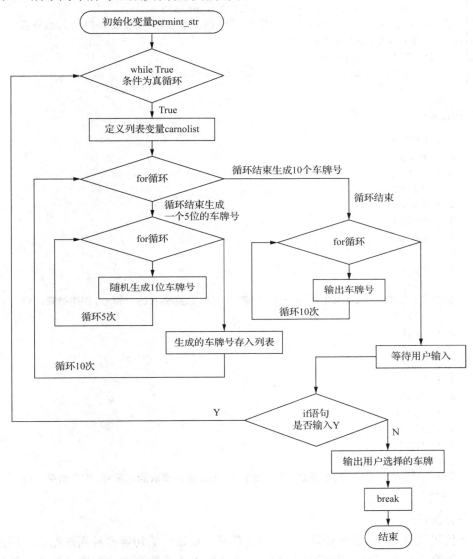

图 3-8　车牌号生成实例程序流程图

源程序：

```
1    import random
2    permit_str="ABCDEFGHIJKLMNOPQRSTUVWXYZ0123456789"
3    while True:
4        carnolist=[]
5        for lamda in range(10):
6            carno=""
7            for a in range(5):
8                carno+=permit_str[random.randint(0,len(permit_str)-1)]
9            carnolist+=[carno]
```

```
10    for lamda in range(len(carnolist)):
11        print(lamda+1,":",carnolist[lamda])
12    response=input("继续生成新的一批:(Y:生成新一批,数字 1～10,选择喜
      欢的车牌号,程序结束。)")
13    if "Y"!=response:
14        print(carnolist[int(response)-1])
15        break
```

程序结果：

```
1 : GCTBV
2 : 6GADJ
3 : SUNXQ
4 : I24XR
5 : FGFO1
6 : HWPLF
7 : RXOJU
8 : TUVUQ
9 : OGVDD
10 : GRPLV
继续生成新的一批:(Y:生成新一批,数字1～10,选择喜欢的车牌号,程序结束。)Y
1 : 38XA6
2 : 9Y2NQ
3 : IIZUD
4 : K2J0K
5 : OHHH3
6 : K88C6
7 : 8QYN6
8 : R8U0E
9 : JVXF0
10 : AHWUW
继续生成新的一批:(Y:生成新一批,数字1～10,选择喜欢的车牌号,程序结束。)5
OHHH3
```

代码分析：

由于代码嵌套使用 while 循环、两层 for 循环、if 条件语句等多种语法结构，程序运行的流程较为复杂，为了便于观察它的结构，图 3-9 以连线的形式将程序的层次结构清晰地表现出来。

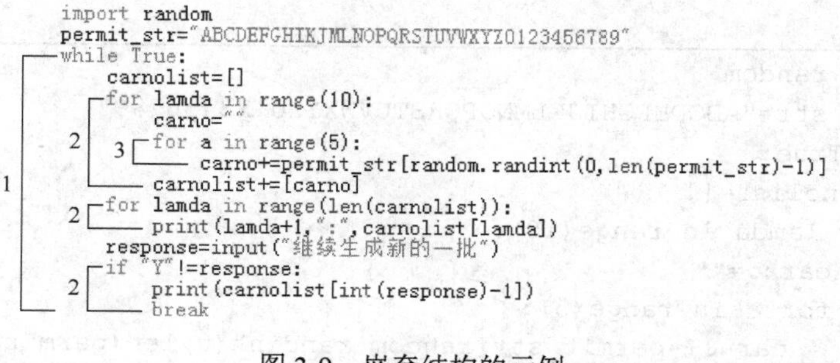

图 3-9　嵌套结构的示例

3.4　常用算法及其应用

3.4.1　穷举法

穷举法是对问题中所有可能的情况进行穷举检查，从而得到符合要求的解的方法。注意：此解可能"不存在"，也可能"存在 N 种"。

例 3.16　百鸡问题。假定公鸡每只 2 元，母鸡每只 3 元，小鸡每元 3 只，请问用 100 元买 100 只鸡，有多少种买法？

任务分析：

根据题意，可列出方程的表达式：

$$\begin{cases} x+y+z=100 \\ 2x+3y+z/3=100 \end{cases}$$

其中，x、y、z 分别表示公鸡、母鸡和小鸡的只数，且只能是整数。

由于有 3 个未知数，但仅有两个方程，解不唯一。因此，要充分利用计算机的循环特长，对全部的组合进行尝试，找出符合条件的解，即使用穷举法。

通过分析可知，公鸡的只数为 0～50，母鸡的只数为 0～33，小鸡的只数为 0～100，那么可以利用三重循环把这些组合全部测试一遍。

源程序：

```
1   str1=""
2   for x in range(51):
3       for y in range(34):
4           for z in range(101):
5               if x+y+z==100 and 6*x+9*y+z==300:
6                   str1=str1+str(x)+"  "+str(y)+"  "+str(z)+"\n"
7   print("所有的买法如下:\n"  + str1)
```

程序结果：

```
所有的买法如下:
0   25  75
8   20  72
16  15  69
24  10  66
32  5   63
40  0   60
```

代码分析：

在这个程序中，最内层语句循环的次数为 50×33×100 次=165000 次，效率比较低。

算法的改进：由于公鸡和母鸡的只数（x、y）已确定，那么 z 的值肯定是 100-x-y，否则，第一个方程不成立。所以，可以把第三层循环去掉，变成两层循环，此时，最内层的语句循环的次数为 50×33=1650 次。两层循环的程序如下：

```
1   str1=""
```

```
2    for x in range(51):
3        for y in range(34):
4            z=100-x-y
5            if  6*x+9*y+z==300:
6                str1=str1+str(x)+" "+str(y)+" "+str(z)+"\n"
7    print("所有的买法如下:\n"  + str1)
```

例 3.17　生物学家使用 A、C、T 和 G 构成字符串来构建一个基因组，基因是其中的子串，它固定从 ATG 开始，在 TAG、TAA 或 TGA 之前结束，而且每个基因字符串的长度是 3 的倍数，不包含上述的开始和结束子串。输入一个基因组，输出其中所有的基因，如果没找到，则输出"no find"。

任务分析：

例如，基因组为 TTATGTTTTAAGGATGGGGGCGTTAGTT，根据题意，从字符串中找 ATG 开头，TAA、TAG 或 TGA 结束的基因，一直找到字符串才结束。

源程序：

```
1    s=input("input:")
2    flag=0
3    pd=""
4    for i in range(len(s)-3):
5        if s[i:i+3]=="ATG":
6            flag=1
7            continue
8        if s[i:i+3] in ["TAG","TAA","TGA"]:
9            flag=0
10           print(pd)
11           pd=""
12           continue
13       if flag==1:
             pd=pd+s[i]
```

程序结果：

```
input:TTATGTTTTAAGGATGGGGGCGTTAGTT
TGTTT
TGGGGGCGT
```

代码分析：

该程序中第 2 行的 flag 代表是否基因开始，为 0 时表示不是开始，为 1 时表示开始。第 4 行开始，从基因组中从头遍历查找 ATG，若为"TG"则代表基因开始，flag 为 1，其后的字符是该基因的字符（连接到 pd）。若为"TAG"、"TAA"、"TGA"，则代表该基因结束了，将 flag 还原为 0，继续刚才的操作，直至整个基因组遍历结束。

3.4.2　解析法

解析法是通过分析问题中各个要素之间的关系，选取数学模型，得到解决问题所需的表达式，然后设计程序求解问题的方法。

例 3.18　在某温室中有 6 组传感器获取室内温度数据,编写程序求该温室的综合温度。

任务分析：

6 组传感器获取室内温度数据, 会有 6 组数据产生, 但是作为控制器件的依据（如气温高于预警值时, 打开风机）, 则需要一个综合数据, 该数据可以由多种方法融合得到。

源程序 1（平均值法）：

```
fuse_t=0
for i in range(6):
    t=float(input("please input t:"))
    fuse_t=fuse_t+t
fuse_t=fuse_t/6
print(fuse_t)
```

程序结果：

```
please input t:26.3
please input t:25.6
please input t:24.8
please input t:25.5
please input t:24.9
please input t:25.6
25.45
```

源程序 2（排序求中位数去错误值再取平均）：

```
t=[26.3,25.6,24.8,25.5,24.9,27.6]
t.sort()
print("直接平均为：%.2f"%(sum(t)/6))
low=0
high=6
err=1
for i in range(6):
    if abs(t[i]-t[3])>err and t[i]<t[3]:
        low=i+1
    if abs(t[i]-t[3])>err and t[i]>t[3]:
        high=i-1
sum=0
for i in range(low,high+1):
    sum=sum+t[i]
print("去错误平均为："+str(sum/(high-low+1)))
```

程序结果：

```
直接平均为：25.78
去错误平均为：25.42
```

代码分析：

在源程序 2 中的 6 个值中, 27.6 与其他传感器获取的数据不同, 若直接取平均, 则为

25.78。程序中排序后取中位数即 t[3]值的作为标准，其他与其相比，相差为第 6 行运行的 err 值时，取其求平均。本例中选取的 err 值为 1。两种不同方法求的值分别为 25.78 和 25.42。当要求温度精度在 0.1 时，第 2 种方法较为准确。

本 章 小 结

在对 Python 语言的基础知识有了初步的了解后，本章重点介绍顺序、分支、循环三大控制结构的语法结构和程序流程，以及常用算法和应用等内容，并在每节中给出了实例与代码分析，帮助读者更好地学习程序设计的基本方法，以便在开发时灵活运用。相信读者学习完本章后，通过不断地实践与总结，可以掌握程序设计的方法和技巧。

第 4 章　组合数据类型

　　学习要点

1. 了解组合数据类型的基本概念。
2. 理解元组概念并掌握 Python 中元组的使用方法。
3. 理解列表概念并掌握 Python 中列表的使用方法。
4. 理解字典概念并掌握 Python 中字典的使用方法。
5. 理解集合概念并掌握 Python 中集合的使用方法。
6. 运用组合数据类型解决具体问题。

4.1　组合数据类型的基本概念

　　Python 提供了功能强大的内置数据结构，包括字符串、元组、列表、字典、集合。其中，字符串、元组和列表都属于序列。序列有一些通用的操作，包括索引（indexing）、切片（slicing）、加（adding）、乘（multiplying）、检查某个元素是否属于序列的成员、计算序列长度、找出最大元素和最小元素等。字典是 Python 提供的一种常用的数据结构，用于存放具有映射关系的数据。集合与列表类似，可以使用它们存储一个元素集合。但是，集合中的元素不重复且不按任何特定顺序放置。

4.2　字符串（字符序列）

4.2.1　字符串的定义

　　在 Python 中，字符串既是基本数据类型，又是组合数据类型，可以将字符串看作字符的有序序列。

　　1. 序列类型操作符

　　下面以 a 变量值为字符串 "Hello"，b 变量值为 "Python"为例，说明序列类型操作符。

（1）in：成员运算符，如果字符串中包含给定的字符则返回 True。

```
>>> "H" in a
True
```

（2）not in：成员运算符，如果字符串中不包含给定的字符则返回 True。

```
>>> "M" not in a
True
```

（3）使用比较运算符>、<、> = 、<=、==、!=。
比较的规则为从第一个字符开始比较，排序在前边的字母小，当一个字符串全部字符和另一个字符串的前面部分字符相同时，长度长的字符串大。

```
>>> s1="green"
>>> s2="glow"
>>> s1>=s2
True
>>> s1==s2
False
```

例 4.1　字符串类型操作符应用举例。

源程序：

```
1    a="Hello"
2    b="Python"
3    print("a + b 输出结果:", a + b)
4    print("a * 2 输出结果:", a * 2)
5    if("H" in a):
6        print("H 在变量 a 中")
7    else:
8        print("H 不在变量 a 中")
9    if ("M" not in a):
10       print("M 不在变量 a 中")
11   else:
12   print("M 在变量 a 中")
```

程序结果：

```
a + b 输出结果: HelloPython
a * 2 输出结果: HelloHello
H 在变量 a 中
M 不在变量 a 中
```

2. 字符串的索引

字符串是一个字符序列，字符串最左端位置标记为 0，其他位置依次增加。字符串中的编号称为索引。另外，Python 允许使用负数从字符串右边末尾向左边进行反向索引，最右侧索引值是-1。例如，s="Hello John"对应的索引如图 4-1 所示。

H	e	l	l	o		J	o	h	n
0	1	2	3	4	5	6	7	8	9
−10	−9	−8	−7	−6	−5	−4	−3	−2	−1

图 4-1　s="Hello John"对应的索引

例 4.2　字符串的索引操作。

源程序：

```
1    s="西红柿土豆 南瓜红薯玉米水稻茶叶"
2    print(s[0:3])
3    print(s[-2:])
4    print(s[3:5])
5    print(s[-2])
6    print(s[0:5])
7    print(s[-6:-2])
```

程序结果：

> 西红柿
> 茶叶
> 土豆
> 茶
> 西红柿土豆
> 玉米水稻

3. 字符串的切片（部分引用）

切片是一种截取索引片段的操作。通过两个索引值可以确定字符串的一个位置范围，从而返回由这个范围内字符组成的子串，这就是字符串的部分引用。格式：

> <string>[<start>:<end>:<step>]

其中，start（可以省略，默认为 0）和 end（可以省略，默认为列表的长度）都是整型数值，这个子串从索引 start 开始直到索引 end 结束，但不包括 end 位置的字符，step（可以省略，默认为 1）表示步长。例如，图 4-1 的例子中 s[0:3]输出为"Hel"。

例 4.3　字符串的切片操作。

源程序：

```
1    s="123456789"
2    s1=s[5:]
3    s2=s[7:5]
4    s3=s[7:5:-1]
5    s4=s[-5:-1:2]
6    print(s1)
7    print(s2)
8    print(s3)
9    print(s4)
```

程序结果：

> 6789
>
> 87
> 57

4.2.2　字符串的操作函数

1.　len()函数

len()函数的作用是返回一个字符串的长度，也可返回其他组合数据类型的元素个数。例如：

```
>>> s1="John"
>>> s2="生日快乐"
>>> s=s1+s2
>>> print(s,len(s))
John 生日快乐 8
```

2.　str()函数

str()函数的作用是将元素转换为字符串。例如：

```
>>> str(1234)
'1234'
>>> str(123.456)
'123.456'
>>> str(123e+4)
'1230000.0'
```

3.　ord()函数

ord()函数主要用来返回对应字符的 ASCII 码。例如：

```
>>> ord('a')
97
>>> ord('*')
42
```

4.　chr()函数

chr()函数用来表示 ASCII 码对应的字符，其参数可以是十进制数，也可以是十六进制数。例如：

```
>>> chr(0x61)
'a'
>>> chr(115)
's'
```

5.　hex()函数

hex()函数用于将十进制整数转换成十六进制整数，并以字符串形式表示。例如：

```
>>> hex(255)
'0xff'
```

```
>>> hex(-42)
'-0x2a'
>>> hex(1L)
'0x1L'
>>> hex(12)
'0xc'
>>> type(hex(12))
<class 'str'>        #字符串
```

6. oct()函数

oct()函数用于返回整数 x 对应八进制数的小写形式，以字符串形式表示。例如：

```
>>> oct(10)
'012'
>>> oct(20)
'024'
>>> oct(15)
'017'
```

在描述了字符串的常用操作函数后，例 4.4 利用这些知识实现将字符串 str1 中的所有字符转换成 ASCII 码中比它们小一位的字符。

例 4.4　字符串常用函数应用举例。

源程序：

```
1    str1="sdfsdf123123"
2    for i in range(len(str1)):
3        print(chr(ord(str1[i])-1),end='*')
```

程序结果：

```
r*c*e*r*c*e*0*1*2*0*1*2*
```

4.2.3　字符串的操作方法

在 Python 解释器内部，所有数据类型都采用面向对象方式实现，且封装为一个类。字符串也是一个类。它具有类似<a>.<b>()形式的字符串处理函数。在面向对象程序设计中，这类函数称为方法。字符串类型共包含 43 个内置方法。

这些方法在进行字符串处理时十分有用，下面给出部分方法的应用实例。请读者在应用中逐步实践，提高字符串的处理能力。

1. 字符串类型的格式化方法

例如，希望程序输出："2019-5-1: 安徽黄山景区停车场的占用率为 99%。"。其中，下划线上的内容可能会发生变化，需要由特定函数运算结果进行填充，最终形成上述格式字符串作为输出结果。字符串是程序向控制台、网络、文件等介质输出运算结果的主要形式之一，为了提供更好的可读性和灵活性，字符串类型格式化是字符串类型的重要组成部分。

Python 语言支持两种字符串格式化方法，一种为类似 C 语言中 printf()函数的格式化方法；另一种为采用专门的 str.format()格式化方法。Python 中更为接近自然语言的复杂数据类型无法通过类似 C 语言的格式化方法很好地表达，且其后续版本已经不再改进 C 语言风格格式化方法，因此建议读者采用 format()方法进行字符串格式化操作。

格式：

<模板字符串>.format(<逗号分隔的参数>)

模板字符串由一系列槽组成，用来控制修改字符串中嵌入值出现的位置，其基本思想是将 format()方法中逗号分隔的参数按照序号关系替换到模板字符串的槽中。槽用花括号"{ }"表示，如果花括号中没有序号，则按照出现顺序替换，如图 4-2 所示。如果括号中指定了使用参数的序号，按照序号对应参数替换，如图 4-3 所示，参数从 0 开始编号。调用format()方法后会返回一个新的字符串。例如：

```
>>> "{}年:{}产量为{}万吨。".format( "2020" , "柑橘" , "4500" )
'2020 年:柑橘产量为 4500 万吨。'
```

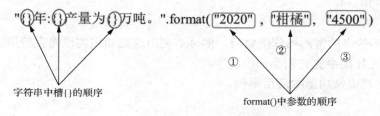

图 4-2　format()方法的槽和参数顺序

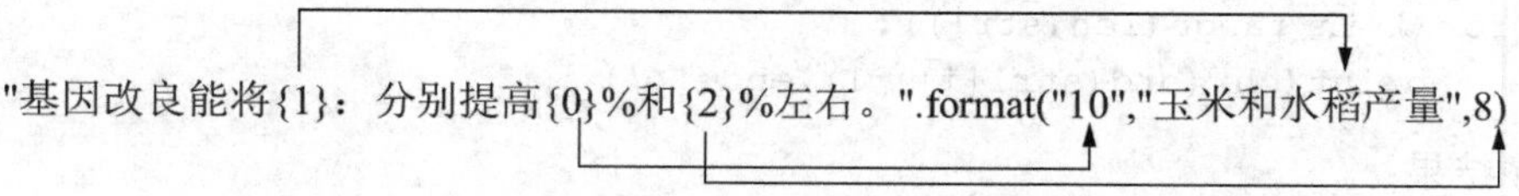

"基因改良能将{1}：分别提高{0}%和{2}%左右。".format("10","玉米和水稻产量",8)

图 4-3　format()方法与参数的对应关系

使用 format()方法可以非常方便地连接不同类型的变量或内容。如果需要输出花括号，可采用"{{语句}}"表示"{语句}"。例如：

```
'hello {{worlds in braces!}}, {name}'.format(name='zhangsan')
'hello {worlds in braces!}, zhangsan'
```

（1）使用位置参数。位置参数不受顺序约束，且可以为"{}"，只要 format()方法中有相对应的参数值即可，参数索引从 0 开始。位置参数可以是列表，此时在列表名前加"*"即可。例如：

```
>>> 'my name is {} ,age {}'.format('hoho',18)
'my name is hoho ,age 18'
>>> 'my name is {1} ,age {0}'.format(10,'hoho')
'my name is hoho ,age 10'
>>> 'my name is {1} ,age {0} {1}'.format(10,'hoho')
'my name is hoho ,age 10 hoho'
```

```
>>> li = ['hoho',18]
>>> 'my name is {} ,age {}'.format(*li)
'my name is hoho ,age 18'
```

（2）使用关键字参数。可用字典作为关键字参数传入值，此时在字典前加 "**" 即可，此时关键字参数值要与字典中定义的键值相对应。例如：

```
>>> ha={'name':'hoho','age':18}
>>> 'my name is {name},age is {age}'.format(name='hoho',age=19)
'my name is hoho,age is 19'
>>> 'my name is {name},age is {age}'.format(**ha)
'my name is hoho,age is 18'
```

（3）填充与格式化：[填充字符][对齐方式 <^>][宽度]。

```
>>> '{0:*>10}'.format(10)          #右对齐
'********10'
>>> '{0:*<10}'.format(10)          #左对齐
'10********'
>>> '{0:*^10}'.format(10)          #居中对齐
'****10****'
```

（4）精度与进制。例如：

```
>>> '{0:.2f}'.format(1/6)
'0.17'
>>> '{0:b}'.format(10)             #二进制
'1010'
>>> '{0:o}'.format(10)
'12'
>>> '{0:x}'.format(10)             #十六进制
'a'
>>> '{:,}'.format(12369132698)     #千分位格式化
'12,369,132,698'
>>>
```

（5）使用索引。例如：

```
>>> li=['yoyo', 18]
>>> 'name is {0[0]} age is {0[1]}'.format(li)
'name is yoyo age is 18'
```

对比格式化字符串 str.format() 和 print() 函数，str.format() 相对于%格式化方法有如下优点：

① 在%方法中%s 只能替代字符串类型，而在 format 中不需要理会数据类型。

② 单个参数可以多次输出，参数顺序可以不相同。

③ 填充方式十分灵活，对齐方式十分丰富。

2. find()函数

find()函数用于检测字符串是否包含特定字符：如果包含，返回开始索引；否则，返回-1。例如：

```
>>> str='hello world'                #'wo'在字符串中
>>> print( str.find('wo') )
6
>>> print( str.find('wc') )          #'wc'不在字符串中
-1
```

3. index()函数

index()函数用于检测字符串是否包含指定字符：如果包含，返回开始的索引值；否则，提示错误。例如：

```
>>> str='hello world'
>>> print( str.index('wo') )             #'wo'在字符串中
6
>>> print( str.index('wc') )             #'wc'不在字符串中
提示 ValueError: substring not found
```

4. count()函数

count()函数用于返回 str1 在 string 中指定索引范围内[start,end)出现的次数。例如：

```
>>> str='hello world'
>>> print(str.count('l'))            #统计 str 中全部字母 l 的个数
3
>>> print(str.count('l',5,len(str)))    #统计从第 6 个字母到最后一个字母中
                                        #字母 l 的个数
1
```

5. replace()函数

replace()函数用于将 str1 中的 str1 替换成 str2，如果指定 count，则替换次数不超过 count次。例如：

```
>>> str='hello world hello world'
>>> str1='world'
>>> str2='welcome'
>>> print(str.replace(str1, str2))     #将所有的 str1 替换为 str2
hello welcome hello welcome
>>> print(str.replace(str1, str2, 1))  #只将前 1 个 str1 替换为 str2
hello welcome hello world
```

6. split()函数

格式：

```
split('分界符',maxsplit)
```

其中，maxsplit 默认值为-1，表示根据分界符分割所有能分割的字符串，返回值为列表；如果给出了 maxsplit，则最多进行 maxsplit 次拆分（列表最多会有 maxsplit+1 个元素）。如果 maxsplit 未指定或为-1，则不限制拆分次数（进行所有可能的拆分）。如果给出了 sep，则连续的分隔符不会被组合在一起而是被视为分隔空字符串。

```
>>> str3='I am a good girl!'
>>> print(str3.split(' ', 3))          #以空格分割字符串,分界符默认为空格
['I', 'am', 'a', 'good girl!']
>>> print(str3.split('o', 2))          #以字母 o 作为分界符,最大分割数为 2
                                        #返回最大分割数+1 个元素的列表
['I am a g', '', 'd girl!']
```

7. startswith()函数

startswith(str1)函数用于检查字符串 str 是否以指定字符串 str1 开头：若是，返回 True；否则，返回 False。例如：

```
>>> s1="Hello! Welcome to China!"
>>> print(s1.startswith("Hello"))
True
```

8. upper()函数

upper()函数用于将字符串中的所有字母转换为大写。例如：

```
>>> s2="Hello Welcome to hzau"
>>> print(s2.upper())
HELLO WELCOME TO HZAU
```

9. rjust()函数

rjust()函数用于将字符串右对齐，并使用空格填充至指定长度 len。例如：

```
>>> s3="Hello!Welcome to China!"
>>> print("s3 的原长度为%d"%(len(s3)))
s3 的原长度为 23
>>> print(s3)
Hello!Welcome to China!
>>> print("s3 处理后的长度为%d"%(len(s3.rjust(30))))
s3 处理后的长度为 30
>>> print(s3.rjust(30))
       Hello!Welcome to China!
```

10. center()函数

center()函数用于将字符串居中，并使用空格填充至指定长度 len。例如：

```
>>> s4="Hello!welcome to China!"
>>> print(s4.center(30))
   Hello!Welcome to China!
>>> print("s4 的原长度为%d"%(len(s4)))
s4 的原长度为 23
>>> print("s4 处理后的长度为%d"%(len(s4.center(30))))
s4 处理后的长度为 30
```

11. strip()函数

格式：

```
s.strip(chars)
```

其中，s 为字符串，chars 为要删除的字符序列。该函数的作用是：从原字符串 s 的首尾开始寻找，只要找到 chars 中存在的字符，就将其删除，直到遇到一个不在 chars 中的字符时停止删除。当 chars 为空时，默认删除空白符（包括'\n'、'\t'、'\r'、' '）。例如：

```
>>> s5="  Hello !welcome to China!"
>>> s5.strip()
'Hello !welcome to China!'
>>> s6="Hello !welcome to wuhan!"
>>> s6.strip('He')
'llo !welcome to wuhan!'
```

12. join()函数

join(iterable)用于将 iterable 中每两个相邻元素之间插入字符串 str，返回形成的新的字符串。例如：

```
>>> s='*'
>>> print(s.join('123456'))
1*2*3*4*5*6
>>> s1="北京"
>>> print(s1.join('我喜欢'))
我北京喜北京欢
>>> iterable=['天津','上海','广州']
>>> print(s1.join(iterable))
天津北京上海北京广州
```

4.2.4　字符串的应用

例 4.5　两个乒乓球队进行比赛，各出三人。甲队为 a、b、c 三人，乙队为 x、y、z 三人。已抽签决定比赛名单。此时，有人向队员打听比赛的名单。a 说他不和 x 比，c 说他不和 x、z 比，请编写程序找出三对赛手的名单。

任务分析：

（1）利用字符串函数 ord()将'a'、'b'、'c'、'x'、'y'、'z'转换为 ASCII 码，可以转化为序列。

（2）根据已知条件，并结合 for 循环语句可以输出赛手名单。

源程序：

```
1   for i in range(ord('x'),ord('z')+1):
2       for j in range(ord('x'),ord('z')+1):
3           if i!=j:
4               for k in range(ord('x'),ord('z')+1):
5                   if (i!=k) and (j!=k):
6                       if (i!= ord('x')) and (k!=ord('x')) and (k!=ord('z')):
7                           print('order is a -- %s\t b -- %s\tc--%s' \
8                                   % (chr(i),chr(j),chr(k)))
```

程序结果：

```
order is a -- z  b -- x c--y
```

例 4.6 如果一个字符串从左向右和从右向左读时是一样的，那么就称这个字符串是回文串。例如，"mom"、"dad"和"noon"都是回文串。编写一段程序，提示用户输入一个字符串，然后输出该字符串是否为回文串。

任务分析：

（1）让程序检测字符串中的首字符与尾字符是否相同。如果相同，那么程序就会继续检测第二个字符是否与倒数第二个字符相同。这个过程持续进行，直到有字符不匹配或检测完所有字符为止。注意：如果字符串含有奇数个字符，则不比较中间的字符。

（2）使用两个变量，即 low 和 high 来表示字符串 s 起始和结束位置的两个字符，如源程序第 2 行和第 3 行所示。初始状态下，low 是 0，high 是 len(s)-1。如果这两个位置的字符相同，那么 low 增加 1，high 减去 1（第 8～9 行）。这个过程持续进行，直到 low>=high 或出现不匹配的情况为止。

源程序：

```
1    s=input("Enter a string: ").strip()
2    low=0
3    high=len(s)-1
4    while low<high:
5        if s[low]!= s[high]:
6            print(s,"is not a palindrome" )
7            break
8        low+=1
9        high-=1
10   else:
11       print(s, "is a palindrome")
```

程序结果：

```
Enter a string: the
the is not a palindrome
```

注意：在本节的实例中，没有通过任何操作对原始字符串进行改变。每个字符串都被定义为使用生成的新的字符串作为其结果。这是因为字符串在 Python 中具有不可变性，即在创建后不能再改变。例如，不能通过对其某一位置进行赋值而改变字符串。但是，用户可以通过建立一个新的字符串并以同一个变量名对其进行赋值，进而改变字符串。这是因为 Python 在运行过程中会清理旧的对象。

4.3　元　　组

4.3.1　元组的定义与特点

如果在应用中禁止对列表（在 4.4 节具体介绍）中的内容进行修改，此时可以使用元组来防止元素被意外添加、删除或替换。Python 的元组与列表类似，不同之处在于元组的元素不能修改；元组使用小括号，列表使用方括号。由于 Python 的实现机制，元组比列表的执行效率高。

1. 定义

（1）元组的定义方式很简单，只需要在小括号中添加元素，并使用逗号分隔即可。例如：

```
tup1=('physics', 'chemistry', 1997, 2000)
tup2=(1, 2, 3, 4, 5)
tup3="a", "b", "c", "d"
```

（2）创建空元组。例如：

```
tup1=()
```

（3）元组中只包含一个元素时，需要在元素后面添加逗号。例如：

```
tup1=(50,)
```

2. 特点

（1）元组可包含多个不同类型的元素，元素之间用逗号分隔。
（2）元组可以是空的，也可以只包含一个元素。
（3）创建元组时，外侧括号可以省略；元组在输出时有括号，便于正确表达嵌套结构。
（4）一个元组可以作为另一个元组的元素，作为元素的元组时需要增加括号，以避免歧义。例如：

```
>>> t1=12,3.4,("国庆快乐","军训快乐")
>>> print(type(t1))              #输出 t1 的数据类型
<class 'tuple'>
```

```
>>> print(t1)
(12, 3.4, ('国庆快乐', '军训快乐'))
```

（5）元组中各元素存在先后关系，可通过索引访问元组中的元素。

（6）元组定义后不能更改，也不能删除，但可以对元组进行连接组合。例如：

```
>>> tup1=(12, 34.56)
>>> tup2=('abc', 'xyz')
>>> tup1[0]=100                          #创建一个新的元组
提示 TypeError: 'tuple' object does not support item assignment
```

3. 封装和解封

（1）封装。例如：

```
t=12345, 54321, "hello!"
```

（2）解封：要求左侧的变量数目与元组的元素个数相同。例如：

```
>>> t=(1, 2, 3)
>>> x, y, z=t
>>> print(x, y, z)
1 2 3
```

4.3.2　元组的索引

可以使用下标索引来访问元组中的值。例如：

```
>>> tup1=('physics', 'chemistry', 2018, 2019)
>>> tup2=(1, 2, 3, 4, 5, 6, 7 )
>>> print("tup1[0]: ", tup1[0])
tup1[0]:  physics
>>> print("tup2[1]",tup2[1])
tup2[1] 2
```

4.3.3　元组的切片

元组也是一个序列，所以可以像字符串一样借助索引和切片来访问元组中的指定位置的元素，也可以截取索引中的一段元素。例如：

```
>>> L=('spam', 'Spam', 'SPAM!')
>>> print(L[0],L[2],L[-1],L[-2])
spam SPAM! SPAM! Spam
>>> print(L[-2:],L[0:2])
('Spam', 'SPAM!') ('spam', 'Spam')
>>> print(L[:2],L[:])
('spam', 'Spam') ('spam', 'Spam', 'SPAM!')
```

4.3.4　元组的操作函数

针对序列的常见操作也可以用在元组上，如可以在元组上使用 len()、min()、max()和 sum()函数；可以使用 for 循环遍历元组的所有元素，并使用下标运算符来访问元组中对应的元素或元素段，可以使用"in"和"not in"运算符来判断一个元素是否在元组中，并使用比较运算符来对元组中的元素进行比较。元组中的元素值是不允许删除的，但可以使用 del 语句来删除整个元组。

例 4.7　一个使用元组操作函数的实例。

源程序：

```
1   tuple1=("猪肉", "肥牛", "羊蝎子","大排","兔肉","油桃")#创建一个元组 tuple1
2   print(tuple1)
3   tuple2=tuple([20, 71.5, 61, 25, 16.5,12]) #从列表中创建元组
4   print(tuple2)
5   print("length is", len(tuple2))        #使用 len 函数求元组元素个数
6   print("max is", max(tuple2))           #使用 max 函数求元组元素最大值
7   print("min is", min(tuple2))           #使用 min 函数求元组元素最小值
8   print("sum is", sum(tuple2))           #使用 sum 函数求元组元素之和
9   print("The first element is", tuple2[0])   #使用索引输出元组元素
10  tuple3=tuple1+tuple2                    #合并元组
11  print(tuple3)
12  tuple3=2*tuple1                         #元组的*操作
13  print(tuple3)
14  print(tuple2[2:4])                      #元组的切片操作
15  print(tuple1[-1])
16  print(2 in tuple2)                      #元组的 in 操作
17  for v in tuple1:
18  print(v, end = " ")
19  print()
20  list1=list(tuple2)                      #从元组生成列表
21  list1.sort()
22  tuple4=tuple(list1)
23  tuple5=tuple(list1)
24  print(tuple4)
25  print(tuple4==tuple5)                   #元组的比较操作
```

程序结果：

```
('猪肉', '肥牛', '羊蝎子', '大排', '兔肉', '油桃')
(20, 71.5, 61, 25, 16.5, 12)
length is 6
max is 71.5
min is 12
sum is 206.0
The first element is 20
('猪肉', '肥牛', '羊蝎子', '大排', '兔肉', '油桃', 20, 71.5, 61, 25, 16.5,
```

```
12)
        ('猪肉', '肥牛', '羊蝎子', '大排', '兔肉', '油桃', '猪肉', '肥牛', '羊蝎子',
'大排', '兔肉', '油桃')
        (61, 25)
        油桃
        False
        猪肉 肥牛 羊蝎子 大排 兔肉 油桃
        (12, 16.5, 20, 25, 61, 71.5)
        True
```

代码分析：

程序利用一些字符串创建元组 tuple1（第 1 行），利用一个列表创建元组 tuple2（第 3 行）。程序对 tuple2 使用了 len()、max()、min()和 sum()函数（第 5～8 行）。可以使用下标运算符来访问一个元组中的元素（第 9 行），"+"运算符用来合并两个元组（第 10 行），"*"运算符用来复制一个元组（第 12 行），而切片运算符用来获取元组的一部分（第 14 行）。可以使用"in"运算符来判断某个指定元素是否在一个元组中（第 16 行）。可以使用一个 for 循环来遍历一个元组中的元素（第 17～18 行）。

程序创建了一个列表（第 20 行），并对这个列表进行排序（第 21 行），然后从这个列表创建两个元组（第 22～23 行）。使用关系操作符"=="对元组进行比较（第 25 行）。

已知元组的元素是固定的，第 12 行的语句会因为 tuple3 已经在第 10 行定义而抛出一个错误吗？答案是否定的，即第 12 行的语句没有错误，而是重新分配了一个新元组给成员 tuple3，并使 tuple3 指向新元组。"元组的元素是固定的"是指不能给一个元组添加、删除和替换元素，以及打乱元组中元素的顺序。例如：

```
>>> tup=('玉米', '土豆', '水稻', '小麦')
>>> print(tup)
('玉米', '土豆', '水稻', '小麦')
>>> del tup
>>> print("After deleting tup : ")
After deleting tup :
>>> print(tup)
```

以上实例中元组被删除后，输出变量会显示异常信息，输出如下：

```
NameError: name 'tup' is not defined
```

4.3.5　元组的操作方法

与字符串一样，元组之间可以使用"+"和"*"进行运算。这就意味着它们可以组合和复制，运算后会生成一个新的元组。例如：

```
>>> t=len((1, 2, 3))
>>> print(t)
3
>>> t1=(1, 2, 3) + (4, 5, 6)
>>> print(t1)
```

```
(1, 2, 3, 4, 5, 6)
>>> ('Hi!',) * 5
('Hi!', 'Hi!', 'Hi!', 'Hi!', 'Hi!')
>>> 3 in (1, 2, 3)                    #元素是否存在
True
>>> for x in (1, 2, 3): print( x,end=' ')
1 2 3
```

4.3.6　元组的应用

在 Python 中，元组这种数据结构同列表类似，都可以描述一组数据的集合，它们都是容器，是一系列组合的对象。下面通过几个应用实例加深对元组的理解。

例 4.8　元组在 for 循环中的应用举例。

源程序：

```
1   fishclass=('鳜鱼','青鱼','黑鱼','甲鱼','泥鳅')
2   price=('71','15.6','18.5','62','20.3')
3   for fish in fishclass:
4   print(fish)
5   for index in range(len(fishclass)):
6       print('第%d 种水产品单价：%s'%(index+1,price[index]))
7
```

程序结果：

```
鳜鱼
青鱼
黑鱼
甲鱼
泥鳅
第 1 种水产品单价：71
第 2 种水产品单价：15.6
第 3 种水产品单价：18.5
第 4 种水产品单价：62
第 5 种水产品单价：20.3
```

例 4.9　去掉最高分和最低分后求平均成绩。

源程序：

```
1   score=(100,89,45,78,65)
2   scores=sorted(score)   #sorted()函数可直接对元组排序
3   print(scores)
4   minscore,*middlescore,maxscore=scores
5   print(minscore)
6   print(middlescore)
7   print(maxscore)
8   print('最终成绩为：%.2f' %(sum(middlescore)/len(middlescore)))
```

程序结果：

```
[45, 65, 78, 89, 100]
45
[65, 78, 89]
100
最终成绩为：77.33
```

注意：元组本身是不可变数据类型，没有增、删、改、查功能，元组内可以存储任意数据类型。元组如果只有一个元素，后面一定要加逗号，否则数据类型不确定。元组中包含可变数据类型，可以间接修改元组的内容。

```
>>> t1=([1,2,3],4)
>>> t1[0].append('hello')
>>> print(t1)
([1, 2, 3, 'hello'], 4)
```

从上面的实例可以看出，元组中的元素是固定的。也就是说，一个元组一旦被创建，就无法对元组中的元素进行添加、删除、替换或重新排序操作。而实际应用中经常会遇到不确定个数的数据集合。例如，要查找某块硬盘上的.txt 文件，由于并不知道能找到多少个.txt 文件，所以会用一种新的组合类型——列表来表示，而元组一般用于描述一个对象的静态特性，如描述一个学生的学号、姓名、出生年月、年龄和身高。

4.4　列　　表

程序一般需要存储大量的数值。例如，需要读取 1000 个整数，并计算出它们的平均值，然后找出多少个整数是高于这个平均值的。此时，程序首先读取 1000 个整数并计算它们的平均值，然后把每个整数和平均值进行比较来确定它是否超过了平均值。为了完成这个任务，这些数字必须存储在变量中。为此，必须创建 1000 个变量，并重复编写几乎同样的一段代码 1000 次。显然，编写一个这样的程序是不切实际的。

Python 提供了一种称为列表（list）的数据类型，它可以存储一个有序的元素集合。在上例中，可以把 1000 个数字存储在一个列表中，并通过一个单独序列的列表变量来访问它们。

列表是一组有序序列的数据结构。创建一个列表后，可以访问、修改、添加或删除列表中的元素，即列表是可变的数据类型。Python 没有数组，可以使用列表代替。

4.4.1　列表的定义与特点

1. 定义

列表元素用方括号括起，元素之间用逗号分隔。格式：

列表名=[元素 1,元素 2,…]

例如：

```
>>>list1=list()              #创建空列表
>>>list2=list([2, 3, 4])     #创建一个包含 2，3，4 元素的列表
>>>list3=list(["red", "green", "blue"]) #创建一个字符串列表
>>>list4=list(range(3, 6))   #利用 range 创建一个包含 3，4，5 元素的列表
>>>list5=list("abcd")        #创建一个包含 a，b，c，d 字符的列表
>>>print(type(list5))        #输出 list5 的数据类型
<class 'list'>
```

列表也可以通过创建 list 对象来创建。格式：

```
列表名=list()               #创建一个空列表
列表名=list(iterable)       #创建一个列表，包含的项目为可枚举对象 iterable 中的元素
```

2. 特点

（1）列表是有序的序列。
（2）列表元素可以通过索引访问单个元素。
（3）列表可包含任何种类的对象，如数字、字符串、其他列表等。
（4）通过偏移存取。和字符串一样，可进行分片、合并等操作。
（5）可变长度，可嵌套。
（6）属于序列可变的类别。可在原位上改变，支持删除序列元素等。

4.4.2　列表的索引

索引是列表的基本操作，用于获得列表的一个元素。使用方括号作为索引操作符。若有 mylist 列表如下：

```
mylist=[5.6, 4.5, 3.3, 5.8, 77, 9.9, 11.3, 55.6, 67.8, 97.8]
```

列表中元素的访问格式为

```
mylist[index]
```

列表下标是基于 0 的，下标的范围为 0～len(mylist)-1，如图 4-4 所示，mylist[index] 可以像变量一样使用，所以它又称下标变量。

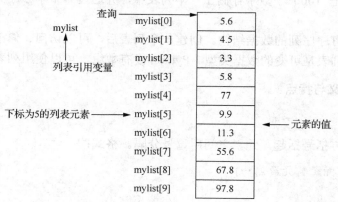

图 4-4　列表 mylist 示意图

　　注意：越界访问列表是一个常见的程序设计错误，它会导致一个运行时的 IndexError。为了避免这种错误，要确保未使用超出 len(mylist)-1 的下标。用户经常会错误地使用下标 1 来引用列表的第一个元素，但下标是从 0 开始的。另外，在循环中应该使用"<"的地方使用"<="也是常见的错误。

　　例 4.10　列表下标访问越界举例。

　　源程序：

```
1    i=0
2    mylist=[5.6, 4.5, 3.3, 5.8, 77, 9.9, 11.3, 55.6, 67.8, 97.8]
3    while i<=len(mylist):
4        print(mylist[i])
5        i=i+1
```

　　程序结果：

```
IndexError: list index out of range
```

　　代码分析：

　　应该用"<"替换第 4 行的"<="。

4.4.3　列表的切片

　　下标运算符允许选择一个指定下标位置上的元素。切片操作的语法格式：

```
list[start:end:step]
```

　　（1）返回列表的一个片段。这个片段是下标为 start 到 end-1 的元素构成的一个子列表。step 是截取的步长，默认是 1。

　　（2）start 默认是 0，即从头开始。

　　（3）end 默认是取到最后一个元素，取到最后一个元素的另一种方法是给 end 赋一个比最后一个元素的索引更大的值。

　　（4）start 和 end 都省略时表示取整个列表。

　　（5）在 start 和 end 为负时，是从列表的反方向来索引的，-1 代表列表的倒数第一个元素，依此类推。需要注意的是，在 step 为正时，依然是正向截取列表，start 的索引位置必须在 end 的索引位置的前面。

　　（6）step 为负时，start 的索引位置必须在 end 的索引位置的后面，否则只能得到空列表。这是因为 step 为负时是反向截取列表的。此时，start 默认为-1，也就是从列表倒数第一个元素开始截取，end 默认截取到第一个元素。

　　下面是 Python 的列表截取实例。

```
>>> L=['Google', 'Runoob', 'Taobao','Jingdong','baidu']
>>> print(L[0:3],L[-3:],L[-3:-1])
['Google', 'Runoob', 'Taobao'] ['Taobao', 'Jingdong', 'baidu']
['Taobao', 'Jingdong']
>>> print(L[:],L[:-1])
['Google', 'Runoob', 'Taobao', 'Jingdong', 'baidu'] ['Google', 'Runoob',
```

```
'Taobao', 'Jingdong']
>>> print(L[0:4:2])                          #step 为 2
['Google', 'Taobao']
>>> print(L[::-1])                           #列表元素逆序
['baidu', 'Jingdong', 'Taobao', 'Runoob', 'Google']
>>> print(L[-1:-4:-1])                       #start、end、step 均为负
['baidu', 'Jingdong', 'Taobao']
```

4.4.4 列表的操作函数

针对序列的常见操作也可以用在列表上，可以在列表上使用 len()、min()、max()和 sum()函数；可以使用 for 循环遍历列表的所有元素，并使用下标运算符来访问列表中对应的元素或元素段。在列表中使用"+"和"*"操作符与字符串相似，"+"用于组合列表，"*"用于重复列表。可以使用"in"和"not in"运算符来判断一个元素是否在列表中，并使用比较运算符来对列表中的元素进行比较。列表中的元素值是允许删除和修改的。

例 4.11 列表下标访问越界举例。

源程序：

```
1    L1=[2,3,4,5,6,7,8]                       #创建列表
2    L2=[21,13,14,15,16,17,18]
3    total=0
4    print(max(L1),max(L2))                   #求 L1、L2 最大元素
5    print(min(L1),min(L2))                   #求 L1、L2 最小元素
6    print(sum(L1),sum(L2))                   #求 L1、L2 列表元素之和
7    for i in range(len(L1)):                 #利用 for 循环求 L1、L2 列表元素总和
8        total+=L1[i]+L2[i]
9    print("%.2f"%(total/len(L2)))
10   print(L1[2] in L2)                       #in 运算
11   print(L1[2] not in L2)                   #not in 运算
12   L3=L1+L2                                 #+运算
13   L1=2*L1                                  #*运算
14   print(L1)
15   print(sorted(L2))                        #列表 L2 元素升序排列
16   print(L3)
17   del L3[0],L3[1]                          #删除列表 L3 中的两个元素
18   print(L3)
19   del L3                                   #删除整个 L3 列表
```

程序结果：

```
8 21
2 13
35 114
21.29
False
True
[2, 3, 4, 5, 6, 7, 8, 2, 3, 4, 5, 6, 7, 8]
```

```
[13, 14, 15, 16, 17, 18, 21]
[2, 3, 4, 5, 6, 7, 8, 21, 13, 14, 15, 16, 17, 18]
[3, 5, 6, 7, 8, 21, 13, 14, 15, 16, 17, 18]
```

还可以使用比较运算符（>、>=、<、<=、==、!=）对列表进行比较。为了进行比较，两个列表必须包含同样类型的元素。比较使用的是字典（在 4.5 节介绍）顺序：首先比较前两个元素，如果它们不同就决定了比较的结果；如果它们相同，就继续比较接下来两个元素，一直重复这个过程，直到比较完所有元素。

4.4.5 列表的操作方法

列表一旦被创建，可以使用 list 类的方法对其进行操作。表 4-1 列出了常用的列表方法。

表 4-1 常用的列表方法

方法	描述
list.append(obj)	在列表末尾添加新的对象
list.count(obj)	统计某个元素在列表中出现的次数
list.extend(seq)	在列表末尾一次性追加另一个序列中的多个值
list.index(obj)	从列表中找出某个值第一个匹配项的索引位置
list.insert(index, obj)	将对象插入列表
list.pop([index=-1])	移除列表中的一个元素（默认最后一个元素），并返回该元素的值
list.remove(obj)	移除列表中某个值的第一个匹配项
list.reverse()	反向列表中的元素
list.sort(cmp=None, key=None, reverse=False)	对原列表进行排序

下面通过实例介绍列表方法的使用。

例 4.12 append()、count()、extend()、index()和 insert()方法使用举例。

源程序：

```
1    >>> list1=[2, 3, 4, 1, 32, 4]
2    >>> list1.append(69)
3    >>> list1
4    [2, 3, 4, 1, 32, 4, 69]
5    >>> list1.count(32)          #输出列表中 32 的个数
6    1
7    >>> list2=[99, 54]
8    >>> list1.extend(list2)
9    >>> list1
10   [2, 3, 4, 1, 32, 4, 69, 99, 54]
11   >>> list1.index(32)          #输出列表中元素为 32 的索引值
12   4
13   >>> list1.insert(1, 30)      #在索引 1 的位置插入元素 30
14   >>> list1
15   [2, 30, 3, 4, 1, 32, 4, 69, 99, 54]
```

代码分析：

第 2 行将 69 追加到列表中，而第 5 行返回了元素 32 在列表中的出现次数。调用 list1.extend()（第 8 行）将 list2 追加到 list1。第 11 行返回列表中元素 32 的下标，第 13 行将 30 插入列表中下标 1 的位置上。

例 4.13 insert()、pop()、remove()、reverse()和 sort()方法的使用举例。

源程序：

```
1    >>> list1=[2, 30, 3, 4, 1, 32, 4, 69, 99, 54]
2    >>> list1.pop(3)
3    4
4    >>> list1
5    [2, 30, 3, 1, 32, 4, 69, 99, 54]
6    >>> list1.pop()
7    54
8    >>> list1
9    [2, 30, 3, 1, 32, 4, 69, 99]
10   >>> list1.remove(69)      #删除元素 69
11   >>> list1
12   [2, 30, 3, 1, 32, 4, 99]
13   >>> list1.reverse()            #将列表元素逆序
14   >>> list1
15   [99, 4, 32, 1, 3, 30, 2]
16   >>> list1.sort()
17   >>> list1
18   [1, 2, 3, 4, 30, 32, 99]
19   >>> list1.sort(reverse=True)
20   >>> list1
21   [99, 32, 30, 4, 3, 2, 1]
```

代码分析：

第 2 行将下标 2 的元素从列表中移除。第 6 行调用 list1.pop()返回和移除 list1 的最后一个元素。第 10 行从 list1 中移除元素 69。第 13 行倒置列表中的元素。第 15 行对列表中的元素进行升序排列。第 20 行通过设置 reverse=True，对列表中的元素进行升序排列。

除此之外，str 类还包括 split()方法，它对于将字符串中的条目分成列表是非常有用的。例如，下面的语句

```
items="Jane John Mary Susan".split()
```

将字符串 " Jane John Mary Susan"分成列表["Jane", "John"，"Mary"，"Susan"]。这种情况下，字符串 items 是通过空格分隔的。也可以使用一个非空格的限定符。又如，下面的语句

```
items="04/20/2019".split("/")
```

将字符串"04/20/2019" 分成了列表['04','20','2019']。

用户可能经常需要编写代码从控制台将数据读入列表。此时，可以在循环中每一行输入一个数据条目并将它追加到列表。例如，例 4.14 中的代码是将 20 个数字读入一个列表，

每一行读一个数字。

例 4.14 输入列表元素举例。

源程序：

```
1   lst=[]                              #创建空列表
2   print("Enter 20 numbers: ")
3   for i in range(20):
4     lst.append(eval(input()))
```

有时在一行中以空格分隔数据会更加方便。此时，可以使用字符串的 split()方法从一行输入中提取数据。例 4.15 即为从一行字符串中读取 20 个由空格分隔的数字赋值给列表。

例 4.15 输入列表元素举例。

源程序：

```
1   #读取由空格分隔的数字赋值给列表
2   s=input("Enter 20 numbers separated by spaces from one line: ")
3   items=s.split()                      #默认以空格分隔字符串
4   lst=[eval(x) for x in items)]        #转换成数字列表
```

代码分析：

调用 input()来读取一个字符串。使用 s.split()来提取字符串 s 中被空格分隔的条目并返回列表中的条目。最后一行通过将条目转化成数字来创建一个数字列表。

4.4.6 列表推导式

1. 概念

推导式（comprehensions）又称解析式，是 Python 的一种独有特性。利用推导式可以从一个数据序列构建另一个新的数据序列。Python 中共有 3 种推导式：列表推导式、字典推导式、集合推导式。本节只介绍列表推导式。

列表推导式（list comprehension）是利用其他列表创建新列表的一种方式，工作原理类似 for 循环，可对得到的元素进行转换或筛选。

2. 基本格式

格式 1：

    [表达式 for 变量 in 列表]

说明：将列表中的变量生成一个满足表达式的新列表。

格式 2：

    [表达式 for 变量 in 列表 if 条件]

说明：if 起条件判断作用，列表中只有满足 if 条件的变量才会被保留，最后生成一个符合表达式的新列表。

格式 3：

    [表达式 1 if 条件 else 表达式 2 for 变量 in 列表]

说明：if…else 主要起赋值作用，当列表中的数据满足 if 条件时将其作为表达式 1 处理，否则按照表达式 2 处理，最后生成一个新列表。

3. 应用

（1）将列表中的字符串转换为大写字母格式输出。例如：

```
>>> names=['Bob','Tom','Alice','Jerry','Jack','Smith']
>>> [name.upper() for name in names]
['BOB', 'TOM', 'ALICE', 'JERRY', 'JACK', 'SMITH']
```

（2）将列表中的字符串长度大于 3 的字符串转换为大写字母格式输出。例如：

```
>>> names=['Bob','Tom','Alice','Jerry','Jack','Smith']
>>> [name.upper() for name in names if len(name)>3]
['ALICE', 'JERRY', 'JACK', 'SMITH']
```

（3）将 10～12 点的时间段生成间隔 45 分钟的时间列表序列。例如：

```
>>> ["%02d:%02d" %(h,m) for h in range(10, 12) for m in range(0, 60, 45)]
['10:00', '10:45', '11:00', '11:45']
```

（4）将列表中的浮点数转换为整数，其余元素保持不变。例如：

```
>>> data=['Birth', '2019-07-13', 7.5, 8, 11.4, 36.8, 100]
>>> [int(x) if type(x)==float else x for x in data]
['Birth', '2019-07-13', 7, 8, 11, 36, 100]
```

4.4.7　列表的应用

例 4.16　编程从控制台读取 10 个学生的 Python 课程成绩，计算出课程的平均值，然后输出高于平均值的分数。

任务分析：

（1）10 个学生的 Python 课程成绩可用一个列表存放。

（2）从控制台输入的学生课程成绩利用列表的 append()方法添加。

（3）利用循环结构比较学生分数和平均成绩，如果超过平均成绩，count=count+1，输出对应的列表元素。

源程序：

```
1   NUMBER_OF_ELEMENTS=10
2   numbers=[]                        #创建一个空列表
3   sum=0
4   for i in range(NUMBER_OF_ELEMENTS):
5       value=eval(input("Enter a new number: "))
6       numbers.append(value)
7       sum+=value
8   average=sum/NUMBER_OF_ELEMENTS
9   count=0                           #统计前超过平均分的人数为 0
```

```
10    print("Average is", average)
11    print("Above the average is: ")
12    for i in range(NUMBER_OF_ELEMENTS):
13        if numbers[i]>average:
14            count+=1
15            print(numbers[i],end=' ')
16    print("\nNumber of elements above the average is", count)
```

程序结果：

```
Enter a new number: 90
Enter a new number: 89
Enter a new number: 77
Enter a new number: 93
Enter a new number: 94
Enter a new number: 72
Enter a new number: 65
Enter a new number: 73
Enter a new number: 66
Enter a new number: 62
Average is 78.1
Above the average is:
90 89 93 94
Number of elements above the average is 4
```

代码分析：

这个程序首先创建一个空列表（第 2 行）。它重复读取数字（第 5 行）并将其追加给列表（第 6 行），之后将其累加给 sum（第 7 行）。程序在第 8 行获取了 average。随后，列表中的每一个数字与平均值进行比较，以统计数字值大于平均值的个数（第 12～15 行）。

注意：在很多其他程序设计语言中，也许会用到一个称为数组的数据类型来存储一个数据序列。数组有固定的大小。Python 列表的大小是可变的，它可以根据需求增加或缩小。

例 4.17　编写程序，生成一个含有 20 个随机数的列表，要求所有元素不相同，并且每个元素的值介于 1～100，并输出列表元素的个数、列表元素之和、最大值元素及最小值元素。

任务分析：

（1）程序要求使用随机数，所以需要用到 randint()产生随机数，为保证产生随机数的范围为 1～100，可以使用 randint(100)+1。

（2）程序要求所有元素不相同，为保证后产生的随机数不在已产生的列表元素中，需要用到成员运算符 "not in"。如果不在列表中，使用列表的 append()方法添加新元素。

（3）还需用到列表的操作函数 len()、sum()、max()、min()。

源程序：

```
1    import random
2    x=[]
3    while True:
```

```
4         if len(x)==20:
5             break
6         n=random.randint(1, 100)
7         if n not in x:
8             x.append(n)
9     print(x)
10    print(len(x))
11    print(sorted(x))
12    print(max(x),min(x))
```

程序结果：

```
[53,32,27,96,59,92,89,50,5,69,90,38,71,42,62,51,48,82,81,91]
20
[5,27,32,38,42,48,50,51,53,59,62,69,71,81,82,89,90,91,92,96]
96 5
```

例 4.18 小海豚幼儿园有 30 个小朋友，这些小朋友按 1～30 的编号围成一个环，并依次报数。每次报数到 3 的小朋友离开该环，如此循环，直到最后只剩下 3 个小朋友时停止报数。剩下的 3 个小朋友有机会去上海迪士尼。如果小明、小兰、丁丁想去迪士尼，他们的初始编号应该为多少？

任务分析：

（1）30 个小朋友首尾相连围成一个环，数据类型的变量应该是一个序列，序列中的元素有先后次序关系；每当一个小朋友离开环，序列的长度变短，因此这是一个可变序列。本章介绍的元组和字符串都是一个不可变序列，无法解决问题，而列表的是一个可变序列，满足要求。

（2）列表中的元素可以添加、删除，删除列表中索引为 k 的元素后，索引为 k+1 的元素及其之后的元素序号减 1，同时可以利用 len()函数获取列表长度，即获得环内剩余小朋友的人数。

（3）每次报数后，环内小朋友的次序发生了变化。此时，只需要找到出环小朋友在环内的元素序号 k 即可，然后直接利用 del number[k]。

算法描述如图 4-5 所示。

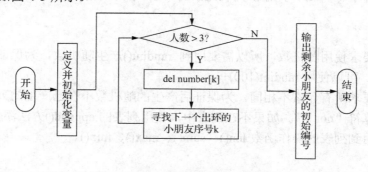

图 4-5　算法描述

设计算法如下。

第一步，定义空列表，初始化环内人数和报数，设置环内初始编号，设置第一次出环小朋友的序号。

```
n=30
m=3
number=[]
for i in range (30):
number.append(i+1)
m=m-1
k=m
```

第二步，寻找要出环的小朋友在环内的序号。

（1）当报数到 3 时，第一个小朋友出环，环内的人数减少，从编号为 4 的小朋友开始，他们的索引号减 1，环内剩余 29 个小朋友。

```
k=2
number[0]=1
number[2]=3
del number[k]
number[2]=3→number[2]=4
```

（2）当报数第二个 3 时，编号为 6 的小朋友出环，环内剩余 28 个小朋友。

```
k=4
del number[4]
number[4]=6→number[4]=7
```

（3）以此类推，当报数第 10 个 3 时，number[20]=30，编号为 30 的小朋友离开环。

（4）开始第二轮报数，在第二轮将要出环的小朋友在圈内的索引和初始编号为 num[2]=4，num[4]=8，num[6]=13，num[8]=17，num[10]=22，num[12]=26。在初始编号为 26 号的小朋友出环后，后面还有初始编号为 28、29 的小朋友，下一次将出环的是初始编号为 1，环内索引为 0 的小朋友，而不是环内次序为 14 的小朋友，原因是已经到达环尾和环首的交界处。

如何来判断到交界处呢？如果环内索引已经大于等于环内实际小朋友的数目，这时表示报数经过环首和环尾的连接处。遇到这种情况，可以使用取余运算实现，寻找下一个要删除的索引 k。

```
k=(k+2)%len(number)
```

第三步，循环什么时候终止呢？当人数少于 3 时，循环终止。

```
while len(number)>3:
    del number(k)
    k=(k+2)%len(number)
```

源程序：

```
1    n,m=eval(input("请输入环的人数和报数数字："))
```

```
2      number=[]
3      for i  in range(0,n):
4          number.append(i+1)
5      k=m-1
6      m=m-1
7      while(len(number)>3):
8          del number[k]
9          k=(k+m)%len(number)
10     print("输出环内剩余小朋友的编号：",number[0],number[1],number[2])
```

程序结果：

请输入环的人数和报数数字:30,3
输出环内剩余小朋友的编号:2 19 29

思考：理解列表和循环语句结合可以解决实际生活中的一些数学问题。如果每次报数的数字不同，该如何修改程序代码呢？

例 4.19 编写一个从 52 张扑克牌中随机抽取 4 张牌，并输出 4 张牌的大小及花色的程序。

任务分析：

（1）所有的牌可以用一个名为 deck 的列表表示，列表元素填充的初始值为 0～51。

（2）可用语句：deck= list(range(52))。

（3）牌的数字 0～12、13～25、26～38 及 39～51 分别代表 13 个黑桃、13 个红桃、13 个方块和 13 个梅花。

（4）cardNumber//13 决定这张牌属于哪个花色，0 代表黑桃，1 代表红桃，2 代表方块，3 代表梅花。

（5）牌的大小：cardNumber% 13 决定这张牌的大小。

源程序：

```
1      #创建一个包含 52 个元素的扑克列表
2      deck=list(range(52))
3      #创建包含 4 种花色及 13 张牌面大小的字符串列表
4      suits=["Spades", "Hearts", "Diamonds", "Clubs"]
5      ranks=["Ace", "2", "3", "4", "5", "6", "7", "8", "9","10", "Jack",
       "Queen", "King"]
6      import random
7      random.shuffle(deck)            #将 deck 列表元素随机打乱
8      for i in range(4):              #显示 4 张牌的大小和花色
9          suit=suits[deck[i]//13]
10         rank=ranks[deck[i]%13]
11         print("Card number", deck[i], "is", rank, "of", suit)
```

程序结果：

Card number 40 is 2 of Clubs
Card number 28 is 3 of Diamonds

```
Card number 16 is 4 of Hearts
Card number 23 is Jack of Hearts
```

代码分析：

这个程序创建了一幅 52 张的牌（第 2 行），列表 suits 对应 4 种花色（第 4 行），而列表 ranks 对应一个花色的 13 张牌（第 5 行）。suits 和 ranks 中的元素类型是字符串。

deck 被初始化为 0～51 的值。牌值 0 表示黑桃 A，1 表示黑桃 2，13 表示红桃 A，14 表示红桃 2。第 6～7 行对这副牌进行随意洗牌。在洗牌之后，deck[i]包含一个任意值，deck[i]//13 是 0、1、2 或 3，它决定了花色（第 9 行）；deck[i]%13 是一张牌值（第 10 行）。如果列表 suits 没有被定义，那么必须通过使用一个 8 行的冗长的 if 语句来判断，如下：

```
1    if deck[i]//13==0:
2        print("suit is Spades")
3    elif deck[i]//13==1:
4        print("suit is Hearts")
5    elif deck[i]//13==2:
6        print("suit is Diamonds")
7    else:
8        print("suit is Clubs")
```

因为 suits=["Spades", "Hearts", "Diamonds", "Clubs"]定义了一个列表，所以 suits[deck//13] 给出 deck 的花色。使用列表大大简化了这个问题的解题程序。

例 4.20 编写代码，模拟计算机设计大赛决赛现场最终成绩的计算过程，要求必须输入大于 2 的整数作为评委人数才有效。

任务分析：

（1）设计一个循环结构，保证评委人数大于 2，否则重新输入评委人数。

（2）创建一个空列表 score 用来存放评委提交的选手成绩。

（3）评委提交的选手成绩范围必须为 0～100，否则无效。如果提交的成绩合格，利用列表的 append()方法将成绩添加到 score 列表中。

（4）按照去掉最高分、最低分的规则，输出选手最终成绩。

源程序：

```
1    while True:
2        n=int(input('请输入评委人数：'))
3        if n<=2:
4            print('评委人数太少，必须多于 2 个人。')
5        else:
6    break
7    scores=[]
8    for i in range(n):
9        while True:
10           score=input('请输入第{0}个评委的分数：'.format(i+1))
11           score=float(score)
12           if 0<=score<=100:
```

```
13              scores.append(score)              #添加选手成绩到 score 列表中
14              break
15          else:
16              print('分数错误')
17  highest=max(scores)                           #求选手最高分
18  lowest=min(scores)                            #求选手最低分
19  scores.remove(highest)                        #删除选手最高分和最低分
20  scores.remove(lowest)
21  finalScore=round(sum(scores)/len(scores), 2)   #选手成绩保留两位小数
22  formatter='去掉一个最高分{0}\n 去掉一个最低分{1}\n 最后得分{2}'
23  print(formatter.format(highest, lowest, finalScore))
```

程序结果：

```
请输入评委人数:3
请输入第 1 个评委的分数:89
请输入第 2 个评委的分数:77
请输入第 3 个评委的分数:56
去掉一个最高分 89.0
去掉一个最低分 56.0
最后得分 77.0
```

例 4.21　利用列表编程实现用户和计算机之间的石头剪刀布游戏。用户选择出拳的数字（0—石头，1—剪刀，2—布），计算机随机产生一个手势来决定用户和计算机的胜、负、平 3 种情况。要求如下：

（1）用户可以多次进行游戏，直到按 3 退出游戏。

（2）每一局显示游戏结果。

源程序：

```
1   import  random
2   allList=['石头','剪刀','布']
3   winList=[['石头','剪刀'],['剪刀','布'],['布','石头']]          #定义获胜的情况
4   chnum=-1
5   prompt='''
6   ===欢迎参加石头剪刀布游戏===
7   请选择:
8   0  石头
9   1  剪刀
10  2  布
11  3  我不想玩
12  ==========================
13   请选择对应的数字: '''
14  while True:
15      chum=input(prompt)
16      if chum not in ['0','1','2','3']:
17          print("无效的选择，请选择 0/1/2/3")
18          continue
19      if chum=='3':
```

```
20              break
21          cchoice=random.choice(allList)        #计算机随机产生一个手势
22          uchoice=allList[int(chum)]            #用户输入自己的手势
23          print("您选择了:{0}\n计算机选择了:{1}".format(uchoice,cchoice))
24          if uchoice==cchoice:
25              print("平局")
26          elif [uchoice,cchoice] in winList:
27              print("你赢了!!!")
28          else:
29              print("你输了!!!")
30      print("游戏结束")
```

程序结果：

```
===欢迎参加石头剪刀布游戏===
请选择：
0    石头
1    剪刀
2    布
3    我不想玩
==========================
 请选择对应的数字：1
您选择了:剪刀
计算机选择了:石头
你输了!!!
===欢迎参加石头剪刀布游戏===
请选择：
0    石头
1    剪刀
2    布
3    我不想玩
==========================
请选择对应的数字：3
游戏结束
```

代码分析：

第 2 行创建了一个存放 3 种手势的列表 allList。第 3 行定义了一个列表，用于存放几种可能获胜的手势情况。第 5～12 行定义游戏开始的界面。第 14～20 行表示输入的数字不是 0、1、2、3 则视为无效输入。第 19～20 行判断输入的数字是否为 3，如果是则退出游戏。第 21 行表示计算机随机生成手势。第 23 行利用字符串的格式化输出计算机和用户的手势。第 24～28 行根据游戏规则判断胜负。

小结：

（1）可以利用 Python 内置的 len()、max()、min() 和 sum()函数返回一个列表的长度、最大值和最小值及列表中所有元素之和。

（2）可以使用 random 模块中的 shuffle()函数将一个列表中的元素乱序。

（3）可以使用下标运算符"[]"来引用列表中的一个独立元素，列表中的第一个元素下标从 0 开始。

（4）可以使用连接操作符"+"来连接两个列表，使用复制运算符"*"来复制元素，使用切片运算符获取一个子列表，使用"in"和"not in"运算符来检查一个元素是否在列表中。

（5）可以使用 for 循环来遍历列表中的所有元素。

（6）可以使用比较运算符来比较两个列表中的元素。

（7）列表对象是可变的。可以使用方法 append()、extend()、insert()、pop()和 remove()向一个列表添加元素和从一个列表中删除元素。

（8）使用 index()方法获取列表中一个元素的下标，使用 count()方法返回列表中元素的个数。

4.5 字　　典

假设程序需要存储"职工信息"表中有关职员的详细信息。字典就是执行这个任务的一种有效的数据结构。一个字典是按照关键字存储值的集合，这些关键字很像下标运算符。在列表中下标是整数，而字典中关键字必须是一个可哈希对象。一个字典不能包含重复的关键字，每个关键字都对应着一个值。一个关键字和它对应的值（即键值对）存储在字典中的一个条目，如图 4-6 所示。这种数据结构之所以称为字典，是因为它与词典很相似。一个字典也被认为是一张图，它将每个关键字和一个值相匹配。

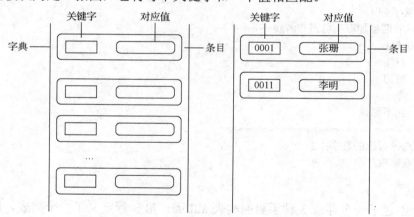

图 4-6　字典中的条目示意

4.5.1　字典的定义

1. 定义

一个字典是一个存储键值对集合的容器对象。它通过使用关键字实现快速获取、删除和更新字典键（key）值（value）对。字典的每个键值对用冒号（:）分隔，各个键值对之间用逗号（,）分隔，整个字典包括在一对花括号（{}）中。格式：

```
d={key1:value1, key2:value2,…}
```

例如：

```
favorite={'黎明':'Python', '占山':'c', '光头':'Python', '吴浩':'Java'}
```

2. 特点

（1）字典是键值对的集合，字典中的值通过键来存取，一个键信息对应一个值。
（2）字典是无序的键值对集合，同一字典内键值互不相同。
（3）一个空的字典为{}。
（4）字典依据关键字来存储、取值、删除值。
（5）使用一个已存在的关键字存储新的值，前值被覆盖。
（6）从一个不存在的关键字中读取值会导致错误。

4.5.2 字典的操作函数

1. 字典的操作

1）创建一个字典
可以通过一对花括号（{}）将某些条目括起来以创建一个字典。每一个元素都由一个关键字后跟一个冒号，再跟一个键值组成。每一个元素都用逗号分隔。例如：

```
students={"20193102":"李林","20193101":"林音"}
```

上述程序创建了一个具有两个元素的字典。字典中的每一个元素的形式都是"key:value"。第一个元素的关键字是"20193102"，它对应的值是"李林"。可以使用下面的语法来创建一个空字典。

```
students1={}                    #创建一个空字典
```

2）字典的常用操作
（1）增加一个元素到字典。为了添加一个元素到字典中，可以使用以下语法：

```
dictionaryName[key]=value
```

如果这个关键字已经在字典中存在，上面的语句将替换该关键字对应的值。为了获取一个值，只需使用 dictionaryName[key]编写一个表达式即可。如果该关键字在字典中，那么返回这个关键字对应的值；否则，抛出一个 KeyError 异常。

例 4.22 字典操作实例。
源程序：

1	>>> flowers={"木本花卉":"月季花","草本花卉":"风信子"}
2	>>> flowers["盆花类"]="万寿菊"# 增加新数据
3	>>> flowers["草本花卉"]
4	'风信子'
5	>>> flowers["草本花卉"]="郁金香"
6	>>> flowers["草本花卉"]
7	'郁金香'

```
8     >>> print(flowers)
9     {'木本花卉': '月季花', '草本花卉': '郁金香', '盆花类': '万寿菊'}
10    >>> flowers["肉质类花卉"]
11    Traceback (most recent call last):
12      File "<pyshell#6>", line 1, in <module>
13        flowers["肉质类花卉"]
14    KeyError: '肉质类花卉'
```

代码分析：

第 1 行创建带两个元素的字典。第 2 行添加一个关键字为"盆花类"且值为"万寿菊"的元素。第 3 行返回和关键字"草本花卉"相关的值。第 5 行使用新的数据值"郁金香"修改关键字"草本花卉"对应的值。第 10 行获取一个不存在的关键字"肉质类花卉"对应的值，这会抛出一个 KeyError 异常。

（2）删除字典中的元素。为了从字典删除一个元素，使用的语法格式如下：

```
del dictionaryName[key]
```

例如：

```
del flowers ["草本花卉"]
```

这条语句从字典中删除关键字为"草本花卉"的对应元素。如果字典中不存在该关键字，抛出一个 KeyError 异常。

（3）检测一个关键字是否在字典中。可以使用 "in" 或 "not in" 运算符来判断一个关键字是否在一个字典中。

例 4.23　检测一个关键字是否在字典中实例。

源程序：

```
1     >>> flowers={"木本花卉":"月季花","草本花卉":"风信子"}
2     >>> "木本花卉" in flowers
3     True
4     >>> "鲜切花" in flowers
5     False
6     >>> "月季花" in flowers
7     False
```

代码分析：

第 2 行"木本花卉" in flowers 将检测关键字"木本花卉"是否在字典 flowers 中。

（4）相等性检测。可以使用运算符 "==" 和 "!=" 来检测两个字典是否包含同样的元素。

例 4.24　检测两个字典是否包含同样的元素实例。

源程序：

```
1     >>> flowers1={"木本花卉":"月季花","草本花卉":"风信子"}
2     >>> flowers2={"草本花卉":"风信子","木本花卉":"月季花"}
3     >>> flowers1==flowers2
4     True
```

```
5    >>> flowers1!=flowers2
6    False
```

代码分析：

从例 4.24 可知，字典不考虑元素在字典中的顺序，flowers1 和 flowers2 包含有相同的条目。

注意：不能使用比较运算符（>、>=、<=和<）对字典进行比较，因为字典中的条目是没有顺序的。

（5）使用一个 for 循环来遍历字典中所有的关键字。

例 4.25　使用 for 循环来遍历字典中所有的关键字实例。

源程序：

```
1    >>> rice={"01-00005":"北京米稻","09-00571":"宁波籼","04-00085":"糯米"}
2    >>> for key in rice:
3             print(key + ":" + str(rice[key]))
4    01-00005:北京米稻
5    09-00571:宁波籼
6    04-00085:糯米
```

代码分析：

for 循环对字典 rice 中的关键字进行迭代（第 2 行）。rice[key]返回关键字 key 对应的值（第 3 行）。

2.　字典中常用的操作函数

1）len()函数

使用 len(dictionary)来获得一个字典中元素的数目。

例 4.26　len()函数求取字典元素数目实例。

源程序：

```
1    >>> students={"111-34-3434": "John", "132-56-6290": "Peter"}
2    >>> len(students)
3    2
```

代码分析：

第 2 行 len(students) 返回字典 students 中元素的数目。

2）dict()函数

dict()函数用于创建一个新的字典。格式：

```
dict(key/value)
```

其中，key/value 用于创建字典的键值对，表示键值对的方法有很多，如例 4.27 中所示。

例 4.27　dict()函数应用举例。

源程序：

```
1    #创建一个空字典
2    empty_dict = dict()
```

```
3    print(empty_dict)
4    #用**kwargs 可变参数传入关键字创建字典
5    a = dict(郁金香=100,风信子=188,铃兰=366)
6    print(a)
7    #传入可迭代对象
8    b = dict(zip(['郁金香','风信子','铃兰'],[100,188,366]))
9    print(list(zip(['郁金香','风信子','铃兰'],[100,188,366])))
10   print(b)
11   #传入可迭代对象
12   c = dict([('郁金香', 100), ('风信子', 188), ('铃兰', 366)])
13   print(c)
14   c100 = dict([('郁金香', 100), ('风信子', 188), ('铃兰', 366),('铃兰',
     400),('铃兰', 500)])
15   print(c100)#如果键有重复,其值为最后重复项的值。
16   #传入映射对象,字典创建字典
17   d = dict({'郁金香': 100, '风信子': 188, '铃兰': 366})
18   print(d)
19   print(a == b == c == d)
```

程序结果：

```
{}
{'郁金香': 100, '风信子': 188, '铃兰': 366}
[('郁金香', 100), ('风信子', 188), ('铃兰', 366)]
{'郁金香': 100, '风信子': 188, '铃兰': 366}
{'郁金香': 100, '风信子': 188, '铃兰': 366}
{'郁金香': 100, '风信子': 188, '铃兰': 500}
{'郁金香': 100, '风信子': 188, '铃兰': 366}
True True
```

3）str()函数

str()函数用于输出字典中的元素，以可输出的字符串表示。

例 4.28　str()函数应用实例。

源程序：

```
1    >>> dict1={'Name': 'Runoob', 'Age': 7, 'Class': 'First'}
2    >>> str(dict1)
3    "{'Name': 'Runoob', 'Age': 7, 'Class': 'First'}"
```

4）type()函数

type()函数用于返回输入的变量类型，如果变量是字典，则返回字典类型。

例 4.29　type()函数应用实例。

源程序：

```
1    >>> dict1={'Name': 'Runoob', 'Age': 7, 'Class': 'First'}
2    >>> type(dict1)
3    <class 'dict'>
```

4.5.3 字典的操作方法

Python 中的字典类是 dict。表 4-2 列出了字典对象的常用方法。

表 4-2 字典对象的常用方法

方法	描述
dict.clear()	删除字典内所有元素
dict.copy()	返回字典的浅复制
dict.fromkeys(seq[, val])	创建一个新字典,以序列 seq 中元素作为字典的键,val 为字典所有键对应的初始值
dict.get(key, default=None)	返回指定键的值,如果值不在字典中返回 default 值
dict.items()	以列表返回可遍历的(键, 值) 元组数组
dict.keys()	以列表返回一个字典所有的键
dict.setdefault(key, default=None)	和 get()类似,如果键不存在于字典中,将会添加键并将值设为 default
dict.update(dict2)	把字典 dict2 的键值对更新到 dict 中
dict.values()	以列表返回字典中的所有值
pop(key[,default])	删除字典给定键 key 所对应的值,返回值为被删除的值。key 值必须给出;否则,返回 default 值
popitem()	随机返回并删除字典中的一对键和值。

get()方法除了当关键字 key 不在字典中时返回 None 而不是抛出一个异常外,其他与 dictionaryName[key]类似。pop()方法与 del dictionaryName[key]类似。例 4.30 是使用这些方法的一个实例。

例 4.30 字典常用方法应用举例。

源程序:

```
1   >>> students={'gree': 5127, 'irv': 4127, 'jack': 4098, 'pang': 6008}
2   >>> tuple (students. keys())
3   ('gree', 'irv', 'jack', 'pang')
4   >>> tuple(students.values())
5   (5127, 4127, 4098, 6008)
6   >>> tuple (students. items())
7   (('gree', 5127), ('irv', 4127), ('jack', 4098), ('pang', 6008))
8   >>> students.get("gree")
9   5127
10  >>> print(students.get("999-34-3434"))
11  None
12  >>> students.pop("gree")
13  5127
14  >>> students
15  {'irv': 4127, 'jack': 4098, 'pang': 6008}
16  >>> stunew={'irv': 627, 'jack': 998}
17  >>> students.update(stunew)
18  >>> students
19  {'irv': 627, 'jack': 998, 'pang': 6008}
20  >>> students.setdefault('red', 110)
```

```
21   110
22   >>> students
23   {'irv': 627, 'jack': 998, 'pang': 6008, 'red': 110}
24   >>> seq=('height', 'age', 'weight')
25   >>> dict1=dict.fromkeys(seq, 10)
26   >>> dict1
27   {'height': 10, 'age': 10, 'weight': 10}
28   >>> stunew=dict1.copy()
29   >>> stunew
30   {'height': 10, 'age': 10, 'weight': 10}
31   >>> stunew.clear()
32   >>> stunew
33   {}
```

代码分析：

字典 students 在第 1 行创建，第 2 行的 students.keys()将返回字典中的关键值，在第 4 行 students.values()用于返回字典中的值。第 6 行的 students.items()将字典中的元素作为元组返回。在第 10 行调用 students.get ("999-34-3434")返回关键字"999-34-3434"对应的学生姓名，因不存在此关键字，返回 None。第 12 行调用 students.pop ("gree")来删除关键字"gree"对应的字典中的元素。在第 16 行创建一个 stunew 字典。第 17 行调用 update()方法更新 students 字典。第 24～25 行调用 dict.fromkeys()创建字典 dict1。第 28 行用 dict1.copy()复制 dict 字典元素到 stunew 字典中。第 31 行调用 stunew.clear()来删除字典中的所有元素。

4.5.4　字典的应用

例 4.31　输入两个数字，并输入加、减、乘、除运算符号，输出运算结果。若输入其他符号，提示输入错误。

任务分析：

（1）可创建一个元组保存加、减、乘、除运算符号。

（2）创建一个字典 dic={'+':a+b,'-':a-b,'*':a*b,'/':a/b}定义 4 种运算。

源程序：

```
1    #创建一个空字典
2    a=float(input("请输入第一个操作数："))
3    b=float(input("请输入第二个操作数："))
4    t=input("请输入运算符号：")
5    tup=('+','-','*','/')
6    if t in tup:
7        dic={'+':a+b,'-':a-b,'*':a*b,'/':a/b}
8        print("%s%s%s=%0.4f"%(a,t,b,dic.get(t)))
9    else:
10       print("输入错误")
```

程序结果：

请输入第一个操作数：5
请输入第二个操作数：6

请输入运算符号：/
5.0/6.0=0.8333

思考：如果需要考虑除数为 0 的情况，该如何修改程序？

例 4.32 利用字典创建一个农产品价格信息程序。程序需要实现的功能如下：

（1）输入数字 1：查询农产品信息。

（2）输入数字 2：可以插入新的产品信息。

（3）输入数字 3：可以删除已有产品信息。

（4）输入数字 4：退出农产品价格查询。

（5）如果不是输入数字，提示输入错误。

任务分析：

（1）创建一个字典用来存放通讯录，字典中每个元素包含产品名称和价格。

（2）判断输入的字符是否为数字字符，若是，则判断将要进行的操作，否则等待再次输入有效指令。

（3）如果输入的是数字字符 1、2、3、4，根据数字做相应判断。

源程序：

```
1   print('''|---欢迎进入农产品信息查询---|
2   |---1.查询产品信息---|
3   |---2.插入新的产品---|
4   |---3.删除已有产品---|
5   |---4.退出农产品价格信息程序---|''')
6   classInfo={}#产品信息
7   while 1:
8       temp=input('请输入指令代码：')
9       if not temp.isdigit():
10          print("输入的指令错误，请按照提示输入")
11          continue
12      item=int(temp)#转换为数字
13      if item==4:
14          print("|---感谢使用农产品价格信息查询---|")
15          break
16      name = input("请输入产品名称:")
17      if item==1:
18          if name in classInfo:
19              print(name,':',classInfo[name])
20              continue
21          else:
22              print("该产品不存在！")
23      if item==2:
24          if name in classInfo:
25              print("您输入的产品信息库中已存在-->>",\
26                  name,":",classInfo[name])
27              isEdit=input("是否产品信息资料（Y/N):")
28              if isEdit=='Y':
29                  priceInfo = input("价格信息：")
```

```
30              classInfo[name]=priceInfo
31              print("产品信息修改成功")
32              continue
33           else:
34              continue
35        else:
36           priceInfo=input("请输入价格信息：")
37           classInfo[name]=priceInfo
38           print("新产品加入成功！")
39           continue
40     if item==3:
41        if name in classInfo:
42           del classInfo[name]
43           print("删除成功！")
44           continue
45        else:
46           print("该产品不存在")
```

程序结果：

```
|---欢迎进入农产品信息查询---|
|---1.查询产品信息---|
|---2.插入新的产品---|
|---3.删除已有产品---|
|---4.退出农产品价格信息程序---|
请输入指令代码：2
请输入产品名称：黄瓜
请输入价格信息：3.5
新产品加入成功！
请输入指令代码：2
请输入产品名称：鲈鱼
请输入价格信息：18
新产品加入成功！
请输入指令代码：1
请输入产品名称：黄瓜
黄瓜 ：3.5
请输入指令代码：冬瓜
输入的指令错误，请按照提示输入
请输入指令代码：2
请输入产品名称：冬瓜
请输入价格信息：2
新产品加入成功！
请输入指令代码：3
请输入产品名称：冬瓜
删除成功！
请输入指令代码：1
请输入产品名称：冬瓜
该产品不存在！
```

```
请输入指令代码: 4
|---感谢使用农产品价格信息查询---|
```

代码分析:

第 1~5 行输出程序操作说明界面。第 6 行创建产品字典 classInfo。第 9~11 行判断输入的是否为数字字符,如果不是,则重新输入有效指令。第 13~15 行用来判断输入的数字是否为 4,若是,退出循环。第 17~22 行用来查询产品资料。第 23~39 行用于插入新的产品信息。第 40~46 行用于删除产品信息。

注意:字典元素的顺序通常没有定义。换句话说,迭代的时候,字典中的键和值都能保证被处理,但是处理顺序不确定。如果顺序很重要,需要将键值保存在单独的列表中。

4.6 集　　合

和数学上的集合一样,Python 中的集合同样具有两个重要特性:无序性和唯一性。Python 中集合中的元素同字典中的元素一样,都是无序的,但它没有字典中"键"的概念。在创建集合对象时,相同的元素会被去除,只留下其中一个。

Python 中的集合有两种类型:可变集合(set)和不可变集合(frozenset)。两者的名称很好地解释了这两种集合的区别:可变集合支持添加和删除操作,不可变集合不支持相关操作。就像元组一样,不可变集合可以作为字典的键。

4.6.1 集合的定义与特点

集合是一个无序的不重复元素序列。可以使用花括号({})或 set()函数创建集合,但创建一个空集合时必须用 set()函数而不能用"{ }"。例如:

例 4.33 集合创建方法。

源程序:

```
1    #创建集合
2    >>> s1={1,2,3,4}
3    >>> s2={}
4    >>> s3=set()
5    >>> print(type(s1),type(s2),type(s3))
6    <class 'set'> <class 'dict'> <class 'set'>
```

代码分析:

从上面的语句可以看到,第 2 行创建了一个空字典,第 4 行才是创建一个空集合。

1. 创建集合

可通过将元素用一对花括号"{}"括起来创建一个元素集合。集合中的元素用逗号分隔。可以创建一个空集合,或从一个列表、元组中创建一个集合。

例 4.34 集合创建方法。

源程序:

```
1    s1=set()                #创建一个空集合
```

```
2    s2={1, 3, 5}          #创建一个包含 3 个元素的集合
3    s3=set((3, 4, 6))     #利用元组生成集合
4    #利用列表生成一个集合
5    s4=set([x*2 for x in range(1, 10)])
6    print(s1,type(s1))
7    print(s2,type(s2))
8    print(s3,type(s3))
9    print(s4,type(s4))
```

程序结果：

```
set() <class 'set'>
{1, 3, 5} <class 'set'>
{3, 4, 6} <class 'set'>
{2, 4, 6, 8, 10, 12, 14, 16, 18} <class 'set'>
```

2．集合的特点

（1）元素具有无序性和唯一性。

（2）无字典中"键"的概念。

一个集合可以包含类型相同或不同的元素。例如，s = {1,2,3,"one","two","three"} 是一个包含数字和字符串的集合。集合中的每个元素必须是哈希的（hashable）。Python 中的每一个对象都有一个哈希值，而且如果在对象的生命周期中对象的哈希值从未改变，那么这个对象是可哈希的。

4.6.2 集合的运算

Python 提供了求并集、交集、差集和对称差集合的运算方法。

1．并集运算

两个集合的并集是一个包含这两个集合所有元素的集合。可以使用 union()方法或"|"运算符来实现这个操作。例如：

```
>>> s1={1, 2, 4}
>>> s2={1,2, 3, 5}
>>> sl.union(s2)
>>> s1|s2
{1, 2, 3, 4, 5}
```

2．交集运算

两个集合的交集是一个包含两个集合共同元素的集合。可以使用 intersection()方法或"&"运算符来实现这个操作。例如：

```
>>> s1={1, 2, 3, 4}
>>> s2={2, 3, 6, 8}
>>> s1.intersection(s2)
```

```
{2, 3}
>>> s1 & s2
{2, 3}
>>>
```

3. 差集运算

若有两个集合 set1 和 set2，set1 和 set2 之间的差集是一个包含出现在 set1 中但不出现在 set2 中的元素的集合。可以使用 difference()方法或 "–" 运算符来实现这个操作。例如：

```
>>> s1={1, 2, 3, 4}
>>> s2={2, 3, 6, 8}
>>> s1.difference(s2)
{1, 4}
>>> s1-s2
{1, 4}
```

4. 对称差集合运算

两个集合之间的对称差（或称为异或）集合是一个包含除它们共同元素之外所有在这两个集合之中的元素的集合。可以使用 symmertric_difference()方法或 "＾" 运算符来实现这个操作。例如：

```
>>> s1={1, 2, 3, 4}
>>> s2={2, 3, 6, 8}
>>> s1. symmetric_difference(s2)
{1, 4, 6, 8}
>>> s1^s2
{1, 4, 6, 8}
```

注意：这些 set()方法都返回一个结果集合，它们并不会改变这些集合中的元素。

5. 子集和超集

（1）如果集合 s1 中的每个元素都在集合 s2 中，称 s1 是 s2 的子集，可使用 s1.issubset(s2)方法来判断 s1 是否为 s2 的子集。例如：

```
>>> s1={1, 2, 4}
>>> s2={1, 4, 5, 2, 6}
>>> s1.issubset(s2)        #s1 是 s2 的子集
True
```

（2）如果一个集合 s2 中的元素同样都在集合 s1 中，称集合 s 是集合 s2 的超集。可以使用 s1.issuperset(s2)方法来判断 s1 是否为 s2 的超集。例如：

```
>>> s1={1, 2, 4}
>>> s2={1, 4, 5, 2, 6}
>>> s2.issuperset(s1)        #s2 是 s1 的超集
True
```

6. 相等性判断

可以使用运算符"=="和"!="来检测两个集合是否包含相同的元素。例如：

```
>>>s1={1, 2, 4}
>>>s2={1, 4, 2}
>>>s1==s2
True
>>> s1!=s2
False
```

7. 成员运算 in、not in

"in"或"not in"运算符用来判断一个元素是否在一个集合中。例如：

```
>>> s1={1, 2, 4}
>>> 1 in s1
True
>>> 5 in s1
False
>>> 2 not in s1
False
```

注意：并、交、差和对称差操作会产生一个新集合，前例中使用的都是可变集合，结果仍为可变集合。如果可变集合和不可变集合运算，得到新集合的类型和左操作数相同。

下面的语句可以帮助理解可变集合和不可变集合运算。

```
>>> set_a=set(["hello"])
>>> set_b=frozenset(["Python"])
>>> s=set_a|set_b
>>> s1=set_b|set_a
>>> print(s,s1)
{'Python', 'hello'} frozenset({'Python', 'hello'})
>>> print(type(set_a),type(set_b))
<class 'set'> <class 'frozenset'>
>>> print(type(s),type(s1))
<class 'set'> <class 'frozenset'>
```

4.6.3　集合的操作函数

Python 可以使用函数 len()、min()、max()和 sum()对集合进行操作。因为集合中的元素是无序的，也没有键的概念，所以如果需要访问集合中的所有元素，通常使用 for 循环遍历一个集合中的所有元素。下面通过例 4.35 给出一个具体的实例来了解集合的操作函数的使用。

例 4.35　集合的操作函数应用举例。

源程序：

```
1    set1={"green", "red", "blue", "red"}      #创建集合
2    print(set1)
3    set2=set([7, 1, 2, 23, 2, 4, 5])          #利用列表创建集合
4    print(set2)
5    print("Is red in set1?", "red" in set1)
6    print("length is", len(set2))             #使用 len 函数求集合元素个数
7    print("max is", max(set2))                #使用 max 函数求集合最大元素
8    print("min is", min(set2))                #使用 min 函数求集合最小元素
9    print("sum is", sum(set2))                #使用 sum 求集合元素之和
10   set3=set1|{"green", "yellow"}             #集合的并运算
11   print(set3)
12   set3=set1-{"green", "yellow"}             #集合的差运算
13   print(set3)
14   set3=set1&{"green", "yellow"}             #集合的交运算
15   print(set3)
16   set3=set1^{"green", "yellow"}             #集合的对称差运算
17   print(set3)
18   list1=list(set2)                          #利用集合创建列表
19   print(set1=={"green", "red", "blue"})     #判断两个集合中元素是否相同
20   set1.add("yellow")
21   print(set1)
22   set1.remove("yellow")
23   print(set1)
```

程序结果：

```
{'red', 'green', 'blue'}
{1, 2, 4, 5, 7, 23}
Is red in set1? True
length is 6
max is 23
min is 1
sum is 42
{'yellow', 'red', 'green', 'blue'}
{'red', 'blue'}
{'green'}
{'red', 'blue', 'yellow'}
True
{'red', 'green', 'blue', 'yellow'}
{'red', 'green', 'blue'}
```

代码分析：

这个程序创建集合 set1 为{"green","red","blue","red"}（第 1 行）。因为一个集合中的元素都不重复，所以只有一个 red 元素被存储在集合 set1 中。程序使用 set()函数从一个列表创建集合 set2（第 3 行）。程序对集合应用函数 len()、max()、min()和 sum()（第 6~9 行）。

注意：不能使用下标运算符来访问一集合中的元素，因为这些元素并没有特定的顺序。

例 4.35 中的程序在第 10～16 行实现求并集、差集、交集和对称差集合的操作。程序使用"=="来判断两个集合是否具有相同的元素（第 19 行）。使用 add()和 remove()方法来对一个集合进行添加和删除元素操作（第 20、22 行）。

4.6.4　集合的操作方法

set 集合元素无序且唯一，是可变的，有 add()、remove()等方法。集合对象还支持并集、交集、差集和异或等数学运算。可变集合支持 in、not in 运算。不可变集合是冻结的集合，一旦创建便不能更改，没有 add()、remove()等方法。表 4-3 列出了可变集合的主要操作方法。

表 4-3　可变集合的主要操作方法

方法	描述
S.add(e)	在集合中添加一个新的元素 e，如果元素已经存在，则不添加
S.remove(e)	从集合中删除一个元素，如果元素不存在于集合中，则产生一个 KeyError 错误
S.discard(e)	从集合 S 中移除一个元素 e
S.clear()	清空集合内的所有元素
S.copy()	将集合进行一次浅复制
S.pop()	从集合 S 中删除一个随机元素，如果此集合为空，则产生 KeyError 错误
S.update(s2)	用 S 与 s2 得到的全集更新变量 S
S.difference(s2)	用 S-s2 运算，返回存在于 S 中但不存在于 s2 中的所有元素的集合
S.difference_update(s2)	等同于 S = S-s2
S.intersection(s2)	等同于 S & s2
S.intersection_update(s2)	等同于 S = S & s2
S.isdisjoint(s2)	如果 S 与 s2 的交集为空，返回 True，否则返回 False
S.issubset(s2)	如果 S 与 s2 的交集为非空，返回 True，否则返回 False
S.issuperset(⋯)	如果 S 为 s2 的子集，返回 True，否则返回 False
S.symmetric_difference(s2)	返回对称补集，等同于 S ^ s2
S.symmetric_difference_update(s2)	用 S 与 s2 的对称补集更新 S
S.union(s2)	生成 S 与 s2 的全集

在熟悉了可变集合的这些操作方法后，下面来看一个具体的应用实例。

例 4.36　集合的操作方法应用举例。

源程序：

```
1    set1=set([])
2    for k in range(10):
3      set1.add(k)
4    print(set1)
5    set1.add(17)
6    set2=set1.copy()
7    print(set2)
8    set1.remove(7)
9    set1.pop()
10   print(set1)
11   set3={11,12,13}
```

```
12    set1.update(set3)
13    set1.discard(21)
```

程序结果：

```
{0, 1, 2, 3, 4, 5, 6, 7, 8, 9}
{0, 1, 2, 3, 4, 5, 6, 7, 8, 9, 17}
{1, 2, 3, 4, 5, 6, 8, 9, 17}
```

代码分析：

第 1 行创建了一个空集合，第 2～3 行将 0～9 这 10 个整数添加到集合 set1 中。第 5 行添加元素 17 到集合 set1，第 6 行将 set1 集合浅复制给 set2 集合。第 8 行移走 set1 中的元素 7，第 9 行随机删除集合的元素。第 12 行用 set3 集合更新集合 set1，第 13 行移走元素 21，集合 set1 中没有该元素，运行后不会引发异常，如果此处换成 set1.remove(21)，则引发 KeyError 错误。

4.6.5 集合的应用

Python 中的集合和其他语言中的集合类似，是一个无序不重复元素集，基本功能包括"in"和"not in"运算、关系测试和消除重复元素。

例 4.37 编写实现统计 Python 源文件中关键字个数的应用程序。

任务分析：

（1）对于 Python 源文件中的每个单词，要判断这个单词是否为一个关键字，可将所有关键字存入一个集合。

（2）使用"in"运算符来检测一个单词是否存在于这个关键字集合中。

源程序：

```
1     import os.path
2     import sys
3     keyWords={"and", "as", "assert", "break", "class",
4                "continue", "def", "del", "elif", "else",
5                "except", "False", "finally", "for", "from",
6                "global", "if", "import", "in", "is", "lambda",
7                "None", "nonlocal", "not", "or", "pass", "raise",
8                "return", "True", "try", "while", "with", "yield"}
9     filename=input("Enter a Python source code filename: ").strip()
10    infile=open(filename, "r")   #打开文件
11    text=infile.read().split()   #读取文件中通过空格分隔的单词,放入 text 列表
12    count=0
13    for word in text:
14        if word in keyWords:
15            count+=1
16    print("The number of keywords in", filename, "is", count)
```

程序结果：

```
Enter a Python source code filename: 4.30.py
```

```
The number of keywords in 4.30.py is 1
```

代码分析：

程序创建一个关键字集合（第 3～8 行），并提示用户输入一个 Python 源文件名（第 9 行）。

程序打开这个文件并从这个文件中提取出所有单词（第 10～11 行）。对于每一个单词，程序将检测这个单词是否是一个关键字（第 14 行）。如果是，计数器加 1（第 15 行）。

例 4.38 VIP 蔬菜网集蔬菜种子、蔬菜基地、蔬菜加工、蔬菜价格、蔬菜批发市场、蔬菜资讯、蔬菜供求、蔬菜企业为一体，是中国最专业的蔬菜供求信息发布、蔬菜商情查询平台。某在校学生想实现农产品"买全球、卖全国"。他爬取该网 2022-1-10 日黄瓜价格信息，然后选择进货厂家。

任务分析：

（1）选取要爬取信息的蔬菜网址信息。url = "http://www.vipveg.com/price/2022/huanggua/"

（2）利用 request 和 lxml 爬取数据，并存储到字典。

（3）提取品种、批发市场、最低价格、平均价格、最高价格、发布时间存放在字典中。

（4）将品种、批发市场、平均价格、发布时间存放在列表中，并显示前 n 项。

（5）将品种、平均价格存放到集合 price_any。

源程序：

```
1   import requests  #导入请求库
2   import datetime
3   from lxml import etree
4   #要请求的url
5   url = "http://www.vipveg.com/price/2022/huanggua/"
6   #请求时，提交给服务器的客户端信息 user-agent
7   headers = {
8       'User-Agent': 'Mozilla/5.0 (Windows NT 10.0; Win64; x64)
9   AppleWebKit/537.36 (KHTML, like Gecko) Chrome/69.0.3497.92
10  Safari/537.36',
11      'Cookie': 'ASP.NET_SessionId=yolmu555asckw145cetno0um'
12  }
13  n=int(input("输入想要查询的数据项数："))
14  price=[]
15  response = requests.get(url, headers=headers)
16  html = etree.HTML(response.content.decode('utf-8'))
17  table = html.xpath("//table[2]//tr[position()>2]")
18  for i in table:  # 遍历 tr 列表
19      p = ''.join(i.xpath(".//td[1]//text()"))
20  #获取当前 tr 标签下的第一个 td 标签，并用 text()方法获取文本内容，赋值给 p
21      sl = ''.join(i.xpath(".//td[2]//text()"))
22      sc = ''.join(i.xpath(".//td[3]//text()"))
23      ll = ''.join(i.xpath(".//td[4]//text()"))
24      lc = ''.join(i.xpath(".//td[5]//text()"))
25      year = ''.join(i.xpath(".//td[6]//text()"))
```

```
26        data = {  # 用数据字典，存储需要的信息
27            '品种': ''.join(p.split()),
28    # .split()方法在此处作用是除去 p 中多余的空格 '\xa0'
29            '批发市场': ''.join(sl.split()),
30            '最低价格': ''.join(sc.split()),
31            '最高价格': ''.join(ll.split()),
32            '平均价格': ''.join(lc.split()),
33            '发布时间': ''.join(year[0:4]+"年"+ \
34    year[5:7]+"月"+year[8:10]+"日")
35            }
36        product=(data['品种'],data['平均价格'],\
37    data['批发市场'],data['发布时间'])
38        price.append(list(product))
39    price.sort(key=lambda x:x[0])
40    price_any=set()
41    for i in range(n):
42        str1=price[i][0]+":"+price[i][1]
43        price_any.add(str1)
44        print(price[i])
45    print(price_any)
```

程序结果：

输入想要查询的数据项数：10
['光皮黄瓜','￥4.50','内蒙古呼和浩特市东瓦窑农副产品...','2022 年 06 月 19 日']
['光皮黄瓜','￥2.15','甘肃庆阳市西郊蔬菜瓜果批发市场','2022 年 06 月 19 日']
['黄瓜','￥0.90','黄冈市黄商三利农产品有限责任公司','2022 年 06 月 19 日']
['黄瓜','￥1.30','河北秦皇岛昌黎农副产品批发市场','2022 年 06 月 19 日']
['黄瓜','￥2.20','贵阳地利农产品物流园有限公司','2022 年 06 月 19 日']
['黄瓜','￥5.80','福建福鼎闽浙边界农贸中心市场','2022 年 06 月 19 日']
['黄瓜','￥1.45','新疆克拉玛依农副产品批发市场','2022 年 06 月 19 日']
['黄瓜','￥1.75','西藏领峰农副产品批发市场','2022 年 06 月 19 日']
['黄瓜','￥2.12','新疆兵团农二师库尔勒市孔雀农副...','2022 年 06 月 19 日']
['黄瓜','￥1.30','沈阳盛发菜果批发有限公司','2022 年 06 月 19 日']
{'黄 瓜:￥2.12','黄 瓜:￥0.90','光 皮 黄 瓜:￥2.15','光 皮 黄 瓜:￥4.50','黄瓜:￥5.80','黄瓜:￥1.45','黄瓜:￥1.30','黄瓜:￥1.75','黄瓜:￥2.20'}
```

# 本 章 小 结

本章介绍了 Python 中所有内置的组合数据类型，包括字符串、元组、列表、字典和集合。Python 的字符串可以使用单引号、双引号或三引号创建。由于字符串是序列，可使用切片操作符（[]）对字符串进行切片操作，还可使用"+"连接符及"*"操作符进行复制。同时，字符串提供很多方法，包括用于测试字符串属性的方法（如 str.isspace()）、用于改变字母大小写的方法（如 str.lower()）、用于搜索的方法（如 str.find()）。除此之外，还有很多本书中列举的其他方法。Python 对字符串的支持十分优秀，可以方便地进行搜索、提取、
```

比较整个字符串或部分字符串，替换字符或字符串，将字符串分割为子串列表，将字符串列表连接为一个单一的字符串。字符串的格式化方法 str.format() 的功能十分强大，该方法使用替换字段与变量来创建字符串，并使用格式化规则来精确地定义每个字段（将被某个值替代）的特性。替换字段名称语法允许使用位置参数或名称来存取方法的参数，也可以使用索引、键或属性名来存取参数项或属性。格式化参数允许设定填充字符、对齐方式及最小字段宽度。另外，对于数字，可以控制其符号的输出方式；对于浮点数，可以指定小数点后的数字位数，以及使用标准形式表示还是指数形式表示。

元组、列表与字符串一样具有切片与索引语法。另外，本章还讲解了集合类型：可变集合与不可变集合的相关知识。

在对列表的介绍中可以看到，对元组可以施加的一切操作都可用于列表。由于列表是可变的，其提供了比元组更多的功能，包括修改列表的一系列方法（如 list.index()），以及将切片操作布置在赋值运算符的左边。此外，列表还提供了插入、替换、删除等功能。在存放数据项序列时，列表是理想的数据类型，在需要根据索引位置进行快速访问时性能更优。

字典在某些方面与集合类似。例如，字典的键必须是可哈希运算的，并且同集合中的项一样，字典的键必须是独一无二的。但是，字典中存放的是键值对，值可以使用任意的数据类型。关于字典，本章介绍了字典的常用方法，如 dict.get() 方法与 dict.setdefault() 方法。

在创建组合类型数据时，在 for…in 循环结构中，可能需要频繁使用 range() 函数。通过相关的方法，可以从可变的组合类型数据中删除相应的数据项，如 list.pop() 与 set.discard()，或使用 del 语句。例如，del d[k] 的作用是从字典中删除键为 k 的项。Python 使用的是对象引用，即在使用赋值运算符 "=" 时，并没有对对象进行实际的复制工作。由于 Python 本身不提供进行排序的组合数据类型，需要对组合数据类型以排序后的顺序进行迭代时，就需要先使用 sorted() 方法进行排序。综上所述，Python 内置的组合数据类型功能十分强大，可以解决实际生活应用领域的大部分问题。

第 5 章 函 数

⌒ **学习要点**

1. 了解函数的作用。
2. 掌握自定义函数和调用函数的方法。
3. 掌握参数传递的多种方式。
4. 了解嵌套函数的使用方法和 lambda 函数的使用方法。
5. 掌握变量的作用范围。

有时，人们会遇到这种情况：在应用程序中会反复需要完成同一个功能，此时需要重复编写一些功能相同的程序代码，这使程序代码结构性差、冗长、不易维护和阅读。可以将功能相同的程序代码写成函数，利用函数调用可以使程序更清晰、简洁。使用函数有两个重要的作用：降低编程难度和实现代码复用。函数和函数调用之间的关系可用图 5-1 表示。

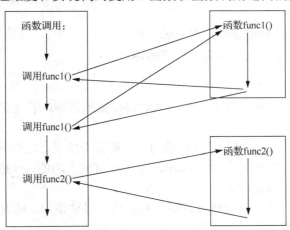

图 5-1　函数与函数调用的关系

如图 5-1 所示，程序在执行过程中，第 1 次遇到"调用 func1()"语句时，会转到函数 func1()的入口处执行，执行完 func1()函数后，返回第 1 次调用 func1()的语句处继续执行其后的内容；当执行到第 2 次"调用 func1()"语句时，又转去执行函数 func1()，执行完 func1()函数后，再次转回到第 2 次调用 func1()的语句处继续执行其后的内容；当执行到第 1 次"调用 func2()"语句时，转去执行函数 func2()，执行完 func2()函数后，再次转回到第 1 次调用 func2()的语句处继续执行其后的内容，直到程序结束。

本章将向读者介绍如何定义函数和在使用函数的过程中需要知道的参数及变量作用域等相关知识。

5.1 函数的使用

5.1.1 函数的定义

使用函数的过程中通常会遇到 3 种类型的函数：自定义函数、系统自带函数和 Python 标准库或第三方库中的函数。

（1）自定义函数：用户自己编写的解决特定问题的函数。

（2）系统自带函数：abs()、eval()、input()等。

（3）Python 标准库或第三方库中的函数：math 库中的 sqrt()、turtule 库中的画图方法等。

在代码窗口中，自定义函数的格式如下：

```
def 函数名([形参列表声明]):
    [函数体]
    return [返回值列表]
```

其中：

① def 是 Python 定义函数的关键字。函数体与 def 关键字之间必须保持一定的空格缩进，允许嵌套定义函数。

② 函数的命名方式和变量的命名方式一致。

③ 形参（形式参数）列表声明的格式具体如下：

```
形参名 1,形参名 2,…
```

形参不需声明类型，用于在调用该函数时进行数据传递；若无参数，形参两旁的括号不能省略。

④ 函数通过 return 返回结果，可以返回一个或多个结果，用逗号分隔。若函数没有通过 return 返回结果，相当于返回 return None。return 有两个功能：一是将其后返回值列表的结果返回；二是结束当前函数。

一旦定义了函数，它就可以像系统提供的函数一样被使用，即凡是可以使用表达式的地方，只要类型一致都可以使用函数。

例 5.1　用 "*" 输出如下图形，最后一行顶格（前面没有空格）。

```
    *
   ***
  *****
 *******
*********
```

任务分析：

首先，要明确通过 for 循环来实现。为了使循环变量有意义，使循环变量 i 代表当前输出的为第几行，范围为 1～5。要通过循环输出类似的形状，需要确定循环变量 i 和每一行中空格的个数及 "*" 的个数，并建立数学联系，可以得到下面两个计算公式：

$$每一行空格的个数=5-i$$

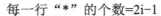

每一行 "*" 的个数=2i−1

有了空格和 "*" 个数与循环变量 i 的计算公式后,将它们作为循环体写入循环,每行最后通过换行结束。

源程序:

```
1   for i in range(1,6):
2       print((5-i)*" "+(2*i-1)*"*")
```

代码分析:

上面程序输出的图形结果是固定的,要想输出自己需要的图形,如用其他字符来显示输出结果而不只是 "*",可以在例 5.1 的基础上进行修改,编写所需函数。这里如果需要输出任意字符的图形,就需要通过形参接收一个字符信息,修改程序如下:

```
1   def graphChar(c):          #形参 c 用于接收字符信息
2       for i in range(1,6):
3           print((5-i)*" "+(2*i-1)*c)
4
5   s=input("请输入任意一个字符:")
6   graphChar(s)
```

程序结果:

```
请输入任意一个字符:g
    g
   ggg
  ggggg
 ggggggg
ggggggggg
```

进一步改进程序,如果需要输出任意多行,且最后一行顶格,需要再增加一个形参用来接收行信息,修改程序如下:

```
1   def graphChar(c,n):          #形参 c 用于接收字符信息,形参 n 用于接收行信息
2       for i in range(1,n+1):
3           print((n-i)*" "+(2*i-1)*c)
4
5   s=input("请输入任意一个字符:")
6   m=int(input("请输入打印的行数:"))
7   graphChar(s,m)
```

程序结果:

```
请输入任意一个字符: #
请输入打印的行数: 7
      #
     ###
    #####
   #######
  #########
```

```
##########
#############
```

通过这个例子可以看到不断对程序进行修改、编写和逐渐完善成符合需求的函数的完整过程。读者在编写函数的过程中，首先要确定函数实现的功能，为了实现这些功能需要哪些值作为参数进行传递，从而构建函数的参数列表，然后需要明确返回什么样的结果，并将其写到 return 语句的后面。

5.1.2 函数的调用与返回值

函数的调用与前 4 章大量使用的系统函数或库函数的调用方法相同。唯一的差别是现在由用户自定义函数。格式：

函数名（[实参列表]）

其中，实参（即实际参数）是传递给函数的变量或表达式。

例如，调用过程：

```
s=input("请输入任意一个字符:")
m=int(input("请输入打印的行数:"))
graphChar(s,m)
```

先给变量 s、m 赋值，然后作为实参调用函数 graphChar()。这里由于函数 graphChar() 没有返回值，可以作为单独的语句加以调用，不需要作为表达式或表达式的一部分。如果函数有非空（None）的返回值，必须将返回结果作为表达式或表达式的一部分，再配以其他语法成分构成语句。

调用函数即让程序转去运行函数中的函数体，并将实参的值赋给形参。当函数体运行完毕后，会将返回值带回给调用函数的地方，然后继续执行后面的其他代码。注意：

（1）函数调用的参数属于实参，可以是变量、常量或表达式。

（2）实参和形参可以使用同名变量。

（3）如果定义的函数没有形参，调用时就没有实参，但是括号不可省略。

（4）函数没有返回值时，可以作为单独的语句加以调用，否则，必须将返回结果作为表达式或表达式的一部分，再配以其他语法成分构成语句。

例 5.2 编写函数返回两个数字之和。

源程序：

```
1  def add(x,y):
2      c=x+y
3      return c
4
5  a,b=eval(input("请输入 2 个数字:"))
6  t=add(a,b)
7  print(t)
```

程序结果：

请输入 2 个数字：5,6

11

代码分析：

这个例子很简单，编写函数 add()求两个形参之和，并将结果返回即可。在调用过程（第 6 行）中，调用函数作为表达式的一部分。当函数调用结束后，会将数字之和作为返回值代入表达式，从而完成整个函数调用的过程。

例 5.3 编写函数统计 m~n 间的整数之和，并统计该区间有多少个数字。

任务分析：

首先，函数为了实现功能需要设置两个形参 m、n，用于接收数据范围。需要注意的是，有可能出现 m>n 的情况，所以增加一个 if 语句使 m>n 时交换 m、n 的值，保证在循环累加和之前保证 m<=n。然后，根据 m、n 的值写 for 循环累加 range(m,n+1)中的所有数字，并设置一个计数器变量 count，循环每执行一次 count=count+1。循环结束后，通过 return 分别返回累加和及计数器 count 值。

源程序：

```
1    def sumRange(m,n):
2        if m>n:
3            m,n=n,m
4        s=0
5        count=0
6        for i in range(m,n+1):
7            s=s+i
8            count=count+1
9        return s,count
10
11   x,y=eval(input("请输入一个你需要累加的范围:"))
12   a,b=sumRange(x,y)
13   print("%d 到%d 之间共有%d 个数字,累加和是%d"%(x,y,b,a))
```

程序结果：

请输入一个你需要累加的范围:20,10
20 到 10 之间共有 11 个数字,累加和是 165

代码分析：

通过例 5.3 可以看到如何通过 return 返回多个结果（第 9 行）及如何接收多个返回值（第 12 行）。

这里总结函数调用的执行过程：

（1）调用程序在调用处暂停执行并跳转到调用函数的起点。
（2）函数在调用时将实参的值赋值给形参。
（3）执行函数体。
（4）函数调用结束，给出返回值。

5.1.3 形参和实参

形参是在函数的定义中出现的参数，可以是变量、组合数据类型，其值需要通过实参来获得。实参是在调用函数时出现的参数，可以是常量、变量、表达式或组合数据类型。

在调用函数时，一般主调程序与被调函数之间有数据传递，即将主调程序的实参传递给被调函数的形参，完成实参与形参的结合，然后执行被调函数体。

传递参数时，一般实参与形参是按位置传递的，也就是实参的位置次序与形参的位置次序相对应传递。按位置传递是常用的参数传递方法，如在调用函数时，用户根本不知道形参名，只要注意保持实参与形参的个数、类型、位置一致即可，如图 5-2 所示。

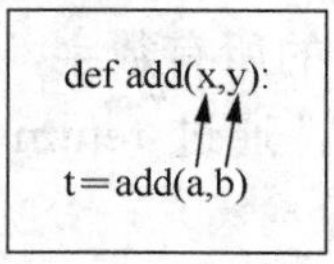

由图 5-2 可知，只要给定两个整数 a 和 b，t 就可以得到它们的数字之和。

这里强调实参与形参的个数必须保持一致，且位置与类型一一对应。但是，Python 中允许形参与实参的个数、位置不同，本书 5.2 节会做进一步讲解。

图 5-2　函数调用形式

5.2　函数的参数

在学习 Python 函数时，函数本身的定义和调用并不是很复杂，但是函数的参数类型和用法要复杂一些。在此做一个小结，以加深对函数参数的理解。

5.2.1 引用传递

Python 中一切的参数传递都是引用传递（地址传递），没有传统程序的值传递。但是，根据参数本身的类型不同，最终结果会有所不同。

Python 有两种数据类型：可变数据类型（mutable object），如列表可以通过引用其元素，改变对象本身，这种数据类型称为可变数据类型，字典和集合也属于这种数据类型；不可变数据类型（immutable object），如数字、字符串和布尔类型不能改变对象本身，只能改变引用的指向，称为不可变数据类型。尽管元组可以调用引用元素，但不可以赋值，不能改变对象本身，所以属于不可变数据类型。

若要知道两个引用是否指向同一个对象，可以使用 Python 中的 is 关键字来判断。

根据参数是不可变数据类型还是可变数据类型，参数传递时分别对应引用传递两种不同的传递结果：可变对象的引用传递，不可变对象的引用传递。

不可变对象（如数字、字符、布尔元组）作为实参传递给形参时，形参的值在函数体中发生变化不会影响实参；可变对象（如列表、字典、集合）作为实参传递给形参时，形参的值在函数体中发生变化会导致实参的值同时变化。这是因为实参和形参指向同样的内存单元。

例 5.4　不可变对象的参数传递实例。

源程序：

```
1    def change_integer(b):
2        b=b+1
```

```
3              print("形参b=%d"%b)
4
5      a=1
6      change_integer(a)
7      print("实参a=%d"%a)
```

程序结果：

> 形参 b=2
> 实参 a=1

代码分析：

上述代码只是将 a 作为实参传递给形参 b，函数体将 b 的值进行了修改，增加了 1。程序执行完之后 a 的值并未改变，所以整数类型的实参 a 不会因为形参的值的变化而发生变化。

例 5.5　可变对象的参数传递实例。

源程序：

```
1      def change_list(b):
2          for i in range(len(b)):
3              b[i]=b[i]+1
4          print("实参列表b=",b)
5
6      a=[1,2,3]
7      change_list(a)
8      print("实参列表a=",a)
```

程序结果：

> 实参列表 b= [2, 3, 4]
> 实参列表 a= [2, 3, 4]

代码分析：

上述代码将列表 a 的值作为实参传递给形参 b，函数体将形参列表 b 的值进行了修改，每个元素增加了 1。程序执行完之后 a 的值也随之发生变化，所以列表类型的实参 a 在这个函数中实参的值会因为形参的值的变化而发生变化。

5.2.2　必备参数

必备参数是 Python 函数中常见的参数，又称位置参数。在函数定义时直接给定参数的名称，调用时按照参数的位置赋予参数值。注意：如果在一个函数中定义了多个必备参数，在参数传递时必须按照定义的顺序依次赋值，即实参与形参个数、位置、类型要一一对应。

例 5.6　必备参数返回最小值。

源程序：

```
1      def printMin(para_a,para_b):
2      #判断参数大小
3          if para_a<para_b:
```

```
4              print(para_a, "is min")
5          else:
6              print(para_b, "is min")
7
8    printMin(2,5)
```

程序结果：

```
2 is min
```

代码分析：

如果将第 8 行调用函数代码修改为下面两种情况：

```
printMin(2) #传入参数数量不对应
printMin()  #未传入参数
```

程序运行后，均会提示出错。

5.2.3　命名参数

命名参数又称关键字参数。有些函数会存在较多的参数，使用这种函数时很难记住对应的参数顺序，这时就可使用命名参数的形式，按名称指定参数，从而避免了参数先后顺序出错，影响函数正确性的情况。

如果函数中命名参数和必备参数都存在，在函数定义时，必须把必备参数放在命名参数前面。调用时，必备参数也必须放在前面。

例 5.7　命名参数返回最小值。

源程序：

```
1    def printMin(para_a,para_b):
2    #判断参数大小
3        if para_a<para_b:
4            print(para_a, "is min")
5        else:
6            print(para_b, "is min")
7
8    printMin(para_b=2,para_a=5)
```

程序结果：

```
2 is min
```

代码分析：

第 8 行函数调用代码中的两个实参就使用了命名参数，将形参 para_b 的值赋值为 2，将形参 para_a 的值赋值为 5，实现了和例 5.6 同样的功能和运行结果。当使用命名参数时，不需要按照参数先后顺序进行参数传递，而是按照指定的参数进行传递。

5.2.4　默认参数

在函数定义时，给形参赋予一个默认值。调用函数时，如果没有给该参数赋新值，则使用函数定义时的默认值。此时，调用函数的实参的个数可以和形参的个数不一致。

如果函数中必备参数和默认参数都存在，在函数定义时，必须将必备参数放在默认参数前面。

例 5.8 默认参数返回最小值。

源程序：

```
1   def printMin(para_a,para_b=5):
2   #判断参数大小
3       if para_a<para_b:
4           print(para_a, "is min")
5       else:
6           print(para_b, "is min")
7
8   printMin(3)
```

程序结果：

```
3 is min
```

代码分析：

第 8 行函数调用代码中只有一个实参，意味着这个 3 的值传递给 para_a，而 para_b 用默认值 5 为其赋值。函数能正常运行，如在 for 循环中常用的 range()函数，range(1, 5)即第 3 个默认参数 step 使用默认值 1，等价于 range(1, 5, 1)。

5.2.5 不定长参数

在定义函数时，将既没有名称，又没有位置，且没有对应关系的参数放入一个元组中称为不定长参数。有时一个函数可能需要比声明它时所列出的参数个数多，这时需要使用不定长参数。使用方法是在变量名前加上星号（*），这样它就会存放所有未命名的变量参数。实际传入的参数可以是任意多个，也可以没有。

例 5.9 不定长参数实例。

源程序：

```
1   def printPara(para_a,*para_b):
2       print(para_a)
3       for i in para_b:
4           print(i,end=" ")            #print 结束用空格替换默认值换行
5
6   printPara(2)
7   printPara(2,3,4,5)
```

程序结果：

```
2
2
3 4 5
```

代码分析：

　　程序第 6 行和第 7 行分别两次调用函数 printPara()，第 1 次将实参 2 传递给形参 para_a。由于只有一个实参，不定长参数 para_b 不接收任何值，输出结果为 2。第 2 次将实参 2 传递给形参 para_a，剩下的实参 3、4、5 都传递给不定长参数 para_b，形成一个元组(3,4,5)，输出结果就是 2 和 3 4 5。

5.2.6　经典案例

　　例 5.10　判断字符串是否为回文串。

　　任务分析：

　　回文串也就是正读和反读都一样的字符串。先确定函数的参数列表，由于只需要知道字符串是什么，因此设置一个参数来接收字符串信息。函数体用于判断字符串是否为回文串，这里提供两种判断字符串是否为回文串的思路：第一种是对字符串进行逆序操作后，结果与原字符串一样，则该字符串是回文串；第二种是取字符串对应的字符进行一一比较，每一组都相同，则该字符串是回文串。其中，取字符对的方式是，第一个字符和最后一个字符比较，第二个字符和倒数第二个字符比较，依此类推。例 5.10 采用第二种方式实现。最终需要将是否为回文串的结论作为返回值，所以用 True 或 False 来返回结果。

　　源程序：

```
1   def huiwen(s):
2       n=len(s)
3       for i in range(n//2):
4           if s[i]!=s[-1-i]:
5               return False          #只要对应字符有一次不相同,则必然不是回文串
6       return True
7
8   a=input("请输入一个字符串:")
9   if huiwen(a):
10      print(a,"是回文串")
11  else:
12      print(a,"不是回文串")
```

　　程序结果：

```
请输入一个字符串：abc12
abc12 不是回文串
请输入一个字符串：abcba
abcba 是回文串
```

　　代码分析：

　　第 3 行中循环只需要执行 n//2 次即可，循环中应进行的是字符对不相同的判断，因为只要对应字符有一次不相同，必然不是回文串。确定回文串时必须每一组字符对都相同，因此在循环结束后才能确定。

　　例 5.11　返回英文语句中最长的英文单词。

　　任务分析：

　　例 5.11 对问题进行了一些简化，即所有的单词都用空格进行分隔。如果包含所有可能

的英文符号，需要通过一次循环将所有其他英文符号替换成空格，再进行处理。这里可以
通过调用 split()函数对字符串按照空格进行切割，得到一个由单词构成元素的列表。此时，
只需要对每个元素的长度求最大值，同时保存该最大值元素，循环结束后，返回最大值元素。

源程序：

```
1    def maxWord(s):
2        list_w=[]
3        list_w=s.split()
4        max=0
5        for i in list_w:
6            if len(i)>max:
7                max=len(i)
8                j=i
9        return j
10
11   a=input("请输入一句英文语句,用空格间隔单词:")
12   print(maxWord(a))
```

程序结果：

请输入一句英文语句,用空格间隔单词:Old soldiers never die they just fade away
soldiers

例 5.12　哥德巴赫在教学中发现，每个不小于 6 的偶数都是两个素数之和。例如，
6=3+3，12=5+7 等。因此，他提出了以下的猜想：任何一个不小于 6 的偶数，都可以表示
成两个素数之和。证明 80～100 之间的所有偶数都符合猜想。

任务分析：

例 5.12 的基本思路是用穷举法来穷举偶数 n 的所有组合 n=a+b，判断是否是两个素数
之和，也就是此时 a 和 b 都是素数，即找到了一组符合要求的结果。程序中需要分别对 a、
b 是否为素数进行判断，因此编写一个函数来实现是否为素数的判断功能，提高程序的可
读性。判断 80～100 之间的所有偶数符合猜想，就是再加一层外循环来逐一为 n 赋值。每
个偶数显示结果时，只需要对应的一组符合要求的两个素数之和即可。

源程序：

```
1    def sushu(n):
2        for i in range(2,n):
3            if n%i==0:
4                return False
5        return True
6
7    for n in range(80,101,2):
8        for a in range(3,n,2):
9            if sushu(a):
10               b=n-a
11               if sushu(b):
12                   print("%d=%d+%d"%(n,a,b))
13                   break
```

程序结果：

```
80=7+73
82=3+79
84=5+79
86=3+83
88=5+83
90=7+83
92=3+89
94=5+89
96=7+89
98=19+79
100=3+97
```

例 5.13　返回一个数字元素构成的非空列表中的最大值。

任务分析：

先确定函数的参数为接收一个列表，因此，设置一个参数来接收这个列表信息。由于不涉及修改列表元素的内容，只是输出最大值元素，所以与实参形参变化无关。函数体返回最大值的思路：先设置一个最大值 imax 变量，它的初值取列表 0 号下标元素进行赋值，接着只需要将剩下的所有元素依次与 imax 比较，如果当前元素比 imax 大，那么则将这个值作为新的最大值，赋值给 imax。当循环结束，所有元素都和 imax 比较过，则退出循环时的 imax 就是所有元素中的最大值。最终需要将 imax 作为返回值来返回最大值结果。

源程序：

```
1    import random
2
3    def maxLi(li):
4        imax=li[0]
5        #遍历列表每个元素一一比较
6        for i in li:
7            #满足条件，则代表当前元素 i 比前面所有元素的最大值还大
8            if i>imax:
9                #重新赋值 imax
10               imax=i
11       #循环结束，返回 imax
12       return imax
13
14   l1=[]
15   #循环 10 次产生一个数据范围在 10-200 的随机元素构成的列表
16   for i in range(10):
17       l1.append(random.randint(10,200))
18   print(l1)
19   print(maxLi(l1))
```

程序结果：

```
[56, 105, 143, 182, 148, 144, 183, 77, 53, 170]
183
```

代码分析：

如果要返回列表的最小值，可以参考本例做相应修改，将循环中的比较>改为<。

例 5.14　编写程序模拟抓狐狸的小游戏。假设一共有一排 5 个洞口，小狐狸最开始的时候在其中一个洞口，然后有人随机打开一个洞口，如果里面有小狐狸就抓到了；如果洞口里没有小狐狸就明天再来抓，但是第二天小狐狸会在有人抓它之前跳到隔壁洞口里。模拟这个过程，显示抓小狐狸的过程和结果。

任务分析：

先确定函数的参数来代表各个洞口的信息，以及最高尝试次数，否则有可能永远抓不住小狐狸。因此，设置第 1 个参数用列表来存放所用洞口是否存在小狐狸的信息，n 个洞口对应 n 个列表元素，有狐狸则该元素值为 1，没有狐狸则该元素值为 0，所以最终所有列表元素只会有 1 个元素的值为 1，其他均为 0。设置第 2 个参数为一个整数来表示抓的次数的上限。

第一次狐狸随机初始化位置，可以通过随机数实现，后面每次只能重新开始抓，狐狸只能跳到相邻洞口，可以通过随机数+1 或-1 来实现。注意特殊情况，如果当前狐狸的位置在最左边或最右边的洞口时，下次狐狸只有一个可选位置。

源程序：

```
1   import random
2
3   def catchMe(n=5,maxStep=10):
4       '''模拟抓小狐狸，一共 n 个洞口，允许抓 maxStep 次，如果失败，小狐狸就会
5       跳到隔壁洞口'''
6       #n 个洞口，有狐狸为 1，没有狐狸为 0
7       positions=[0 for i in range(n)]
8       #狐狸随机初始化位置
9       oldPos=random.randint(0,n-1)
10      positions[oldPos]=1
11  while maxStep>=0:
12      #最多抓十次，每次抓时 maxStep 减一，次数用完还没抓到则循环结束
13          maxStep-=1
14          #输入该次你要抓的洞口的下标
15          while True:
16              x=int(input("今天打开哪个洞?0-%d:"%(n-1)))
17              if 0<=x<n:
18                  break
19          if positions[x]==1:
20              print("成功，我抓到狐狸啦。")
21              print(positions)
22              break
23          else:
24              print("今天又没抓到。")
25              print(positions)
26          #如果这次没抓到，狐狸就跳到隔壁洞口
27          if oldPos==n-1:
```

```
28              #当前位置在最右边，则下次只能左跳一格
29              newPos=n-2
30          elif oldPos==0:
31              #当前位置在最左边，则下次只能右跳一格
32              newPos=1
33          else:
34              #其他位置，随机减一或加一
35              newPos=oldPos+random.choice([-1,1])
36          #修改狐狸的新的所在位置元素为1，上次位置的下标变为0
37          positions[oldPos],positions[newPos]=0,1
38          oldPos=newPos
39      else:
40          print("放弃吧，回去洗洗手，运气太差，抓不到狐狸的！")
41
42  catchMe()
```

程序结果：

```
今天打开哪个洞?0-4:2
今天又没抓到。
[1, 0, 0, 0, 0]
今天打开哪个洞?0-4:3
今天又没抓到。
[0, 1, 0, 0, 0]
今天打开哪个洞?0-4:0
成功，我抓到狐狸啦。
[1, 0, 0, 0, 0]
```

5.3 嵌套函数和 lambda 函数

5.3.1 嵌套函数

Python 允许在定义函数时其函数体内又包含另外一个函数的完整定义，这就是嵌套函数。定义在其他函数内的函数称为内部函数，内部函数所在的函数称为外部函数。当然，函数可以多层嵌套，这样，除了最外层和最内层的函数之外，其他函数既是外部函数又是内部函数。

嵌套函数的主要作用：可以使用内部函数来保护它们不受函数外部变化的影响，即将它们从全局作用域隐藏起来；避免重复代码，因为重复代码会降低程序的灵活性、简洁性，并且有可能导致代码之间的矛盾。

例 5.15 嵌套函数实例。

源程序：

```
1  def outFun():
2      def inFun():
3          print("inFun")
```

```
4        print("outFun")
5        inFun()
6    outFun()
7    #inFun()        #增加此句会出错
```

程序结果：

```
outFun
inFun
```

代码分析：

inFun()函数嵌套在 outFun()函数中（第 2 行），outFun()函数内部调用 inFun()函数（第 5 行）。如果去掉第 7 行代码中的注释标识符，会出现程序错误 NameError: name 'inFun' is not defined。函数是有可见范围的，这就是作用域的概念。内部函数不能被外部直接使用，否则会抛出 NameError 异常。

5.3.2　lambda 函数

Python 中定义函数有两种方法：第 1 种是用 def 定义，要指定函数名称；第 2 种是用 lambda 定义，不需要指定名称，称为 lambda 函数。lambda 函数又称匿名函数，即没有名称的函数。因为 lambda 函数只是临时使用，没有必要为其命名。

lambda 函数是可选的，不一定非要使用它们，任何能够使用它们的地方都可以定义一个普通的函数，用来替换 lambda 函数。但是，有些特定环境下，使用 lambda 函数可以简化所写程序。总之，lambda 函数是一个可以接收任意多个参数（包括可选参数）并且返回单个表达式值的函数。lambda 函数不能包含命令，且其所包含的表达式不能超过一个。不要试图向 lambda 函数中放入太多内容，如果需要较复杂的内容，应该用常规方式 def 定义一个普通函数。

lambda 函数创建语法格式：

```
lambda parameters:expression
```

具体参数说明如下。

parameters：可选，如果提供，通常是逗号分隔的变量表达式形式，即位置参数。

expression：通常是简单的表达式，不能包含分支或循环（但允许条件表达式），也不能包含函数。

调用 lambda 函数时，返回的结果是对表达式计算产生的结果。

例 5.16　简单的 lambda 函数实例。

源程序：

```
1    >>> add=lambda x, y : x+y
2    >>> add(1,2)
3    3
```

代码分析：

x 和 y 是 lambda 函数的两个参数，冒号后面的表达式是函数的返回值，可以看出这个函数是求两个变量 x、y 之和，但作为一个函数，没有名称是无法调用的，这里暂且给这个

lambda 函数绑定一个名称 add，使调用 lambda 函数成为可能。

例 5.17 输入一个列表（列表的每个元素也是列表），由两项构成：第 1 项是字符串，第 2 项是一个数字，表示第 1 项中的字符串出现的次数。对该列表元素按照出现次数递增排序。

任务分析：

由于列表元素也是一个组合数据类型，在按出现次数排序的过程中，原来次数对应的字符串应该同步调整位置，lambda 函数就能很方便地解决这个问题。

源程序：

```
1  mylist=[["a",6],["b",4],["c",3],["d",1],["e",2]]
2  mylist.sort(key=lambda x:x[1])
3  print(mylist)
```

程序结果：

```
[['d', 1], ['e', 2], ['c', 3], ['b', 4], ['a', 6]]
```

代码分析：

第 2 行代码调用 sort()方法对 mylist 列表进行排序，但是 mylist 列表的每个元素又是一个列表，因此对 sort()方法的 key 参数指定用元素列表的 1 号元素，即按照字符出现的次数来排序，以此作为整体排序的依据 lambda x:x[1]。

5.4 变量的作用域

根据变量定义位置的不同，将变量划分为两大类：全局变量和局部变量。两者的有效范围也是不同的。全局变量是定义在函数外部的变量，拥有全局作用域，可在整个程序范围内被自由访问。局部变量是定义在函数内部的变量，拥有局部作用域，局部变量只能在其声明函数内部访问。

例 5.18 变量作用域引发的错误。

源程序：

```
1  def func():
2      var=10
3      print(var)
4
5  func()
6  print(var)
```

程序结果：

```
10
NameError: name 'var' is not defined（第 6 行的 var 变量）
```

代码分析：

程序的第 6 行代码中 var 变量是函数外部定义的全局变量，而第 2 行代码中的 var 变量是当作在函数内部定义的局部变量来处理的，虽然它与函数外的全局变量重名，但是它们是两个不同的变量。这是因为当函数内的局部变量和函数外的全局变量重名时，优先读取函数本身自有的局部变量。同理，第 3 行代码中的 print()函数显示局部变量 var 的结果 10。因此，出错的原因是没有为第 6 行的全局变量 var 赋初值就直接使用，即该变量未定义。

例 5.19　变量作用域引发错误的改正。

源程序：

```
1   def func():
2       var=10
3       print(var)
4
5   var=1
6   func()
7   print(var)
```

程序结果：

```
10
1
```

代码分析：

程序结果中，第 1 行的 10 是调用函数 func()显示局部变量 var 的值。程序结果第 2 行的 1 是调用完函数后全局变量 var 的值。函数 func()的执行没有修改全局变量的值。

5.4.1　global 声明全局变量

如果要在函数内部给一个定义在函数外部的全局变量赋值，如将例 5.19 中第 2 行的代码改写成对全局变量 var 赋值，将如何来修改原有程序呢？

一个全局变量已在函数外定义，如果在函数内需要为这个变量赋值，并要将这个赋值结果反映到函数外，可以在函数内用 global 将这个变量声明为全局变量。如果在函数外没有声明，可在函数内部直接将一个变量声明为全局变量，该函数执行后，此变量将成为全局变量。格式：

```
global <全局变量>
```

例 5.20　global 声明全局变量。

源程序：

```
1   def func():
2       global var          #声明函数内部的 var 为外面定义过的全局变量 var
3       var=10
4       print(var)
5
6   var=1
7   func()
8   print(var)
```

程序结果：

```
10
10
```

代码分析：

根据程序结果第 2 行可以看到，全局变量 var 的值在调用函数 func()后，其值从原来的 1 修改为 10。经过第 2 行代码的 global 声明 var 为全局变量后，函数内部使用的 var 就是全局变量 var。因此，第 3 行代码将全局变量 var 的值修改为 10。

5.4.2 嵌套函数中的 nonlocal 声明

嵌套函数中，如果要为定义在上级函数体的局部变量赋值，可使用 nonlocal 语句，表明变量不是所在块的局部变量，而是在上级函数体中定义的局部变量。nonlocal 语句可指定多个非局部变量，如 nonlocal x,y,z。

例 5.21 变量作用域混合应用。

源程序：

```
1    def scope_test():
2        def do_local():
3            spam="我是局部变量"
4        def do_nonlocal():
5            nonlocal spam    #要求 spam 必须是已存在的变量
6            spam="我不是局部变量,也不是全局变量"
7        def do_global():
8            global spam    #若全局变量 spam 不存在,会自动新建一个
9            spam="我是全局变量"
10       spam="原来的值"
11       do_local()
12       print("局部变量赋值后:",spam)
13       do_nonlocal()
14       print("nonlocal 变量赋值后:",spam)
15       do_global()
16   print("全局变量赋值后:",spam)
17
18   spam="猜猜我是什么变量"
19   print(spam)
20   scope_test()
21   print("全局变量:",spam)
```

程序结果：

```
猜猜我是什么变量
局部变量赋值后:原来的值
nonlocal 变量赋值后:我不是局部变量,也不是全局变量
全局变量赋值后:我不是局部变量,也不是全局变量
全局变量:我是全局变量
```

代码分析：

程序结果的第 1 行是执行代码第 19 行后的结果,当前全局变量 spam 的值是第 18 行代码的赋值结果"猜猜我是什么变量"。

程序结果的第 2 行是执行代码第 12 行后的结果,当前局部变量 spam 的值是第 10 行代码的赋值结果"原来的值"。第 11 行代码调用嵌套函数 do_local()并没有改变局部变量 spam 的值。

程序结果的第 3 行是执行代码第 14 行后的结果,当前局部变量 spam 的值是第 6 行代码的赋值结果"我不是局部变量,也不是全局变量"。第 13 行代码调用嵌套函数 do_nonlocal(),由于在嵌套函数 do_nonlocal()使用了 nonlocal spam 进行声明,从而使嵌套函数中的 spam 就是上一层函数中的局部变量,通过代码第 6 行的赋值改变局部变量 spam 的值。

程序结果的第 4 行是执行代码第 16 行后的结果,当前局部变量 spam 的值是第 6 行代码的赋值结果"我不是局部变量,也不是全局变量"。第 15 行代码调用嵌套函数 do_global,由于在嵌套函数 do_global()使用了 global spam 进行声明,从而使嵌套函数中的 spam 就是全局变量 spam,并没有改变局部变量 spam 的值。

程序结果的第 5 行是执行代码第 21 行后的结果,当前全局变量 spam 的值是第 9 行代码的赋值结果"我是全局变量"。第 15 行代码调用嵌套函数 do_global(),由于在嵌套函数 do_global()使用了 global spam 进行声明,从而使嵌套函数中的 spam 就是全局变量 spam,通过代码第 9 行的赋值改变了全局变量 spam 的值。

5.5 递 归 函 数

递归函数是一种比较特殊的函数,在函数体中直接或间接调用函数自身,有些类似死循环的概念。因为递归函数要不断自己调用自己,所以递归函数一定要设置出口,从而最终退出这种递归调用的过程(图 5-3)。当解决某些特定问题的时候,好的递归函数只需用少量代码就可以描述出解题过程中所需的多次重复计算,大大减少了程序代码量,很简单地解决一个看似很复杂的问题,但是所需代码量小并不意味着运算量小,往往递归函数的运算量和对内存的消耗是比较大的,这是因为递归函数需要在内存中记录和保留中间的递归过程。

递归函数通常用在把一个大型复杂问题转化为一个或多个与原问题相似且规模较小的问题来求解,每个小规模问题的和就是这个大规模问题的解。

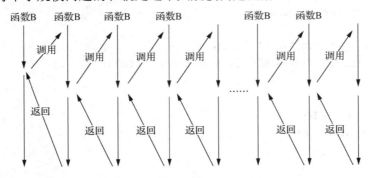

图 5-3 函数 B 的递归调用过程

使用递归函数的前提有两个，具体如下：

（1）原问题可以层层分解为类似的子问题，且子问题比原问题的规模更小。

（2）规模最小的子问题具有直接解。

设计递归函数的方法涉及以下两个核心问题：

（1）寻找分解方法，如何将大规模的问题分解成若干个小规模的问题。

（2）设计递归出口。

例 5.22　用函数求解阶乘问题。

源程序：

```
1   def factorial(number):
2       result=1
3       for i in range(1,number+1):
4           result=result*i
5       return result
6
7   n=int(input("请输入一个正整数："))
8   print(str(n)+"的阶乘结果是："+str(factorial(n)))
```

程序结果：

```
请输入一个正整数：10
10 的阶乘结果是：3628800
```

代码分析：

将前面循环求阶乘的代码改写成函数，设置一个函数参数 number 来接收具体多少的阶乘，通过 result 存放结果并通过 return 返回值。代码的核心就是 result=result*i（i 的值从 1 到 number）。

例 5.23　用递归函数求解阶乘问题。

源程序：

```
1   def factorial(number):
2       if number==1:
3           return 1                       #A
4       else:
5           return number*factorial(number-1)  #B
6
7   n=int(input("请输入一个正整数："))
8   print(str(n)+"的阶乘结果是："+str(factorial(n)))
```

程序结果：

```
请输入一个正整数：4
4 的阶乘结果是：24
```

代码分析：

  factorial(number)递归函数设置了出口，即 number 等于 1 的时候返回 1。当 number 大于 1 时，factorial(number)=number*factorial(number-1)，在第 5 行代码递归调用函数自身 number 在这里减一。

  完整的递归过程如下：

  （1）输入数字 4 后调用函数 factorial(4)，其第 2 行条件为假，则执行 else 分支对应的 B 行代码，即 4*factorial(3)；

  （2）进入 factorial(3)，同样先执行 else 分支对应的 B 行代码，即 3*factorial(2)；

  （3）再进入 factorial(2)，同样先执行 else 分支对应的 B 行代码，即 2*factorial(1)；

  （4）再进入 factorial(1)，第 2 行代码条件为真，则执行对应的 A 行代码，然后返回结果 1。

  至此，因为 factorial()函数已经有返回结果了，不能再次调用自身了，说明递归过程结束了。由此可见，递归过程是一个分解问题的过程，每一次调用自身都会重新初始化，重新为形参 number 开辟内存空间。整个问题按逻辑和先后顺序被不断分解成 number-1 的问题，其中最后的 1 是 factorial(1)返回的值，也就是递归函数的出口，从这里停止向下递归开始不断往上返回结果。

  回推过程如下：

  ① 从递归部分的（4）开始，由于 return 1，将返回值代入（3），返回主调函数 factorial(2)，即 factorial(2)=2*factorial(1)=2*1=2，由于 B 行代码只有 return 语句，则 return 2；

  ② 将（3）的返回值代入（2），返回主调函数 factorial(3)，即 factorial(3) = 3*factorial(2)= 3×2=6，然后同理执行 return 6；

  ③ 将（2）的返回值代入（1），返回主调函数 factorial(4)，即 factorial(4)=4*factorial(3)= 4×6=24，然后 return 24。

  至此，已经满足了输出 factorial(4)的要求，且已经到了回推的最顶层，回推过程结束，返回结果 24。从上述描述来看，回推过程是一个不断返回主调函数的过程，先解决最底层的函数，然后再利用该层的输出值 result（不一定是 return 值，任何在函数运行中被调用到的处于最后状态的值都可以是输出值），返回到其主调函数的上层函数中。依次类推，不断地返回到上一层主调函数，直到最后的函数结果。按照此逻辑，回推过程是通过不断解决一个大问题的各个小问题来达到解决大问题的目的，其解决问题的先后顺序为 factorial(4) = 1×2×3×4，第一个 1 是 factorial(1)的返回值。

  按照上面的理论，递推过程相当于一个不断输入的过程，而回推过程相当一个反向输出的过程，这样，一个递归函数就是将最先输入的问题最后输出，第 2 输入的问题倒数第 2 输出，和栈的用法一致，递归函数就是在栈空间内完成的，所以遵循"先进后出"的原则。每一次调用自身都是一个输入过程，每一次调用 return 都是开启一个不间断的输出过程。

  虽然递归函数的代码量很短，但是由于每一次调用自身都需要为形参开辟新的内存空间，在代码量很大的情况下是不推荐使用的，会造成内存的短缺；而且，系统会保存每一次函数的状态，运行效率也不高。这时候，可用循环操作来解决更合适。

  例 5.24   用递归函数求解汉诺塔问题。

  传说在古代印度的贝拿勒圣庙里，安装着三根插至黄铜板上的宝石针，印度主神梵天在其中一根针上从下到上由大到小的顺序放 64 片金圆盘，称为梵塔，然后要僧侣轮流值班把这些金圆盘移到另一根针上，移动时必须遵守如下规则：

（1）每次只能移动一个盘片；

（2）任何时候大盘片不能压在小盘片之上；

（3）盘片只允许套在三根针中的某一根上。

这位印度主神号称如果这 64 片盘全部移到另一根针上时，世界会在一声霹雳中毁灭，汉诺塔问题又称"世界末日"问题。下图为 3 阶汉诺塔的初始情况。

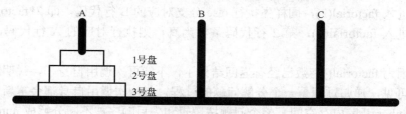

图 5-4　递归函数求解汉诺塔问题

任务分析：

设 n 阶汉诺塔问题 Hanoi(n, a, b, c)，当 n=0 时，没盘子可供移动，什么也不做；当 n=1 时，可直接将 1 号盘子从 A 柱移动到 C 柱上；当 n=2 时，可先将 1 号盘子移动到 B 柱，再将 2 号盘子移动到 C 柱，最后将 1 号盘子移动到 C 柱；对于一般 n>0 的一般情况，可采用如下分治策略进行移动：

（1）将 1 至 n-1 号盘（当作整体）从 A 柱移动至 B 柱，可递归求解 Hanoi(n-1, a, c, b)；

（2）将 n 盘从 A 柱移动至 C 柱；

（3）将 1 至 n-1 号盘（当作整体）从 B 柱移动至 C 柱，可递归求解 Hanoi(n-1, b, a, c)。

n 阶汉诺塔问题按照上面的三步操作分解成了 2 个 n-1 阶汉诺塔问题和一次直接移动盘子的问题。

根据上面的分解思路可以分析汉诺塔问题移动盘子的最少次数。

设 $T(n)$ 表示 n 个盘子的汉诺塔问题移动盘子的次数，显然 $T(0)=0$，对于 n>0 的一般情况，采用上面的（1）～（3）步。

在步骤（1）与（3）中需要移动盘子次数为 $T(n-1)$，步骤（2）需要移动一次盘子，可得如下的关系：

$$T(n) = 2T(n-1) + 1$$

展开上式可得

$$
\begin{aligned}
T(n) &= 2T(n-1) + 1 \\
&= 2[2T(n-2)+1] + 1 \\
&= 2^2 \times 2T(n-2) + 2^1 + 1 \\
&\quad \cdots\cdots \\
&= 2^n T(n-n) + 2^{n-1} + \cdots + 2^1 + 1 \\
&= 2^n - 1
\end{aligned}
$$

因此，要将 n 个盘子从 A 柱移动到 C 柱最少需要移动 $2^n - 1$ 次。

具体编程思路如下：

Hanoi(n, a, b, c)可以分成以下 3 个子步骤。

步骤 1.Hanoi(n-1, a, c, b)

//将 A 柱上的 n-1 个盘子借助 C 柱移到 B 柱上，此时 A 柱只剩下第 n 个盘子；

步骤 2.Move(n, a, c)

//将 A 柱上的第 n 个移动到 C 柱；

步骤 3.Hanoi(n-1, b, a, c)

//将 B 柱上的 n-1 个盘子借助 A 柱移到 C 柱上；

n=1 时可以直接求解，作为递归函数的出口，开始不断向上返回结果。

源程序：

```
1   def Hanoi(n,a,b,c):
2       if n==1:
3           move(a,1,c)
4       else:
5           Hanoi(n-1,a,c,b)
6           move(a,n,c)
7           Hanoi(n-1,b,a,c)
8
9   def move (a, n, b):
10      print("移动%d 号盘子从柱子%s 到柱子%s "%(n,a,b))
11
12  m=int(input("请输入汉诺塔盘子的数量："))
13  Hanoi(m,"A","B","C")
```

程序结果 1：

请输入汉诺塔盘子的数量：3
移动 1 号盘子从柱子 A 到柱子 C
移动 2 号盘子从柱子 A 到柱子 B
移动 1 号盘子从柱子 C 到柱子 B
移动 3 号盘子从柱子 A 到柱子 C
移动 1 号盘子从柱子 B 到柱子 A
移动 2 号盘子从柱子 B 到柱子 C
移动 1 号盘子从柱子 A 到柱子 C

程序结果 2：

请输入汉诺塔盘子的数量：4
移动 1 号盘子从柱子 A 到柱子 B
移动 2 号盘子从柱子 A 到柱子 C
移动 1 号盘子从柱子 B 到柱子 C
移动 3 号盘子从柱子 A 到柱子 B
移动 1 号盘子从柱子 C 到柱子 A
移动 2 号盘子从柱子 C 到柱子 B
移动 1 号盘子从柱子 A 到柱子 B

移动 4 号盘子从柱子 A 到柱子 C
移动 1 号盘子从柱子 B 到柱子 C
移动 2 号盘子从柱子 B 到柱子 A
移动 1 号盘子从柱子 C 到柱子 A
移动 3 号盘子从柱子 B 到柱子 C
移动 1 号盘子从柱子 A 到柱子 B
移动 2 号盘子从柱子 A 到柱子 C
移动 1 号盘子从柱子 B 到柱子 C

例 5.25 所有的苹果和所有的盘子都是一样的，没有任何区别，现在将 m 个苹果放到 n 个盘子上（允许有空盘子），问有多少种放法？

任务分析：

首先找到递归过程的出口，当苹果数为 0 或者盘子数为 1 时，放法只有 1 种。

当苹果数 m 大于 0 并且盘子数 n 大于 1 时，根据苹果和盘子数量分情况讨论，设计递归的思路就是让苹果数或者盘子数不断减少，直到到达递归出口为止。

（1）当苹果数 m 少于盘子数 n 时，则必然有 n-m 个盘子是空的，去掉这 n-m 个盘子，不会影响整体的放法。

（2）当苹果数 m 不少于盘子数 n 时，则可以分成 2 种情况考虑：第一种情况，至少有一个盘子空着，则可以去掉这个空盘子，放法不会发生变化；第二种情况，所有的盘子都有苹果，那么从每个盘子拿走一个苹果，放法不会发生变化。这 2 种情况的放法之和就构成了当苹果数 m 不少于盘子数 n 时的所有结果。

源程序：

```
1   def f(m,n):
2       if(m==0 or n==1):
3           return   1
4       #没有苹果或者盘子剩下 1 个，为递归出口
5       if(m<n):
6           return   f(m,m)
7           #苹果数少于盘子数，只需要相同的盘子数就足够了
8       else:
9           return f(m,n-1) + f(m-n,n)
10          #苹果数多于盘子数
11
12  a=int(input("苹果数量是："))
13  b=int(input("盘子数量是："))
15  print("%d 个苹果放到%d 个盘子里面一共有%d 种放法"%(a,b,f(a,b)))
```

程序结果 1：

苹果数量是：1
盘子数量是：1
1 个苹果放到 1 个盘子里面一共有 1 种放法

程序结果 2：

苹果数量是：2

盘子数量是：2

2 个苹果放到 2 个盘子里面一共有 2 种放法

程序结果 3：

苹果数量是：10

盘子数量是：5

10 个苹果放到 5 个盘子里面一共有 30 种放法

程序结果 4：

苹果数量是：5

盘子数量是：10

5 个苹果放到 10 个盘子里面一共有 7 种放法

本 章 小 结

　　本章着重介绍了函数的定义和使用方法。函数就是具备某一特定功能的代码，在编写函数时要认真分析所要解决的问题，以及解决问题时需要获得的参数列表。函数可以减少重复代码，增强程序的扩展性、可读性，使用原则是先定义后调用。通过本章的学习，应重点掌握形参和实参的区别与联系，以及形参的多种类型。在某些特定问题中，可以通过嵌套函数和 lambda 函数来编写更简单、高效的代码。递归函数提供了解决某类特定问题的方法，但是对内存消耗较大，运算量较大。

第 6 章　文件与异常

📖 学习要点

1. 熟悉 Python 中文本文件的读写方法及应用。
2. 了解 Python 中二进制文件的读写方法。
3. 了解 os 模块中实现文件级和目录级操作的方法。
4. 了解第三方库的安装方法和 jieba 库的应用。
5. 熟悉 Python 中的异常处理机制。

在前面 5 章中，应用程序使用标准输入、输出，所处理的数据只能保存在内存中。当退出应用程序时，数据将会丢失。在 Python 中从文件获取批量数据及运行结果，并将其写入文件可以达到永久保存的目的。在实际开发过程中，异常处理也是程序中不可缺少的一部分，使用异常处理机制可以让程序具有更好的健壮性。

6.1　文件的定义、引用与分类

6.1.1　文件的定义

为了长期保存数据以便重复使用、修改和共享，数据必须以文件的形式存储到外部存储介质（如磁盘、闪存盘、光盘等）中。文件是以一定的组织形式存放于外存储器的数据集合，它是操作系统管理数据的最小单位。文件系统是操作系统的重要组成部分，它规定了计算机对文件和目录进行操作处理的各种标准和机制。在此基础上，编程语言提供了文件类型及相应的处理函数，以在程序中通过文件实现数据的输入和输出。文件的输入、输出是指从已有的文件中读取数据和将处理结果按照一定格式写入文件中，适用于批量数据的处理。管理信息系统使用数据库来存储数据，而数据库最终要以文件的形式存储在外部存储介质中。应用程序的配置信息通常也是使用文件来存储的，图形、图像、音频、视频、可执行文件等也都是以文件的形式存储的。因此，文件操作在各类应用软件的开发中均占有重要的地位。

6.1.2　文件的引用

在计算机中，文件按树状目录结构进行组织。在这种结构中，每个磁盘有一个根目录，它包含若干文件和子目录（或称为子文件夹），子目录还可以包含下一级目录，依此类推即形成了多级目录结构。因此，访问文件需要知道文件所在的目录路径，这种从根目录开始标识文件所在的完整路径的方式称为绝对路径。其中，"绝对"是指当所有程序引用同一个文件时，所使用的路径都是一样的。例如，在 D 盘 music 文件夹的子文件夹 classic 下存放了一个文件 moon.mp3，那么可以用 D:\music\classic\moon.mp3 来引用此文件，这种表示方法称为绝对路径文件名。文件还可以以相对路径文件名的方式表示，即从当前路径出发表示一个文件。例如，当前路径为 D:\music，文件 moon.mp3 可以表示为 classic\moon.mp3，如果当前路径为 D:\music\classic，直接读取文件名 moon.mp3 即可。一个正在执行程序的当前路径就是该程序所在的文件夹，如果处理的数据文件与当前程序在同一文件夹（或当前程序所在文件夹的子文件夹），可以直接用相对路径文件名表示；如果处理的数据文件在不同的文件夹下，通常要用绝对路径文件名表示。因此，绝对路径与相对路径的不同之处在于描述目录路径时所采用的参考点不同。

6.1.3 文件的分类

按文件中数据的组织形式，文件可分为文本文件和二进制文件两大类。

1. 文本文件

文本文件存储的是常规字符串，由若干文本行组成，通常每行以换行符"\n"结束。常规字符串是指在记事本或其他文本编辑器中能正常显示、编辑并且人类能够直接阅读和理解的字符串，如英文字母、汉字、数字字符串等。文本文件可以使用字处理软件，如 gedit、记事本进行编辑。

2. 二进制文件

二进制文件把对象内容以字节串形式进行存储，无法用记事本或其他普通文本处理软件直接进行编辑，通常也无法直接阅读和理解，需要使用专门的软件进行解码后读取、显示、修改或执行。常见的如图形图像文件、音视频文件、可执行文件、资源文件、各种数据库文件、各类 Office 文档等都属于二进制文件。

6.2 文件的打开与关闭

在对文件进行任何操作之前，必须先打开文件，同时通知操作系统对文件进行读操作或写操作。Python 内置了文件对象，使用 open()函数可以打开一个文件并返回一个文件对象。

格式：

    文件对象名=open(文件名[,打开方式[,缓冲区]])

说明：

（1）文件名指定被打开的文件名称。可以使用绝对路径，也可以使用相对路径。

（2）打开模式指定打开文件的类型和访问方式即打开后的处理方式，具体如表 6-1 所示。默认是 r 模式。打开文件时要明确文件的访问方式，打开后按访问方式规定的权限访问文件。若要改变文件的访问方式，必须先关闭文件，再次按新的访问方式打开文件。

表 6-1 打开文件的不同操作模式

方式	描述
r	以读模式打开文本文件。文件指针在文件起始处，是默认模式
r+	以读和写模式打开文本文件。文件指针在文件起始处

续表

方式	描述
w	以只写模式打开文本文件。如果文件存在，将覆盖现有文件；否则会创建一个新文件
w+	以读和写模式打开文本文件。如果文件存在，将覆盖现有文件；否则会创建一个新文件
a	以追加模式打开文本文件。文件指针在文件末尾处。如果文件不存在，会创建一个新文件来写入
a+	以追加和读方式打开文本文件。文件指针在文件末尾处。如果文件不存在，会创建一个新文件来写入
rb	以只读模式打开二进制文件。文件指针在文件起始处
rb+	以读和写模式打开二进制文件。文件指针在文件起始处
wb	以只写模式打开二进制文件。如果文件存在，将覆盖现有文件；否则会创建一个新文件
wb+	以读和写模式打开二进制文件。如果文件存在，将覆盖现有文件；否则会创建一个新文件
ab	以追加模式打开二进制文件。文件指针在文件末尾处。如果文件存在，将在现有文件的末尾添加新内容；否则，将创建一个新文件来写入
ab+	以追加模式和读模式打开二进制文件。文件指针在文件末尾处。如果文件存在，将在现有文件的末尾添加新内容；否则会创建一个新文件来写入

（3）缓冲区指定了读写文件的缓存模式。0 表示不缓存，1 表示缓存，大于 1 表示缓冲区的大小。

（4）open()函数返回一个文件对象，通过文件对象可以访问文件的属性，并对文件进行各种操作。文件对象的属性如表 6-2 所示。

表 6-2　文件对象的属性

属性	说明
closed	判断文件是否关闭。若关闭，返回 True
mode	返回文件的打开模式
name	返回文件的名称

对一个文件操作完毕之后，一定要关闭该文件，以保证所做的任何修改都能保存并释放资源。如果文件对象名为 f，则调用格式如下：

```
f.close()
```

例 6.1　文件打开实例。

任务分析：

以写模式打开当前文件夹下的文件 file1.txt，并查看该文件的 3 个常见属性的值。

源程序：

```
1  f1=open("file1.txt", "w")
2  print(f1.mode)
3  print(f1.name)
4  print(f1.closed)
5  f1.close()
6  print(f1.closed)
```

程序结果：

```
w
```

```
file1.txt
False
True
```

代码分析：

以写模式打开当前文件夹下的文件 file1.txt，如果当前文件夹下没有此文件，则新建一个文件；如果有此文件，则清空文件的内容。文件访问结束后，一定要关闭文件以释放资源，否则会影响其他程序对该文件的访问。

6.3　文本文件的读与写

本节讲解 Python 语言中读取文本文件和写入文本文件的基本方法，以下内容假设已经创建了一个文件对象 f。

6.3.1　文本文件的读操作

Python 为文件的读取提供了 3 种方法，方法的返回值即为读取的内容，可以根据返回值的类型将其保存到相应类型的变量中。

1. f.read(size)方法

该方法返回一个字符串，其内容是长度为 size 的文本。数字类型参数 size 表示读取的字符数（一个汉字是一个字符），可以省略。如果省略参数 size，表示读取文件所有内容并返回。如果文件指针已到达文件的末尾，f.read()将返回一个空字符串。

用记事本建立一个文本文件 animals.txt，文件内容如图 6-1 所示。

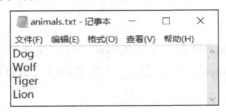

图 6-1　animals.txt 文件内容

例 6.2　读取文本文件前 5 个字符。

源程序：

```
1    f=open("animals.txt", "r")
2    s=f.read(5)
3    f.close()
4    print(s)
5    print("字符串 s 的长度（字符个数）=", len(s))
```

程序结果：

```
Dog
W
```

　　　　字符串 s 的长度（字符个数）= 5

代码分析：

以只读模式打开当前文件夹下的文本文件 animals.txt，读取文件的前 5 个字符构成一个字符串返回并存入变量 s，s 即为字符串类型，此时内容为 "Dog\nW"，字符串长度为 5。由此可见，换行符 "\n" 在字符串中被视为一个字符。

　　例 6.3　读取文本文件所有内容。

源程序：

```
1    f=open("animals.txt", "r")
2    s=f.read()
3    f.close()
4    print(s)
5    print("字符串 s 的长度(字符个数)=", len(s))
```

程序结果：

```
Dog
Wolf
Tiger
Lion
字符串 s 的长度(字符个数)= 19
```

代码分析：

代码第 2 行调用 read() 方法时没有指定参数，表示一直读到文件尾部，文件中所有的字符构成一个字符串返回，因此 s 的内容为 "Dog\nWolf\nTiger\nLion"，字符串长度为 19。

　　2．f.readline()方法

该方法返回一个字符串，内容为文件的当前一行。换行符 "\n" 留在字符串的末尾。如果已到达文件的末尾，f.readline() 将返回一个空字符串。如果是一个空行，则返回 "\n"。

　　例 6.4　readline 实例。

源程序：

```
1    f=open("animals.txt", "r")
2    s=f.readline()
3    print(s)
4    while s!="":
5        s=f.readline()   #读取文件的一行
6        print(s)
7    f.close()
```

程序结果：

```
Dog
Wolf
Tiger
Lion
```

代码分析：

以只读模式打开当前文件夹下的文本文件 animals.txt，读取文件的每一行赋值给 s 并输出。因为文件对象的 readline()方法一次只能读一行，所以必须使用循环结构才能读入所有行。代码第 2、3 行读入文件的第 1 行存入 s，此时 s 的内容为 "Dog\n"。print()函数默认以换行为结束符，因此每行之间都输出了一个空行。

从文件中读取行，更高效的方法是在文件对象上使用循环结构。这样不但可以节省内存，而且可以使代码更加简洁。

例 6.5 遍历文件对象。

源程序：

```
1    f=open("animals.txt", "r")
2    for strLine in f:
3        print(strLine)
4    f.close()
```

程序结果：

```
Dog
Wolf
Tiger
Lion
```

代码分析：

例 6.5 演示了通过直接遍历文件对象来访问文件的每一行。可以理解为把文件对象视为字符串列表，每个字符串对应原文件的一行。

也可以使用 with 语句实现文件对象的遍历，这样不仅高效，还可以在 with 语句结构结束时自动关闭文件。

例 6.6 with 实例。

源程序：

```
1    with open("animals.txt", "r") as f:
2        for strLine in f:
3            print(strLine)
```

程序结果：

```
Dog
Wolf
Tiger
Lion
```

代码分析：

with 语句是一条复合语句，行末必须有冒号。with 语句不仅实现了打开文件创建文件对象 f，在该结构结束时还会自动关闭文件和释放资源，因此不需要主动调用 close()方法关闭文件并释放资源。

3. f.readlines()方法

该方法返回一个列表，列表中的每个元素都是一个字符串，依次对应文件的每一行（包括行末的换行符 "\n"）。

例 6.7 readlines 实例。

源程序：

```
1    f=open("animals.txt", "r")
2    s=f.readlines()
3    print(s)
4    f.close()
```

程序结果：

```
['Dog\n', 'Wolf\n', 'Tiger\n', 'Lion']
```

代码分析：

代码第 2 行调用文件对象的 readlines()方法一次性读入文件的所有行，赋值给 s。s 是一个列表，每一个元素就是一个字符串，每个字符串对应原文件中的一行。此时，s 的内容为 "["Dog\n", "Wolf\n", "Tiger\n", "Lion"]"。注意：文件的最后一行没有换行符。

针对不同的数据组织方式，可选用不同的方式读入数据。此外，对于只需读入数据的场合，Python 还提供了快速列表访问文件的方式：

```
<列表>=list(open(<文件名>))
```

将一个文件中的数据读入一个列表中，文件中的一行对应列表中的一个元素，元素的数据类型是字符串。在此方式中，文件的打开和读取合二为一，且不必使用文件的关闭操作。

例 6.8 文件快速列表访问。

源程序：

```
1    s=list(open("animals.txt", "r"))
2    print(s)
```

程序结果：

```
['Dog\n', 'Wolf\n', 'Tiger\n', 'Lion']
```

6.3.2 文本文件的写操作

Python 为文件的写操作提供了以下两种方法：

1. f.write(s)方法

该方法将字符串 s 的内容写到与 f 对应的文件中，并返回写入的字符数。write 语句不会自动换行，如果需要换行，应使用换行符 "\n"。

例 6.9 write 实例。

源程序：

```
1    s="Dog is an animal."
2    fw=open("result.txt", "w")
3    fw.write(s)
4    fw.close()
```

代码分析：

代码第 2 行以 w 模式打开文件，如果当前文件夹中没有文件 result.txt，会新建一个文件，文件内容为空。如果已经有此文件，将文件原有内容清空。代码第 3 行调用 write()方法将字符串写入文件。因此，本程序无论执行多少次，文件 result.txt 的内容始终只有一行字符串"Dog is an animal."。

以 w 模式打开文件，文件原有内容将被覆盖，而以 a 模式打开文件，指针会移动到文件末尾处，写入的内容将追加到该文件尾。

例 6.10 a 模式实例。

源程序：

```
1    s="Dog is an animal."
2    fw=open("result.txt", "a")
3    fw.write(s)
4    fw.close()
```

代码分析：

例 6.10 的代码与例 6.9 代码的区别仅仅在于文件打开模式不同。代码第 2、3 行以 a 模式打开文件并写入一个字符串。需要注意的是，每次运行此代码，文件的内容不同。读者可以自行运行代码，注意观察文件内容的变化。

2. f.writelines(strlist)方法

该方法把字符串列表 strlist 中的每个元素依次写入文本文件，但不会额外添加换行符。

例 6.11 writelines 实例。

源程序：

```
1    s=["Dog", "Wolf", "Tiger", "Lion"]
2    fw=open("result.txt", "w")
3    fw.writelines(s)
4    fw.close()
```

代码分析：

代码第 2、3 行以 w 模式打开文件 result.txt，并把字符串列表 s 的每个元素写入文件。需要注意的是，文件对象的 writelines()方法的名称比较容易误导读者，实际上它并不会在文件中写入多行，如果需要向文件中写入多行字符串，需要读者自己在字符串列表的每个元素末尾增加一个换行符"\n"。

6.3.3　文件指针的移动

对文件进行读和写的过程中文件指针会自动移动，也可以用 Python 中提供的以下方法移动文件指针，以达到在文件的任何位置读写内容的目的。

1. f.seek(offset[,whence])方法

该方法把文件指针移动到新的位置，offset 表示相对于 whence 的位置。whence 为 0 表示从文件头开始计算，为 1 表示从当前位置开始计算，为 2 表示从文件尾开始计算，默认为 0。

2. f.tell()方法

该方法返回当前文件指针的位置。

3. f.truncate([size])方法

该方法删除从当前指针位置到文件末尾的内容。如果指定了 size，无论指针在什么位置都只留下前 size 字节，其余内容删除。

例 6.12　移动文件指针。

源程序：

```
1    s="Tomorrow would be better!"
2    with open("pointer.txt", "w+",encoding="utf-8") as fp:
3        fp.write(s)
4        print(fp.tell())        #观察当前文件指针的位置
5        fp.seek(0,0)            #移动文件指针至文件头
6        print(fp.read())        #读文件全部内容
7        fp.seek(9,0)            #移动文件指针
8        fp.write("c")
9        print(fp.tell())        #观察当前文件指针的位置
10       print(fp.read())        #从当前位置读文件内容
11       fp.seek(0,0)            #移动文件指针至文件头
12       print(fp.read())        #读文件全部内容
```

程序结果：

```
25
Tomorrow would be better!
10
ould be better!
Tomorrow could be better!
```

代码分析：

文件打开时，文件指针处于文件头。文件指针可以理解为用记事本编辑文本文件时当前光标的位置。在本例中，需要对文件"pointer.txt"同时进行读操作和写操作，所以代码第 2 行以读写模式 w+打开文件，并且创建文件对象 fp。代码第 5～12 行调用文件对象的

seek()方法移动文件指针，tell()方法观察文件指针的位置变化，read()方法从当前文件指针位置读文件内容至文件尾。

6.3.4 文本文件的综合应用

例 6.13 环湖跑。

某大学为了提高学生的身体素质，督促学生加强体育锻炼，要求学生在课外时间进行环湖跑，并且在打卡机上打卡计圈数。学校相关部门在学期末将统计每个学生的总圈数并公布前 10 名的名单。以下程序从文件"环湖跑.txt"中读入 3 月、4 月、5 月、6 月环湖跑圈记录，计算总圈数并排序，排序结果写入"排行榜.txt"文件中。环湖跑文本文件内容如图 6-2 所示。

图 6-2 环湖跑文本文件内容

任务分析：

这是一个典型的文件应用，即利用程序读入类似二维表结构的数据，并完成相应的统计工作。此类应用的程序处理流程一般包含以下工作：第一，读入文件数据存入一个嵌套列表对象中；第二，用所学的知识编写统计程序；第三，将计算结果逐行写入文件。第一个阶段工作的详细流程：首先，以行为单位读入文件中的数据存入一个字符串列表，每一行对应一个字符串；其次，利用字符串的 split()方法将一行对应的字符串分隔为一个字符串列表；最后，对该列表中的某些元素进行类型转换，即完成了从文件数据到嵌套列表结构的转换工作。

源程序：

```
1   fr=open("环湖跑.txt","r")
2   lstLines=fr.readlines()
3   fr.close()
4   #将一维字符串列表 lstLines 转化为嵌套列表 lstStudents
5   del lstLines[0]            #删除标题行
6   lstStudents=[]
7   for strLine in lstLines:
8       lstTemp=strLine.split()
9       lstStu=lstTemp[0:4]+[int(x) for x in lstTemp[4:7+1]]
10      lstStudents.append(lstStu)
11  #在 lstStudents 基础上计算总圈数并提取部分列放入列表 lstRank
12  lstRank=[]                 #存放输出结果,包含学号、姓名、班级、总圈数
13  for lstStu in lstStudents:
```

```
14          sum1=sum(lstStu[4:8])
15          lstRank.append([lstStu[0],lstStu[1],lstStu[2],sum1])
16      lstRank.sort(key=lambda stu:stu[3],reverse=True)
17      #将列表 lstRank 内容写入文件,并输出在屏幕上
18      fw=open("排行榜.txt","w")
19      str1="    学号        姓名            班级          总圈数"
20      print(str1)
21      fw.write(str1+"\n")                #向文件中写入一个字符串,即一行
22      for StuList in lstRank[0:10]:
23          str1="{0:14s}\t{1:8s}\t{2:10s}\t{3:6d}\n".format(StuList[0],
            StuList[1],StuList[2],StuList[3])
24          print(str1)
25          fw.write(str1+"\n")            #向文件中写入一个字符串,即一行
26      fw.close()
```

程序结果：

学号	姓名	班级	总圈数
2016306201611	吴云飞	经济学 1603	77
2015308200127	汪沐阳	计算机 1501	77
2015305201030	王泽昊	园艺 1502	73
2016306201628	何梓	文洞 1601	70
2017306211021	马骏	计算机 1701	69
2015306200830	杨哲	农经 1503	59
2017306210222	李雨田	工商管理 1702	56

代码分析：

（1）代码第 1~3 行，以读模式打开文件"环湖跑.txt"，按行读入文件内容，存入字符串列表 lstLines。根据文件内容可知，lstLines 中的每个元素就是一个学生的所有信息，其中包括学号、姓名、班级、学院及 4 个月的圈数 8 项信息。但是，这些信息存储在一个字符串中。

（2）代码第 5~10 行，在循环控制下，将一维字符串列表 lstLines 的内容存入一个嵌套列表 lstStudents。具体实现过程：将字符串列表 lstLines 的每个元素即一个字符串分解为一个字符串列表，其目的是将一个学生的 8 项信息分开。将存放环湖跑圈数的 4 个元素转化为 int 类型。将存放一个学生 8 项信息的一维列表 lstStu 添加到嵌套列表 lstStudents。

（3）代码第 12~16 行，在循环的控制下，在嵌套列表 lstStudents 的基础上依次求每个学生 4 个月的总圈数，并提取出学号、姓名、班级、总圈数存入嵌套列表 lstRank 中。最后调用列表对象的 sort()方法在 lstRank 列表内部以降序方式排序，排序的关键字为总圈数。

（4）代码第 18~26 行，以写模式打开文件"排行榜.txt"，将 lstRank 列表中的前 10 个元素的内容按行、列写入文件，同时输出在屏幕上。最后关闭文件，释放资源。

例 6.14　GPA 计算。

大学通常采用学分绩点制对学生学习质量进行评定，平均绩点通常指平均学分绩点（grade point average，GPA）。平均学分绩点是将学生每门课的学分乘以该课程分数对应的绩点后求和再除以总学分，即学分绩点总和除以总学分。分数与绩点的对应关系如表 6-3

所示。"课程"文本文件内容和"成绩"文本文件内容如图 6-3 和图 6-4 所示。

表 6-3　分数与绩点的对应关系

分数	绩点
90～100	4.0
85～89	3.7
82～84	3.3
78～81	3.0
75～77	2.7
72～74	2.3
68～71	2.0
64～67	1.5
60～63	1.0
0～59	0

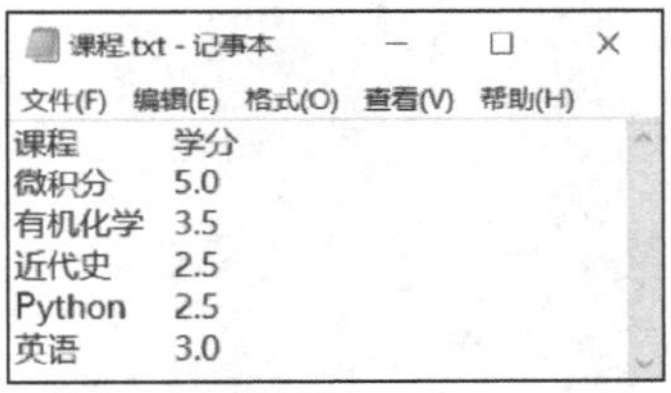

图 6-3　"课程"文本文件内容

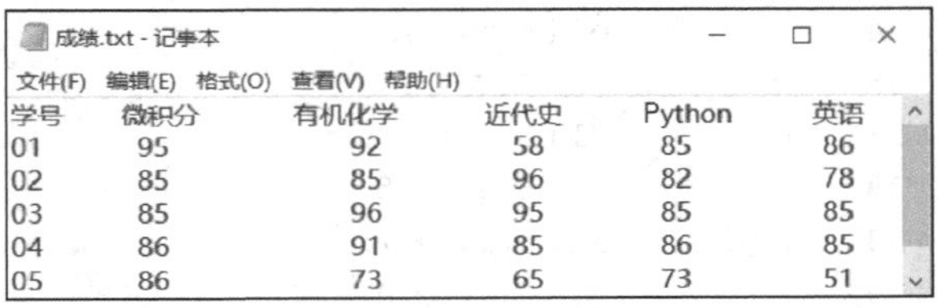

图 6-4　"成绩"文本文件内容

任务分析：

与例 6.13 类似，例 6.14 也是利用程序读入类似于二维表结构的数据，并完成相应的统计工作。但是，计算工作比例 6.13 复杂。

源程序：

```
1   #读"成绩.txt"文件中的数据,存入列表 lstScore
2   frs=open("成绩.txt","r")        #学号、微积分、有机化学、近代史、Python、英语
3   lstLines=frs.readlines()
4   del lstLines[0]                 #删除标题行
5   lstScore=[]                     #嵌套列表,每个元素为一个学生的学号和5门课分数
6   for strLine in lstLines:
7       lstTemp=strLine.split()
8       lstScore.append(lstTemp[0:1]+[int(x) for x in lstTemp[1:6]])
9   frs.close()
10  #读"课程.txt"文件中的数据,存入列表 lstCourse
11  lstLines=list(open("课程.txt","r"))
12  del lstLines[0]                 #删除标题行
13  lstCourse=[]                    #嵌套列表,每个元素就是一门课程的名称和学分
14  for strLine in lstLines:
15      lstTemp=strLine.split()
16      lstCourse.append([lstTemp[0],float(lstTemp[1])])
17  #根据每个学生每一门课程的分数和课程对应的学分,计算 GPA
```

```
18        sumCredits=sum([lstCourse[i][1] for i in range(0,5)] )
19    for stu in lstScore:
20        lstGPA=[]                     #临时存某个学生每一门课程的绩点
21        for m in stu[1:6]:
22            if m>=90:
23                GPA=4.0
24            elif m>=85:
25                GPA=3.7
26            elif m>=82:
27                GPA=3.3
28            elif m>=78:
29                GPA=3.0
30            elif m>=75:
31                GPA=2.7
32            elif m>=72:
33                GPA=2.3
34            elif m>=68:
35                GPA=2.0
36            elif m>=64:
37                GPA=1.5
38            elif m>=60:
39                GPA=1.0
40            else:
41                GPA=0
42            lstGPA.append(GPA)
43        print(lstGPA)
44        sum1=0                        #每一门课程的绩点乘以对应的学分之后求和
45        for i in range(0,5):
46            sum1=sum1+lstGPA[i]*lstCourse[i][1]
47        avgGPA=sum1/sumCredits        #平均绩点
48        stu.append(avgGPA)            #lstScore 每个元素增加一列,存储学生的平均绩点
49    #在屏幕上输出学号和对应的绩点,并输出文件
50    with open("GPA.txt","w") as fw:
51        print("学号          GPA")
52        fw.write("学号          GPA\n")
53        for stu in lstScore:
54            str1="{:15s}{:4.1f}".format(stu[0],stu[-1])
55            print(str1)
56            fw.write(str1+"\n")
```

程序结果：

```
[4.0, 4.0, 0, 3.7, 3.7]
[3.7, 3.7, 4.0, 3.3, 3.0]
[3.7, 4.0, 4.0, 3.7, 3.7]
[3.7, 4.0, 3.7, 3.7, 3.7]
[3.7, 2.3, 1.5, 2.3, 0]
```

学号	GPA
01	3.3
02	3.6
03	3.8
04	3.8
05	2.2

代码分析：

（1）代码第 2～9 行，读"成绩.txt"文件中的数据，存入嵌套列表 lstScore。具体实现过程：打开文件；读入数据至一维字符串列表 lstLines，每个元素对应文件中的一行；将 lstLines 中的每个元素分解为 6 个字符串，分别表示学号、微积分、有机化学、近代史、Python、英语，同时对课程的分数进行类型转换。

（2）代码第 11～16 行，读"课程.txt"文件中的数据，存入嵌套列表 lstCourse。实现过程与上一步骤类似，只是打开文件部分采用了快速列表访问文件方式。该语句可以自动关闭文件。

（3）代码第 18 行，根据嵌套列表 lstCourse 的内容计算总学分。

（4）代码第 19～48 行，根据每个学生每一门课程的分数和课程对应的学分，计算 GPA。遍历嵌套列表 lstScore 的每一个元素（一个学生的所有信息），计算平均绩点。对于每个学生，具体实现过程：针对每一门课根据分数与绩点对应关系表设计选择结构求得该课程对应的绩点，再将各门课程学分与其对应的绩点相乘并求和，然后用求得的和除以总学分即得到该生平均绩点。

（5）代码第 50～56 行，在屏幕上输出学号和对应的绩点，并输出文件。在打开文件部分采用了 with 语句，该语句可以自动关闭文件。

例 6.15 批量整数排序。

假设文件"data.txt"中有若干整数，所有整数之间使用英文逗号分隔，编写程序读取所有整数，将其按升序排序后再写入文本文件 data_sort.txt 中。

任务分析：

例 6.15 的数据形式与例 6.13 和例 6.14 不同，不是类似二维表的结构，所以可以利用文件对象的 read()方法一次性读入文本文件中的所有内容并存入一个字符串中。

源程序：

```
1    strData=open("data.txt","r").read()
2    lstData=strData.split(",")
3    print(lstData)
4    lstData=list(map(int,lstData))
5    lstData.sort()
6    strData=",".join(map(str,lstData))
7    print(strData)
8    with open("data_sort1.txt","w") as fp:
9        fp.write(strData)
```

程序结果：

```
['12', '13', '2', '3', '5', '18', '20', '33', '\n-2', '-3', '6', '9',
'11', '21']
    -3,-2,2,3,5,6,9,11,12,13,18,20,21,33
```

代码分析：

（1）代码第 1 行，实现数据读入功能：打开文件"data.txt"创建文件对象，并调用文件对象的 read()方法，返回一个字符串存入 strData，这个字符串就是该文件的所有内容。print()语句用于观察中间结果的内容。

（2）代码第 2～4 行，实现排序前的预处理工作。将字符串 strData 以逗号为分隔符分隔为一个字符串列表，赋值给 lstData；因为 lstData 中的元素是字符串类型，而程序要求对整数进行排序，所以需要用 map()函数将 lstData 的每个元素转化为 int 类型。print()语句用于观察中间结果的内容。

（3）代码第 5 行，实现整数列表的排序。代码第 6 行，完成写文件前的预处理工作：将排序后的整数列表转化为字符串列表，然后连接成一个字符串。

（4）代码第 8～9 行，完成数据写入文件工作。with 语句打开文件并创建文件对象，该语句可以自动关闭文件，释放资源。

例 6.16　统计英文文档信息。

当在字处理软件中打开一个英文文档后，可以显示该文档的行数、单词数和字符个数等信息。例 6.16 将实现上述功能。

任务分析：

例 6.16 需要读入的文件内容虽然不是类似二维表结构的数据，但是需要统计文件的行数，所以不能用文件对象的 read()方法一次性读入所有文件内容，只能按行读入，逐行处理。可以在循环控制下遍历文件对象的每一行，进行相应的统计。

源程序：

```
1    file_name="I have a dream.txt"              #文本文件名称
2    line_counts=0                               #行数
3    word_counts=0                               #单词个数
4    character_counts=0                          #字符数
5    f=open(file_name,"r",encoding="utf-8")      #打开文件
6    for line in f:
7        words=line.split()   #将文件中一行中的单词分离后放入列表
8        line_counts=line_counts+1                   #行数加 1
9        word_counts=word_counts+len(words)          #单词个数加 1
10       character_counts=character_counts+len(line) #字符数加 1
11       print("行数:",line_counts,"单词个数:",word_counts,"字符数:",
     character_ counts)
```

程序结果：

行数：89 单词个数：1629 字符数：8999

例 6.17　英文文档的词频统计。

任务分析：

（1）统计英文文档的词频实际上就是统计一个字符串中每个单词出现的次数。6.3.1 节介绍了多种读文件的方法，读者要根据应用的需求选择合适的方法。例 6.17 需要将文件内容读入后形成一个字符串，使用文件对象的 read()方法可以实现。

（2）英文文档中除了英文单词外，还有各种标点符号。因此，在统计单词出现次数之前需要去除这些符号。程序中用字符串的 replace()方法将这些符号用空字符串替换。

（3）字典是一种特殊的数据结构，是一组键值对的集合。每个键对应一个值，键不能重复。例 6.17 中以单词为键，单词的出现次数为值建立字典。但字典结构是无序的，没有排序方法，因此按单词出现次数排序前必须将字典转化为列表，再调用列表的 sort()方法实现排序。

（4）英文单词中出现较多的往往是冠词、代词、介词等，这些词并不是人们所关注的对象。在统计之后，需要从字典中去除这些单词，通常这些单词称为停止词。

源程序：

```
1    fr=open("I have a dream.txt")
2    s=fr.read()
3    #用空格替换英文文章中出现的符号
4    str1="~!@#$%^&*()_=-/,.?<>;:[]{}|\\\"\""
5    for ch in str1:
6        s=s.replace(ch," ")
7    #初始化字典和 words 列表
8    mydict={}
9    words=s.split()
10   #统计字符串中出现的单词及其次数,构成字典
11   for word in words:
12       mydict[word]=mydict.get(word,0)+1
13   #从字典中删除以下单词
14   strExclude={"the","and","of"}   #集合
15   for word in strExclude:
16       del mydict[word]
17   #将字典中的项放入列表中,以方便排序
18   mylist=list(mydict.items())
19   #按单词出现次数排序
20   mylist.sort(key=lambda item: item[1],reverse=True)
21   for item in mylist[:10]:
22       word,count=item
23       print(word,"有",count,"个")
```

程序结果：

```
to 有 58 个
a 有 36 个
be 有 31 个
will 有 27 个
that 有 24 个
is 有 22 个
```

```
in 有 20 个
freedom 有 20 个
we 有 18 个
have 有 17 个
```

代码分析：

（1）代码第 1~6 行，实现统计词频前的准备工作：①打开文件，一次性读入文件内容并存入字符串 s 中；②用空格替换 s 中与单词无关的字符。

（2）代码第 7~12 行，实现统计词频功能：①字典初始化；②英文分词，即利用 split() 将一个字符串转化一个字符串列表，每个元素就是一个单词；③在循环的控制下，遍历每个单词，修改字典中单词键对应的值。字典的 get(s,n) 方法功能为，如果 s 是字典中的键，那么从字典中获取它的值；如果 s 不是字典中的键，那么该方法的返回值为 n。

（3）代码第 13~16 行，删除字典中的停止词。需要注意的是，例 6.17 代码第 14 行仅列出了极少量的停止词，实际应用中读者可以根据需求自行添加。del 语句一次只能删除字典中的一个键，所以将所有的停止词构成一个集合（列表或元组），然后遍历集合中的每个单词，逐个删除。

（4）代码第 17~23 行，实现排序并输出功能。首先，将字典转化为列表类型；其次，调用列表的 sort() 方法实现按单词次数从大到小排序。

例 6.18　《论语》原文提取。

《论语》是儒家学派的经典著作之一，图 6-5 所示是从网络上下载的一个版本，名为"论语-网络版.txt"。请编写程序，去掉文章中除原文部分外的其他内容（注释、译文和评析）、原文部分每行行首的"1.1"等数字标志（图 6-6）、行首行尾的空格、类似"（1）"的注释序号，仅提取原文，并保存为"论语-原文.txt"，如图 6-7 所示。

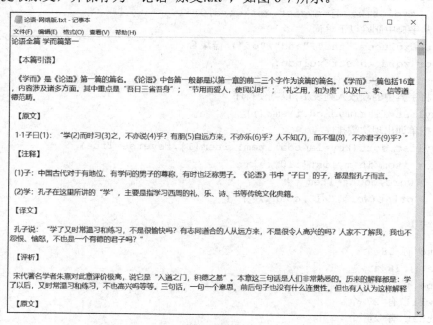

图 6-5　"论语-网络版.txt"文件内容

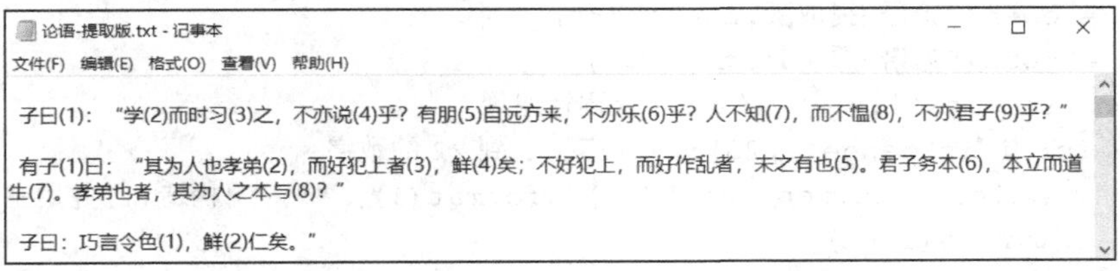

图 6-6 "论语-提取版.txt" 文件内容

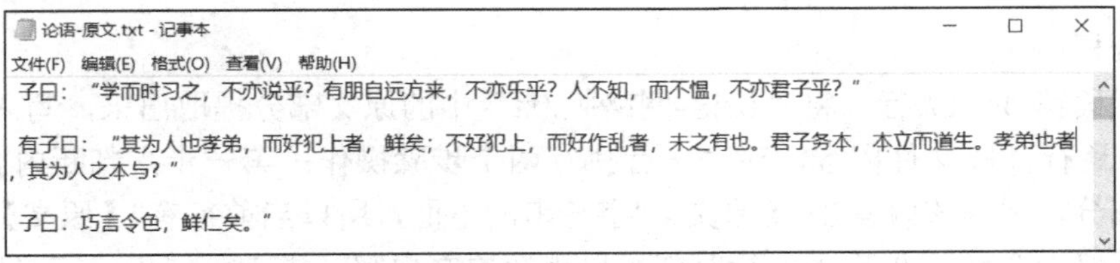

图 6-7 "论语-原文.txt" 文件内容

任务分析：

（1）例 6.18 对于"论语-网络版.txt"的处理包括两个步骤：第一步，将"论语-网络版.txt"中的原文部分提取出来，写入"论语-提取版.txt"；第二步，将"论语-提取版.txt"中的注释序号去除后，写入"论语-原文.txt"。

（2）观察"论语-网络版.txt"可知，文档内容包括原文、注释、译文、评析 4 个部分，每一部分分别以【原文】、【注释】、【译文】和【评析】作为开始的标记并且这些标记在文件中单独成行。因此，在代码中需要用一个变量来存储当前行是否为要提取的原文的标记。

源程序：

```
1    #从论语-网络版.txt 到论语-提取版.txt
2    fi=open("论语-网络版.txt", "r", encoding="utf-8")
3    fo=open("论语-提取版.txt", "w")
4    #识别原文部分,并将每一段原文前的标号去掉后写入文件论语-提取版.txt
5    wflag=False                    #写标记
6    for line in fi:
7        if "【" in line:          #遇到"【"时,说明已经到了新的区域,写标记置否
8            wflag = False
9        if "【原文】" in line:     #遇到"【原文】"时,设置写标记为 True
10           wflag = True
11           continue
12       if wflag == True:         #根据写标记将当前行内容写入新的文件
13           for i in range(25,0,-1):
14               for j in range(25,0,-1):
15    #用空字符替换诸如 1.2 等字符串
16                   line=line.replace("{}•{}".format(i,j),"")
17           fo.write(line)
18   fi.close()
19   fo.close()
20   #从论语-提取版.txt 到论语-原文.txt
```

```
21    fi = open("论语-提取版.txt", "r")
22    fo = open("论语-原文.txt", "w")
23    for line in fi:                    #逐行遍历
24        for i in range(1,23):    #产生1到22的数字
25            line=line.replace("({})".format(i), "")    #构造(i)并用空字符串替换
26        fo.write(line)
27    fi.close()
28    fo.close()
```

代码分析：

（1）代码第 4～17 行，将"论语-网络版.txt"中的原文部分提取出来，写入"论语-提取版.txt"。逐行读取文件内容，对每一行执行两个步骤操作：第一步，判断内容是否为论语的原文部分，因为该内容在"【原文】"字符串的下面，所以当前行有"【原文】"时，写标记 wflag 赋值为 True，处理下一行时就可以提取原文内容，进入第二步。第二步，去掉论语原文内容前的编号后写入文件"论语-提取版.txt"。每段论语原文内容前的编号是 1.1、1.2、2.1 等。

（2）代码第 21～26 行，将"论语-提取版.txt"文件内容的注释序号去除后，写入"论语-原文.txt"。代码第 25 行，利用字符串的 format()方法构造形如"(1)"的字符串，并用空字符串替换。

例 6.19 食物热量查询系统。

设计一个食物热量查询系统，包括以下功能：

（1）查询每日所需摄入热量；

（2）查询某种食物的热量数据（J/100g）；

（3）插入新的食物和热量数据或修改已有食物的热量；

（4）依据食物摄取量计算总热量；

（5）减肥建议。

其中，食物与对应的热量记录在文件"食物与热量.txt"中，如图 6-8 所示。

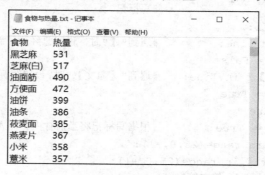

图 6-8　食物与热量值

任务分析：

这是一个具有 5 个功能的小系统，"麻雀虽小，五脏俱全"。本例题需要设计菜单，并设计 5 个函数分别实现这五个功能，然后在主函数中打印菜单，并根据用户选择的菜单功

能去调用对应的函数。

源程序:

```
1   #从文件中读入食物和对应的热量信息,并存入字典 mydict 中
2   fr=open("食物与热量.txt","r", encoding="utf-8")
3   strLines=fr.readlines()
4   namelist=[]
5   for strline in strLines[1:]:
6       strline=strline.strip("\n").split()
7       namelist.append(strline)
8   fr.close()
9   mydict=dict(namelist)
10  #根据性别、体重、身高、年龄等信息计算一天所需的热量标准
11  def standard():
12      x=input("请输入您的性别(man or woman)")
13      y=int(input("请输入您的体重(kg)"))
14      z=int(input("请输入您的身高(cm)"))
15      b=int(input("请输入您的年龄"))
16      bmr=0
17      if x=="man":
18          bmr=(10*y+6.25*z-5*b+5)*4.185
19          print(bmr,"J")
20      if x=="woman":
21          bmr=(10*y+6.25*z-5*z-161)*4.185
22          print(bmr,"J")
23  #查询用户输入的食物对应的热量,如果没有该食物可以选择录入功能
24  def checkname():
25      name=input("请输入食物名称")
26      if name in mydict:
27          print(name,":",mydict[name])
28      else:
29          print("系统还未录入此食物,请查找以后依据功能3录入")
30  #录入食物的热量信息或者修改已有的食物对应的热量
31  def messagein():
32      name=input("请输入食物名称:")
33      if name in mydict:
34          print("您输入的食物数据已录入")
35          print(name,":",mydict[name])
36          isedit=input("是否修改食物数据（Y/N）: ")
37          if isedit=="Y":
38              messageinto=("请输入食物数据:")
39              mydict[name]=messageinto
40              print("食物数据修改成功!")
41          else:
42              print("结束修改食物数据")
43      else:
```

```
44              messageinto=input("请输入食物热量:")
45              mydict[name]=messageinto
46              print("食物数据录入成功!")
47      #计算当天实际摄入的热量
48      def plusaugment():
49          n=int(input("请输入摄入食物种类："))
50          s=0
51          for i in range(0,n+1):
52              name=input("请输入食物名称:")
53              d=int(input("请输入食物份数（每100g）"))
54              f=int(mydict[name])
55              s=s+d*f
56          print("共计摄入热量：",s)
57      #给出减肥建议
58      def suggest():
59          print("多读书，多看报，少吃零食，多睡觉")
60      #打印菜单
61      def displaymenu():
62          print("=========欢迎使用食物热量查询系统=========")
63          print("       1.查询每日所需摄入热量")
64          print("       2.查询某种食物的热量数据（J/100g）")
65          print("       3.插入新的食物热量数据或修改")
66          print("       4.依据食物摄取量计算总热量")
67          print("       5.减肥建议")
68          print("       6.退出程序")
69          print("请输入功能序号：")
70      #主函数
71      def main():
72          while True:
73              displaymenu()
74              n=int(input())
75              if n==1:
76                  standard()
77              if n==2:
78                  checkname()
79              if n==3:
80                  messagein()
81              if n==4:
82                  plusaugment()
83              if n==5:
84                  suggest()
85              if n==6:
86                  break
87          fw=open("食物与热量.txt","w", encoding="utf-8")
88          for key in mydict:
89              fw.write(key+" "+mydict[key]+"\n")
```

```
90        fw.close()
91    #调用主函数
92    main()
```

代码分析：

（1）代码第 1～9 行，以只读模式打开文件"食物与热量.txt"，按行读入文件内容，存入字符串列表 strLines。根据文件内容可知，strLines 中的每个元素是一个字符串，内容是一种食物及其对应的热量值，因此遍历 strLines 中的每个元素（即字符串），把每个字符串用 split() 函数转换为字符串列表，然后将其作为一个元素添加到嵌套列表 namelist 中。最后把 namelist 转换为字典，便于根据食物查找热量值。

（2）代码第 10～22 行，设计函数 standard() 根据性别、体重、身高、年龄等信息计算一天所需的热量标准。

（3）代码第 23～29 行，设计函数 checkname() 查询用户输入的食物对应的热量，如果查询到该食物，则从字典 mydict 中读取对应的热量值，并打印出来；如果没有该食物，则推荐选择功能 3 实现食物信息的录入。

（4）代码第 30～46 行，设计函数 messagein() 实现食物和热量信息的录入或者对已有的食物对应的热量进行修改。

（5）代码第 47～56 行，设计函数 plusaugment() 计算当天实际摄入的热量。首先提示用户输入摄入食物的种类，然后在循环的控制下，提示用户输入每种食物的名称、份数，计算从这种食物中获取的热量，热量的累加即为当天实际摄入的总热量。

（6）代码第 57～59 行，设计函数 suggest() 给出减肥建议。

（7）代码第 60～69 行，设计函数 displaymenu() 实现打印菜单的功能。

（8）代码第 70～90 行，设计主函数 main() 实现与用户的交互。

（9）代码第 91～92 行，调用主函数。

例 6.20　蛋白质相似度矩阵的计算。

蛋白质是生命的物质基础，是构成细胞的基本有机物，是生命活动的主要承担者。相似的蛋白质序列往往起源于一个共同的祖先序列。它们很可能具有相似的空间结构和生物学功能，因此对于一个已知序列但未知结构和功能的蛋白质，如果与它相似的某些蛋白质的结构和功能已知，则可以推测这个未知结构和功能的蛋白质的结构和功能。现有文件 ID.txt 记录各蛋白的 ID，如图 6-9 所示。blast.txt 记录 170 种蛋白的相似度信息，每行的内容是：蛋白 ID 号 1，蛋白 ID 号 2，相似度，如图 6-10 所示。请编写程序计算蛋白质的相似度矩阵，如图 6-11 所示。

图 6-9　各蛋白的 ID

图 6-10　不同蛋白的相似度信息

图 6-11　不同蛋白质的相似度矩阵

任务分析：

这个任务是生物数据处理中的常见任务，即把一种组织形式的数据转换为另一种组织形式的数据。本题的任务是：将 blast.txt 中的 170 行 3 列相似度数据转换为 171 行 171 列的相似度矩阵。

源程序：

```
1    #第一步，从 blast.txt 中读数据，形成嵌套列表 lstA=[[蛋白 ID 号 1，蛋白 ID 号 2，相
     似度],...]
2    frBlast=open("blast.txt",encoding="utf-8")  #默认为"r"文本文件
3    lstLines=frBlast.readlines()                 #从文件中读入所有行
4    frBlast.close()
5    lstA=[]
6    for strLine in lstLines:
7        lstLine=strLine.split()
8    lstA.append([lstLine[0].strip(),lstLine[1].strip(),float(lstLine[2])])
9    #第二步，从 ID.txt 中读入蛋白质的 ID 号，放入列表 lstC 中
10   fr=open("ID.txt",encoding="utf-8")           #默认为"r"文本文件
11   lstLines=fr.readlines()                       #从文件中读入所有行
12   fr.close()
```

```
13    lstC=[s.strip() for s in lstLines]
14    #第三步，从 lstA 中取出相似度填写 lstResult
15    #首先建一个嵌套列表存储蛋白的相似度矩阵。由于蛋白有 170 种,相似度矩阵有行标题和列
      标题,所以这个二维表有 171 行、171 列
16    m=[0.0]*170
17    lstResult=[]
18    #二维表的第一行是标题
19    lstResult.append(["相似度"]+lstC)
20    #二维表的其他行格式为：[蛋白 ID 号,0.0,0.0,0.0,...]
21    for i in range(0,170):
22        lstResult.append([lstC[i]]+m)
23    #将 lstA 中的相似度信息填入 lstResult 中对应的元素中
24    for line in lstA: #line=[蛋白 ID 号 1,蛋白 ID 号 2,相似度]
25        strBianHao1,strBianHao2,floatXiangsi=line
26        i=lstC.index(strBianHao1)
27        j=lstC.index(strBianHao2)
28        lstResult[i+1][j+1]=floatXiangsi
29        lstResult[j+1][i+1]=floatXiangsi
30    #第四步,将 lstResult 中的内容写入文件中,同时在屏幕上打印
31    fw=open("result.txt","w",encoding="utf-8")
32    for i in range(0,170+1)    :
33        strLine=""
34        for j in range(0,170+1):
35            print(lstResult[i][j],end=" ")
36            strLine=strLine+" "+str(lstResult[i][j])
37        print()
38        fw.write(strLine+"\n")
39    fw.close()
```

代码分析：

（1）代码第 1~8 行，以只读模式打开文件"blast.txt"，按行读入文件内容，存入字符串列表 lstLines。根据文件内容可知，lstLines 中的每个元素是一个字符串，内容是"蛋白 ID 号 1，蛋白 ID 号 2，相似度"，因此遍历 lstLines 的每个元素即字符串，把每个字符串用 split()函数转换为字符串列表，作为一个元素添加到嵌套列表 lstA 中。

（2）代码第 9~13 行，从 ID.txt 中读入蛋白质的 ID 号，放入一维列表 lstC 中。生成一维列表 lstC 的目的在于获取一种蛋白与另一种蛋白的相似度在最终的相似度矩阵中的行列号。

（3）代码第 14~29 行，从源嵌套列表 lstA 中取出相似度填写结果嵌套列表 lstResult。分为 3 个小任务。第一，生成一个嵌套列表，该列表用于存储蛋白的相似度矩阵。由于蛋白有 170 种，相似度矩阵有行标题和列标题，列标题是"相似度 "和所有蛋白的 ID 号，每行的标题是一个蛋白的 ID 号，相似度值初始化为 0.0。所以这个嵌套列表有 171 行、171 列。第二，在结果列表 lstResult 中添加第一行即标题行，以及其他行。第三，根据 lstC 计算两个蛋白的相似度值在相似度矩阵中的行列号，将 lstA 中的相似度信息填入 lstResult 中

对应的元素中。

（4）代码第 30～39 行，将 lstResult 中的内容写入到文件中，同时在屏幕上打印。

例 6.21 校园植物信息管理系统。

校园里生长着丰富多样的植物，植物分类等级按大小从属关系的顺序为：界、门、纲、目、科、属、种。校园植物信息表存储植物名称、门、纲和地点。编程实现一个校园植物信息管理系统，包括以下功能：

（1）查询校园所有植物名称；

（2）查询某种植物所属的门和纲；

（3）查询某种植物在校园内的生长地点；

（4）查询某个门下所有的植物信息；

（5）查询某个纲下所有的植物信息；

（6）查询某个地点所有的植物信息。

其中，校园植物的所有信息记录在文件"校园植物信息表.txt"中，如图 6-12 所示。

植物名称	门	纲	地点
海金沙	蕨类植物门	蕨纲	狮子山北坡
阔鳞鳞毛蕨	蕨类植物门	蕨纲	狮子山北坡
银杏	裸子植物门	银杏纲	狮子山广场
江南油杉	裸子植物门	松纲	博物馆
水杉	裸子植物门	松杉纲	竹苑食堂
龙柏	裸子植物门	松柏纲	主楼
广玉兰	被子植物门	双子叶植物纲	行政楼
虞美人	被子植物门	双子叶植物纲	校园花坛
大慈姑	被子植物门	单子叶植物纲	校园水稻田
棕榈	被子植物门	单子叶植物纲	学苑路

图 6-12　植物信息

任务分析：

这是一个具有 6 个功能的小系统，因此需要设计菜单，并设计 6 个函数分别实现这 6 个功能，然后在主函数中打印菜单，并根据用户选择的菜单功能去调用对应的函数。

源程序：

```
1    #从文件中读入植物的信息
2    fr=open("校园植物信息表.txt","r", encoding="utf-8")
3    Lines=fr.readlines()
4    lstPlant=[]
5    for aLine in Lines:
6        strLstLine=aLine.strip("\n").split()
7        lstPlant.append(strLstLine)
8    fr.close()
9    #1.查询校园所有植物名称
10   def AllPlantName():
11       print("校园有以下植物：")
12       for item in lstPlant[1:]:
```

```
13          print(item[0])
14      print("共有",len(lstPlant[1:]),"种植物。")
15  #2.查询某种植物所属的门和纲
16  def aPlant():
17      strName=input("请输入植物名称：")
18      flag=False
19      for item in lstPlant[1:]:
20          if item[0]==strName:
21              flag=True
22              print(item[0],"属于",item[1],item[2])
23      if flag==False:
24          print("校园中没有此类植物。")
25  #3.查询某种植物在校园内的生长地点
26  def aPlantLocation():
27      strName=input("请输入植物名称:")
28      flag=False
29      for item in lstPlant[1:]:
30          if item[0]==strName:
31              flag=True
32              print(item[0],"生长于",item[3])
33      if flag==False:
34          print("校园中没有此类植物。")
35  #4.查询某个门下所有的植物信息
36  def aMen():
37      strName=input("请输入植物的门：")
38      flag=False
39      for item in lstPlant[1:]:
40          if item[1]==strName:
41              flag=True
42              print(item[0],item[2],item[3])
43      if flag==False:
44          print("校园中没有该门类下的植物。")
45  #5.查询某个纲下所有的植物信息
46  def aGang():
47      strName=input("请输入植物的纲：")
48      flag=False
49      for item in lstPlant[1:]:
50          if item[2]==strName:
51              flag=True
52              print(item[0],item[1],item[3])
53      if flag==False:
54          print("校园中没有属于该纲的植物。")
55  #6.查询某个地点所有的植物信息
56  def aPlace():
57      strName=input("请输入校园地点：")
58      flag=False
```

```
59      for item in lstPlant[1:]:
60          if item[3].find(strName)>-1:
61              flag=True
62              print(item[0],item[1],item[2],item[3])
63      if flag==False:
64          print("校园中该地点没有植物。")
65  #打印菜单
66  def displaymenu():
67      print("=========欢迎使用校园植物管理系统=========")
68      print("      1.查询校园所有植物名称")
69      print("      2.查询某种植物所属的门和纲")
70      print("      3.查询某种植物在校园内的生长地点")
71      print("      4.查询某个门下所有的植物信息")
72      print("      5.查询某个纲下所有的植物信息")
73      print("      6.查询某个地点所有的植物信息")
74      print("请输入功能序号:")
75  #主函数
76  def main():
77      while True:
78          displaymenu()
79          n=int(input())
80          if n==1:
81              AllPlantName()
82          if n==2:
83              aPlant()
84          if n==3:
85              aPlantLocation()
86          if n==4:
87              aMen()
88          if n==5:
89              aGang()
90          if n==6:
91              aPlace()
92          choice=input("输入 q 退出,按任意键继续......):")
93          if choice in ("q","Q"):
94              break
95  #调用主函数
96  main()
```

代码分析：

（1）代码第 1～8 行，以只读模式打开文件"校园植物信息表.txt"，按行读入文件内容，存入字符串列表 Lines。根据文件内容可知，Lines 中的每个元素是一个字符串，内容是一种植物的信息（植物名称、门、纲、地点）。因此，遍历字符串列表 Lines 中的每个元素即字符串，把每个字符串用 split() 函数转换为字符串列表，然后作为一个元素添加到嵌套列表 lstPlant 中。

（2）代码第 9～14 行，设计函数 AllPlantName()打印校园里所有植物的名称。

（3）代码第 15～24 行，设计函数 aPlant()查询某种植物所属的门和纲。首先提示用户输入植物名称，遍历 lstPlant 列表，比较 lstPlant 列表的每个元素（一维列表）中存储植物名称的 0 号元素与用户输入的名称是否相等。如果相等，则打印当前元素（一维列表）的 1 号和 2 号元素（分别存储门和纲）。如果遍历完 lstPlant 列表的每个元素后都没有与之相同的植物名称，则打印"校园中没有此类植物。"。

（4）代码第 25～34 行，设计函数 aPlantLocation()查询某种植物在校园内的生长地点。首先提示用户输入植物名称，遍历 lstPlant 列表，比较 lstPlant 列表的每个元素（一维列表）中存储植物名称的 0 号元素与用户输入的名称是否相等。如果相等，则打印当前元素（一维列表）的 3 号元素（存储地点）。如果遍历完 lstPlant 列表的每个元素后都没有与之相同的植物名称，则打印"校园中没有此类植物。"。

（5）代码第 35～44 行，设计函数 aMen()查询某个门下所有的植物信息。先提示用户输入植物的门，遍历 lstPlant 列表，比较 lstPlant 列表的每个元素（一维列表）中存储植物门的 1 号元素与用户输入的门是否相等。如果相等，则打印植物名称、纲和地点信息。如果遍历完 lstPlant 列表的每个元素后都没有与之相同的门，则打印"校园中没有该门类下的植物"。

（6）代码第 45～54 行，设计函数 aGang()查询某个纲下所有的植物信息。先提示用户输入植物的纲，遍历 lstPlant 列表，比较 lstPlant 列表的每个元素（一维列表）中存储植物纲的 2 号元素与用户输入的纲是否相等。如果相等，则打印植物名称、门和地点信息。如果遍历完 lstPlant 列表的每个元素后都没有与之相同的纲，则打印"校园中没有属于该纲的植物。"。

（7）代码第 55～64 行，设计函数 aPlace()查询生长在校园中的某个地点所有植物的信息。先提示用户输入地点，遍历 lstPlant 列表，比较 lstPlant 列表的每个元素（一维列表）中存储地点的 3 号元素与用户输入的地点是否相等。如果相等，则打印植物名称、门、纲和地点信息。如果遍历完 lstPlant 列表的每个元素后都没有与之相同的地点，则打印"校园中该地点没有植物。"。

（8）代码第 65～74 行，设计函数 displaymenu ()打印主菜单。

（9）代码第 75～94 行，设计主函数 main()实现与用户的交互。

（10）代码第 95～96 行，调用主函数。

6.4　二进制文件的读与写

二进制文件不能使用记事本或其他文本编辑软件进行读写，无法通过 Python 的文件对象直接读取和理解二进制文件的内容。在 Python 中，可以通过序列化完成二进制文件的读与写。序列化是把内存中的数据在不丢失其类型信息的情况下转成对象二进制形式的过程，对象序列化后的形式经过反序列化后能恢复为原来对象。常用的序列化模块有 pickle、struct 等。

6.4.1　使用 pickle 模块读写二进制文件

pickle 模块常用方法有 dump(n,f)和 load(f)两个。

1. dump(n,f)方法

该方法将数据 n 写入文件对象 f。第一个写入文件的数据必须是即将写入的批量数据的个数。

2. load(f)方法

该方法从文件对象中读一个数据并返回。第一个从文件中读入的数据就是即将要读的批量数据的个数。

例 6.22　pickle 模块读写二进制文件。

源程序：

```
1    import pickle
2    x=13000000
3    y=99.056
4    s="人民英雄 123abc"
5    mylist=[[11, 22, 33], [45, 56, 67], [67, 58, 19]]
6    mytuple=(-15, 10, 338)
7    myset={4, 5, 6}
8    mydict={"dog":"狗", "lion":"狮子", "tiger":"老虎"}
9    data=[x,y,s,mylist,mytuple,myset,mydict]
10   #以二进制方式将数据写入文件
11   with open("sample_pickle.dat", "wb") as f:
12       pickle.dump(len(data),f)
13       for x in data:
14           pickle.dump(x,f)
15   #以二进制方式从文件中读入数据
16   with open("sample_pickle.dat", "rb") as f:
17       n=pickle.load(f)
18       for i in range(n):
19           x=pickle.load(f)
20           print(x)
```

程序结果：

```
13000000
99.056
人民英雄 123abc
[[11, 22, 33], [45, 56, 67], [67, 58, 19]]
(-15, 10, 338)
{4, 5, 6}
{'dog': '狗', 'lion': '狮子', 'tiger': '老虎'}
```

代码分析：

（1）打开二进制文件时，在 open()函数的文件模式参数中必须包含 b。读二进制文件用 rb，写二进制文件用 wb。关于文件打开模式具体见表 6-1。

（2）代码第 2～9 行，产生了几个不同类型的对象，并将这些对象存放在一个列表 data 中。

（3）代码第 11～14 行，以二进制写模式打开文件，首先写入数据的个数，再逐个写入列表中的每个元素。

（4）代码第 16～20 行，以二进制读模式打开文件，首先读入数据的个数，再逐个读入数据。

6.4.2 使用 struct 模块

Python 中的 struct 主要用来处理 C 结构数据，读入时先转换为 Python 的字符串类型，再转换为 Python 的结构化类型，一般输入的渠道来源于文件或网络的二进制流。struct 模块按指定格式序列化，常用的方法有如下两种。

1．pack(fmt, v1, v2, …)方法

该方法按照给定的格式把数据封装成字符串，又称打包。具体为将 v1、v2 等参数的值进行一层包装，包装的方法由 fmt 指定。被包装的参数必须严格符合 fmt。最后返回一个包装后的字节串。

2．unpack(fmt, string)方法

该方法实现解包，即按照 fmt 指定的格式解析字节串 string，返回一个元组，每个元素即为解析出来的各种类型的数据。并且，即使仅有一个数据也会被解包成元组。

格式字符串（format string）由一个或多个格式字符（format characters）组成，对于这些格式字符的描述如表 6-4 所示。

表 6-4 格式字符的描述

格式符	C 类型	Python 类型	占用字节数
c	char	String of length 1	1
h	short	integer	2
i	int	integer	4
I	long	integer	4
q	long long	integer	8
f	float	integer	4
D	double	integer	8
?	bool	bool	1

例 6.23 struct 模块读写二进制文件。
源程序：

```
1   import struct
2   n=9860000
3   x=8848.88
4   tag=True
5   str1="中华"
6   #把不同类型的数据打包为一个字节串,并写入文件
7   sn=struct.pack("if?", n, x, tag)
8   with open("sample_struct.dat", "wb") as f:
```

```
9         f.write(sn)                    #写入字节串
10    f.write(str1.encode())             #字符串可直接写入
11    #从文件中读入字节串,解包为一个元组
12    with open("sample_struct.dat", "rb") as f:
13        sn=f.read(9)
14        mytuple=struct.unpack("if?", sn)
15        n,x,tag=mytuple
16        print("n=", n,"x=", x,"tag=", tag)
17        s=f.read(9)
18    print("s=", s.decode("utf-8"))
```

程序结果：

```
n= 9860000 x= 8848.8798828125 tag= True
s= 中华
```

代码分析：

（1）代码第 7 行，将整数 n、浮点数 x、布尔对象 tag 按指定的格式字符打包。格式字符中“i”对应整型，“f”对应浮点型，“?”对应布尔型。整型占 4 字节，浮点型占 4 字节，布尔型占 1 字节，共计 9 字节。

（2）代码第 13～14 行，从字节串 sn 中按指定的格式字符串还原出 1 个整数、1 个浮点数和 1 个布尔值，并返回元组。

6.5　os 模块

在实际应用中，除了访问文件的内容外，还需要进行文件级和目录级的操作，如文件删除、文件重命名、路径查询等。Python 中的 os 模块和 os.path 模块提供了相应的操作方法，如表 6-5 所示。

表 6-5　os 模块常用方法

方法	功能说明
name	返回当前系统的类型，Windows 返回 nt，Linux 返回 posix
sep	返回当前操作系统所使用的目录分隔符
extsep	返回操作系统所使用的文件扩展名分隔符
getcwd()	返回一个字符串，内容是当前工作目录的绝对路径
listdir(path)	返回一个字符串列表，内容为指定路径 path 下所有的文件名和目录名（不包含子目录）
get_exec_path()	返回一个字符串列表，内容为可执行文件的搜索路径，即系统变量 PATH 的内容
chdir(path)	把 path 指定的路径（相对路径或绝对路径）设为当前工作目录
walk(top,topdown=True)	遍历目录树，该方法返回一个 generator 对象，与列表对象类似。每个元素是一个元组，每个元组包括 3 个元素：绝对路径名、所有子目录列表与文件列表。top 指定需要遍历的目录的路径，topdown 可选，值为 True 时，优先遍历 top 目录，否则优先遍历 top 的子目录
mkdir(path)	在当前工作目录下创建以 path 为名的子目录
makedirs(path1/path2…)	在当前工作目录下创建多级目录

方法	功能说明
rmdir(path)	删除当前工作目录下的以 path 为名的子目录
removedirs(pathl/path2…)	删除当前工作目录下的多级目录
remove(filename)	删除 filename 指定的文件

　　除了支持文件操作外，os 和 os.path 模块还提供了大量的目录操作方法，os 模块常用目录操作方法如表 6-6 所示。可以通过 dir(os.path)查看 os.path 模块更多关于目录操作的方法。

表 6-6　os.path 模块的常用方法

方法	功能说明
abspath(filename)	返回一个字符串，值为 filename 的绝对路径，即当前工作目录的绝对路径与 filename 字符串相连接
dirname(filename)	返回一个字符串，值为 filename 字符串中的路径部分
exists(filename)	返回文件是否存在
getatime(filename)	返回文件的最后访问时间
getctime(filename)	返回文件的创建时间
getmtime(filename)	返回文件的最后修改时间
getsize(filename)	返回文件的大小，如果是目录，返回 0
isabs(path)	返回 path 是否为绝对路径
isdir(path)	如果 path 是目录且存在，返回 True
isfile(filename)	如果 filename 是文件且存在，返回 True
join(path,*paths)	连接两个或多个 path
split(path)	返回一个元组，有两个元素。以 path 字符串中最右边的目录分隔符为基准，将 path 字符串分为两个字符串
splitext(filename)	返回一个字符串，值为 filename 字符串中的扩展名
splitdrive(path)	返回一个字符串，值为 path 字符串中驱动器的名称

　　例 6.24　创建目录：在 D 盘上创建一个名为"音乐"的文件夹。
　　源程序：

```
1    import os
2    print(os.getcwd())          #观察当前目录
3    os.chdir("D:\\")            #改变当前目录
4    print(os.getcwd())          #观察当前目录
5    os.mkdir("音乐")            #创建子目录
```

　　代码分析：
　　目录可以理解为文件夹。目录是 DOS 下的术语，文件夹是 Windows 操作系统中的术语。
　　例 6.25　歌手名与歌曲名查询。
　　我们在网上下载一些歌曲文件存放在"D:\音乐"文件夹中，文件名包含歌手和歌曲名信息，文件名格式为歌手名-歌曲名.mp3。编写程序列出所有的歌手，并且根据歌手的编号可以查询该歌手的所有歌曲名。

任务分析：

根据题目要求分析，只有建立了存储歌手与其歌曲的字典结构才能比较方便地根据歌手信息查询对应的歌曲名。那么如何建立这样的字典呢？利用 os.listdir()方法可以获取文件夹中的所有文件名。根据题目描述，文件名包含歌手和歌曲名信息，所以用字符串的 split()方法可以将每个文件名中的歌手名和歌曲名分离开，分别存储在两个变量中。然后，以歌手名为键，该歌手所有的歌曲为值（列表类型），建立字典。

源程序：

```
1    import os
2    os.chdir("D:\\音乐")       #改变当前目录
3    mydict={}
4    lstFilenames=os.listdir()
5    for strFilename in lstFilenames:
6        strTemp=strFilename[:-4]
7        singer,song=strTemp.split("-")
8        if singer in mydict:
9            mydict[singer].append(song)
10       else:
11           mydict[singer]=[song]
12   i=0
13   for item in mydict.keys():
14       i=i+1
15       print(i,item)
16   n=int(input("请输入歌手的编号"))
17   singer=list(mydict.keys())[n-1]
18   for item in mydict[singer]:
19       print(item)
```

代码分析：

（1）代码第 2～4 行，遍历文件夹"D:\音乐"，将文件名存入列表 lstFilenames。

（2）代码第 5～11 行，遍历文件名列表 lstFinenames，将每个文件名中的歌手名与歌曲名分离出来，以歌手名为键建立字典，对应的值为一个一维列表，这个歌手的每个歌曲名即为此列表中的一个元素。

（3）代码第 12～15 行，输出所有的歌手名（字典的键），并在每个歌手名的左边输出编号。

（4）代码第 16～17 行，获取键盘输入的歌手编号，根据编号在字典的键中找到歌手的名字。

（5）代码第 18～19 行，查询并输出该歌手的所有歌曲，即输出字典中该歌手名为键时对应的值（列表类型）的每一个元素。

例 6.26 文件的复制与移动。

用程序实现将 D 盘中的某个文件复制或移动到"E:\music"文件夹中。

任务分析：

在 Windows 中，通常用鼠标与键盘操作相结合的方式实现文件的复制与移动。例 6.23 演示如何用程序实现一个文件的复制和移动。移动文件时，先判断源文件是否存在。如果源文件不存在，则输出错误提示。如果源文件存在，则判断目标文件夹是否存在：如果存在则调用 shutil 模块的.move()方法完成文件的移动；如果不存在则先创建文件夹，再移动。os 模块与 os.path 模块的方法可以实现文件夹的创建以及判断文件和文件夹是否存在。

源程序：

```
1   import os,shutil
2   #移动文件
3   def mymovefile(srcfile,dstfile):
4       if not os.path.isfile(srcfile):
5           print( "{} 不存在! ".format(srcfile))
6       else:
7           fpath,fname=os.path.split(dstfile)      #分离文件名和路径
8           if not os.path.exists(fpath):
9               os.makedirs(fpath)                  #创建路径
10          shutil.move(srcfile,dstfile)            #移动文件
11          print( "移动 {} -> {}".format(srcfile,dstfile))
12  #复制文件
13  def mycopyfile(srcfile,dstfile):
14      if not os.path.isfile(srcfile):
15          print( "{} 不存在! ",srcfile)
16      else:
17          fpath,fname=os.path.split(dstfile)      #分离文件名和路径
18          if not os.path.exists(fpath):
19              os.makedirs(fpath)                  #创建路径
20          shutil.copyfile(srcfile,dstfile)        #复制文件
21          print( "复制 {} -> {}".format( srcfile,dstfile))
22  #主程序
23  srcfile="D:\\音乐\\薛之谦-动物世界.mp3"
24  dstfile="E:\\music\\薛之谦-动物世界.mp3"
25  mymovefile(srcfile,dstfile)
26  srcfile="D:\\音乐\\薛之谦-像风一样.mp3"
27  dstfile="E:\\music\\薛之谦-像风一样.mp3"
28  mycopyfile(srcfile,dstfile)
```

代码分析：

（1）运行程序之前，需要在“D:\音乐”下存放两个文件：薛之谦-动物世界.mp3 和薛之谦-像风一样.mp3。当然，也可以以其他文件为例。此时，需要修改代码第 23～27 行对应的文件名。

（2）例 6.26 中导入了两个模块：os 与 shutil。os 模块与 os.path 模块实现目录的搜索与创建等，shutil 模块具体实现文件的复制和移动。Python 的 shutil 模块功能比较丰富，主要实现高级的文件、文件夹、压缩包处理等功能。

6.6 jieba 库及第三方库安装

6.6.1 jieba 库概述

本章例 6.17 实现了对英文文档的分词与词频统计。英文单词之间以空格为分隔符，所以利用字符串的 split()方法就可以轻而易举地把英文字符串中的每个英文单词分离出来。但是，中文文档中每个词语之间没有任何分隔符，人经过多年的汉语语言学习之后才能根据自己的经验辨别词语，那么如何使用程序语句来识别中文词语呢？

中文分词需要设计专业的算法来实现，中文分词的第三方库（jieba 库）基于前缀词典实现高效的词图扫描，生成句子中汉字所有可能成词情况构成的有向无环图，采用了动态规划查找最大概率路径，找出基于词频的最大切分组合。对于该库的默认字典中没有的词，采用了基于汉字成词能力的 HMM 模型，使用了 Viterbi 算法来识别。对于 Python 程序员来说，他们并不需要了解这些专业的算法，只需熟悉 jieba 库的方法，就可以轻松实现中文分词。

Jieba 库是第三方库，需要安装后才能在程序中使用 import 语句引用该库。Python 中通常用 pip.exe 完成第三方库的安装。具体操作步骤如下：

第一步，在程序搜索框中输入"cmd"，如图 6-13 所示。

第二步，在 cmd 命令上右击，在弹出的快捷菜单中选择"以管理员身份运行"命令，如图 6-14 所示。

图 6-13　在搜索框中输入"cmd"命令　　　　　图 6-14　弹出快捷菜单

第三步，在命令窗口输入"pip install jieba"，按 Enter 键，如图 6-15 所示。

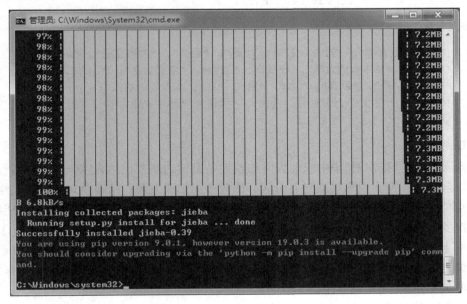

图 6-15 输入安装命令

第四步，程序会自动从网上下载 jieba 库文件，并显示进度条，如图 6-16 所示。

图 6-16 安装进度显示

出现图 6-17 所示提示时，表示 jieba 库安装成功。在程序中，通过 "import jieba" 语句导入 jieba 库。

图 6-17 安装成功提示

6.6.2 jieba 库的解析与应用

jieba 库主要提供分词功能，也可以辅助自定义分词词典。该库支持 3 种分词模式：精确模式、全模式和搜索引擎模式。下面介绍这 3 种模式的特点。

精确模式：试图将句子最精确地切开，适合文本分析。

全模式：把句子中所有可以成词的词语都扫描出来，速度非常快，但是不能解决歧义。

搜索引擎模式：在精确模式的基础上，对长词再次切分，提高召回率，适用于搜索引擎分词。

jieba 库中常用的分词与词典调整方法如表 6-7 所示。

表 6-7　jieba 库中常用的分词与词典方法

方法	功能说明
lcut(s)	按精确模式对字符串 s 进行分词，返回一个列表类型对象
lcut(s,cut_all=True)	按全模式对字符串 s 进行分词，返回一个列表类型对象
lcut_for_search(s)	按搜索引擎模式对字符串 s 进行分词，返回一个列表类型对象
add_word(s)	在本地词典库中增加一个字符串 s 中指定的词组
del_word(s)	在本地词典库中删除一个字符串 s 中指定的词组

例 6.27　3 种分词模式的比较。

源程序：

```
1  import jieba
2  s="华中农业大学的校训是勤读力耕立己达人"
3  print(jieba.lcut(s))
4  print(jieba.lcut(s,cut_all=True))
5  print(jieba.lcut_for_search(s))
```

程序结果：

["华中农业大学", "的", "校训", "是", "勤读", "力耕立己", "达", "人"]

["华中", "华中农业大学", "中农", "农业", "农业大学", "业大", "大学", "的", "校训", "是", "勤读", "力", "耕", "立", "己", "达人"]

["华中", "中农", "农业", "业大", "大学", "华中农业大学", "的", "校训", "是", "勤读", "力耕立己", "达", "人"]

代码分析：

代码第 3～5 行依次对"华中农业大学的校训是勤读力耕立己达人"这一中文字符串按精确模式、全模式和搜索引擎模式进行分词。比较分词结果发现：精确模式提取的词组最少，它将尽可能长的词组提取出来；全模式提取的词组最多，把这个字符串中所有可能组成词语的情况罗列出来；搜索引擎模式在精确模式的基础上，对"华中农业大学"进行了切分。

从以上代码的运行结果中还可以看到，3 种模式都不能提取出"勤读力耕""立己达人"这两个词语。这说明 jieba 的自带词典中没有这两个词。所以，下面将这两个词语作为自定义词组添加到本地 jieba 词典中。

例 6.28　向词典中添加自定义词组。

源程序：

```
1  import jieba
2  s="华中农业大学的校训是勤读力耕立己达人"
```

```
3    jieba.add_word("勤读力耕")
4    jieba.add_word("立己达人")
5    print(jieba.lcut(s))
6    print(jieba.lcut(s,cut_all=True))
7    print(jieba.lcut_for_search(s))
```

程序结果：

["华中农业大学", "的", "校训", "是", "勤读力耕", "立己达人"]

["华中", "华中农业大学", "中农", "农业", "农业大学", "业大", "大学", "的", "校训", "是", "勤读", "勤读力耕", "立己达人", "达人"]

["华中", "中农", "农业", "业大", "大学", "华中农业大学", "的", "校训", "是", "勤读", "勤读力耕", "达人", "立己达人"]

代码分析：

观察程序运行结果发现，向本地词典中添加了自定义的词组后，3 种分词模式都准确地提取出"勤读力耕"和"立己达人"。需要说明的是，自定义词语一次添加后可以多次使用，并不需要每个程序都向词典中添加同样的词语。

例 6.29　红楼梦人物出场次数统计。

《红楼梦》这本文学巨著中塑造了几百个各具特色的人物。《红楼梦》中究竟写了多少人物？清朝嘉庆年间姜祺统计共 448 人。民国初年兰上星白编了一部《红楼梦人物谱》，共收 721 人。下面用 Python 来研究这些人物中哪些人出场次数最多。

源程序：

```
1    import jieba
2    #从文本文件读入文件内容，存入字符串 strTxt 中
3    fr=open("红楼梦.txt", "r", encoding="utf-8")
4    strTxt=fr.read()
5    fr.close()
6    #分词，并利用词典统计每个词出现的次数
7    words = jieba.lcut(strTxt)
8    dictPerson = {}
9    for word in words:
10       if len(word)!=1:           #一个字的词往往不是人名
11          dictPerson[word] = dictPerson.get(word, 0) + 1
12   #把字典转化为列表，并按次数排序
13   lstItems=list(dictPerson.items())
14   lstItems.sort(key=lambda x:x[1], reverse=True)
15   #次数最多 20 个写入文件
16   print("人名       次数")
17   for item in lstItems[0:20]:
18       word, count=item
19       print (word,"\t", count)
```

程序结果：

人名　　　次数

```
宝玉        3647
什么        1596
一个        1311
贾母        1189
凤姐        1188
那里        1156
我们        1154
你们         964
说道         936
姑娘         932
王夫人        929
知道         921
这里         915
如今         912
老太太        903
起来         885
出来         861
太太         854
他们         829
众人         828
```

观察以上运行结果可以看出，小说原文中某些出现频率较高的词并不是我们需要的人名，如"什么""一个""我们""这里"等。在实际应用中，需要把这些词去除。另外，贾母和老太太是小说中对同一个人物的不同称呼，因此，对程序进一步优化。下面对刚才的代码进行改进，并把结果写入文件：

```
1    import jieba
2    #从文本文件读入文件内容,存入字符串 strTxt 中
3    fr=open("红楼梦.txt", "r", encoding="utf-8")
4    strTxt=fr.read()
5    fr.close()
6    #分词,并利用词典统计每个词出现的次数
7    words=jieba.lcut(strTxt)
8    dictPerson={}
9    for word in words:
10       if len(word)==1:
11           continue
12       elif word=="贾母" or word == "老太太":
13           rword="贾母"
14       else:
15           rword=word
16       dictPerson[rword]=dictPerson.get(rword, 0)+1
17   #从词典中删除停止词
18   excludes={"什么", "一个", "我们", "你们", "他们","如今","只见","这个" ,"说
     道", "知道", "起来", "这里","姑娘","出来","众人","那里","自己"}
19   for word in excludes:
```

```
20          del(dictPerson[word])
21      #把字典转化为列表,并按次数排序
22      lstItems=list(dictPerson.items())
23      lstItems.sort(key=lambda x:x[1], reverse=True)
24      #出场次数最多的 5 个人物写入文件,并输出在屏幕上
25      fw=open("红楼梦人物出场次数.txt", "w",encoding="utf-8")
26      print("人名        次数")
27      fw.write("人名        次数\n")
28      for item in lstItems[0:5]:
29          word, count=item
30          str1="{:8s}{:<6d}".format(word,count)
31          print(str1)
32          fw.write(str1+"\n")
33      fw.close()
```

程序结果:

```
人名        次数
宝玉        3647
贾母        2092
凤姐        1188
王夫人       929
太太        854
```

文本分析的第一步就是中文分词,而例 6.29 仅仅是一个中文分词的演示示例,实际应用时中文分词比本例要复杂得多。

6.7　异　常　处　理

6.7.1　异常概述

程序设计者在编写程序和运行程序的过程中,不可避免地会出现一些错误。Python 程序的错误通常可以分为 3 种类型:语法错误、逻辑错误和运行时错误。

1. 语法错误

Python 程序的语法错误是指其源代码中出现不符合 Python 语言规定的语法规则时出现的错误,如括号不匹配、系统函数名拼写错误等。这些错误导致 Python 编译器无法把 Python 源代码转换为字节码,故又称编译错误。程序中包含语法错误时,编译器将提示语法错误的相关信息。通过分析编译器触发的错误信息,仔细分析相关位置的代码,可以定位并修改。这类错误最容易发现,修改也最为简单,一般在初步调试程序时就会发现并被设计者及时改正,通常不必大费周折地在程序中专门为其编写异常处理代码。这类语法错误,在 Python 中被归类为错误(errors)。

例 6.30　Python 语法错误实例。

源程序:

```
1    import math
2    r=float(input("Please input r?\n")
3    area=math.pi*r*r
4    print(area)
```

代码分析：

代码第 2 行括号不匹配，Python 的编译器定位错误在代码的第 3 行，并提示错误信息：SyntaxError: invalid syntax。

2. 逻辑错误

程序没有任何语法错误，运行时也没有任何错误提示，但程序运行的结果是错误的。这一类错误称为逻辑错误。例如，在编程中写错了一个变量名、将值错误地赋给了另一个变量、计算公式有误、变量的单位不统一等。逻辑错误在程序复杂时较难发现和排查。对于逻辑错误，Python 解释器无法识别，需要程序设计者根据结果来调试判断。

例 6.31　Python 逻辑错误实例。

源程序：

```
1    import math
2    r=float(input("Please input r?\n"))
3    area=math.pi*r
4    print("{:.2f}".format(area))
```

代码分析：

程序运行后，输入"2"，结果为 6.28，但实际结果应该为 12.57。这是因为圆的面积公式中少乘了一个 r。

3. 运行时错误

有些情况下，程序在语法上和逻辑上都没有错误，而在运行时有时正常，有时出错。这种情况很可能是程序存在运行时错误。运行时错误在其他事件发生时或某种条件下才会发生，有时甚至是不可避免的。例如，除数为 0、用户的非法输入导致表达式运算类型错误、下标越界、网络异常、类型错误、名称错误、字典键错误、磁盘空间不足或要打开并读取数据的文件不存在等。这类错误在 Python 中被归类为异常（exceptions），异常处理最主要的就是针对这种错误。Python 中的内置异常类型如表 6-8 所示。

表 6-8　Python 中的内置异常类型

异常	错误原因
AssertionError	当 assert 语句失败时触发
AttributeError	当属性赋值或引用失败时触发
EOFERROR	当 input()函数到达文件末尾时触发
FloatingPointError	当一个浮点数操作失败时触发
GeneratorExit	当调用了一个生成器的 close()方法时触发
ImportError	当导入的模块不存在时触发

续表

异常	错误原因
IndexError	当一个序列的索引超出范围，或索引不存在时触发
KeyError	当一个键在字典中不存在时触发
KeyboardInterrupt	当用户输入取消键 Ctrl+O 时触发
MemoryError	当一个操作导致内存不足时触发
NameError	当一个变量在本地及全局空间都没找到时触发
Not ImplementedError	由抽象方法触发
OSError	当系统操作导致系统相关错误时触发
ReferenceError	当弱引用尝试访问已经被垃圾回收的对象时触发
RuntimeError	当错误不属于其他任何类别时触发
SyntaxError	语法解析错误时触发
IndentationError	代码缩进不正确时触发
TabError	当缩进混合了不一致的制表符和空格时触发
SystemError	当一个内部错误发生时触发
SystemExit	由 sys.exit()触发
TypeError	当一个函数或操作接受了错误类型的对象时触发
UnboundLocalError	当访问一个函数或方法中的本地变量，但尚未初始化而没有值时触发
UnicodeError	当一个 Unicode 相关的编码或解码错误发生时触发
UnicodeEncodeError	编码过程中，一个 Unicode 相关的错误发生时触发
UnicodeTranslateError	转换过程中，一个 Unicode 相关的错误发生时触发
ValueError	当向一个函数传递参数，类型正确但值不正确时触发
ZeroDivisionError	当一个数字除以 0 时触发

例 6.32 Python 运行时错误实例。

源程序：

```
1    import math
2    r=float(input("Please input r?\n"))
3    area=math.pi*r*r
4    print("{:.2f}".format(area))
```

代码分析：

程序运行后，如果输入数值，可以得到正确的输出结果。如果输入"a"，会出现错误提示信息：ValueError: could not convert string to float: "a"。

当程序出现以上 3 种错误时，通常在运行窗口中会显示一些非常专业的英文错误信息，告知错误的名称和发生的原因，以及发生错误的程序行。对于程序设计者来说，系统给出的这些非常专业化的错误信息是非常有用的。它可以帮助设计者快速定位错误的出处，分析错误的根本原因并改正错误。但是，对于最终的程序使用者来说，这样的错误提示不仅对使用程序、解决问题没有任何帮助，还经历了极为糟糕的用户体验。因此，一个好的程序设计者通常要用一种特殊的手段，在程序中设法捕获那些运行时可能发生的错误，即异常，并用易于最终用户理解的简单、通俗、面向应用功能的语言非常友好地告知用户发生了什么情况，从而有利于用户分析错误发生的原因并做出正确的决策。对异常进行相应的处理，防止程序崩溃，提高程序的健壮性。这种特殊的手段就是异常处理机制。

绝大多数程序设计语言中向程序设计者提供了丰富的异常处理功能。Python 语言采用结构化的异常处理机制捕获和处理异常。

6.7.2　使用 try…except 处理异常

try…except 是异常处理结构中最常见也最基本的结构。该结构有以下几种形式。

第一种：

```
try:
    try 语句块
except:
    异常处理语句块
```

第二种：

```
try:
    try 语句块
except 异常类型 [as 异常对象]:
    异常处理语句块
```

说明：

（1）第一种用于捕获所有异常并对所有异常做同样处理的情况，第二种用于程序设计者对于程序可能产生的异常非常明确，仅需对某种异常做出特别处理的情况。

（2）try 语句块部分包含所有可能触发异常并且需要监控的语句块，该子句中的语句只要发生异常，就会自动将该异常抛出，让下面的 except 捕捉。except 子句的语句通过指定的异常名称，匹配捕捉和处理 try 子句所抛出的异常。所以，except 子句中的语句块部分就是进行相应的异常处理的程序代码。

（3）try…except 结构是复合语句，try 和 except 所在行行末的冒号必不可少，并且 try 语句块和 except 语句块采用缩进书写规则。

（4）异常类型如表 6-8 所示。except 子句可以在异常类名称后面指定一个变量，用于捕获异常的参数或更详细的信息。"as 异常对象"语句可以省略。此处的异常对象是一个自定义的对象名（通常用 e）。

（5）该结构的执行流程如下：运行 try 语句块，如果 try 中的语句块没有出现异常，跳出异常处理结构继续往下执行异常处理结构后面的语句。如果出现异常并且被 except 子句捕获，执行 except 子句中的异常处理语句；如果出现异常但没有被 except 子句捕获，继续向外层触发；如果所有层都没有捕获并处理该异常，程序终止并将该异常抛给最终用户。

例 6.33　try…except 实例 1。

源程序：

```
1    import math
2    try:
3        r=float(input("Please input r?\n"))
4        area=math.pi*r*r
5        print(area)
```

```
6       except:
7           print("发生异常!")
```

代码分析：

代码第 3～5 行是可能发生异常，需要捕获异常的语句块。如果该语句块在执行的过程中发生任何异常，执行 except 子句的语句块，即代码第 6、7 行；如果没有发生异常，不执行 except 子句。try…except 结构的控制流程与 if…else 结构类似。

例 6.34 try…except 实例 2。

源程序：

```
1    import math
2    try:
3        r=float(input("Please input r?\n"))
4        area=math.pi*r*r
5        print(area)
6    except ValueError:
7        print("请输入数字! ")
```

代码分析：

代码第 3～5 行是可能发生异常并需要捕获异常的语句块。与例 6.30 不同的是，例 6.31 中的 except 语句中指定了要捕获的异常类型，执行流程为：如果该语句块在执行的过程中触发 ValueError 类型的异常（如输入 "a"），则执行 except 子句的语句块，即代码第 7 行；如果触发异常但不是 ValueError 类型的异常，则不进行异常处理，系统的异常处理机制做出默认的处理——输出相关的英文出错信息；如果没有触发异常，则不执行 except 子句。

如果希望输出更详细的错误信息，需要使用 as 语句。

例 6.35 try…except 实例 3。

源程序：

```
1    import math
2    try:
3        r=float(input("Please input r?\n"))
4        area=math.pi*r*r
5        print(area)
6    except ValueError as e:
7        print("请输入数字! ",e)
```

代码分析：

如果输入 "a"，程序的运行结果为 "请输入数字! could not convert string to float: "a""。通过 e 参数可以输出更具体的错误信息。当然，这种专业性强的英文错误提示信息不适用于程序的最终用户。

如果需要捕获所有类型的异常，可以使用 BaseException，即 Python 异常类的基类，格式如下：

```
try:
    try 语句块
```

```
        except BaseException as e:
            异常处理语句块
```

例 6.36　try…except 实例 4。

源程序：

```
1   try:
2       x=int(input("请输入 x:"))
3       y=int(input("请输入 y:"))
4       z=x/y
5   except BaseException  as e:
6       print("出现异常",e)
```

代码分析：

（1）当提示"请输入 y:"时，如果从键盘输入"a"，触发 ValueError 异常并被捕获，屏幕输出结果："出现异常 invalid literal for int() with base 10: "a""。

（2）当提示"请输入 y:"时，如果从键盘输入"0"，触发 ZeroDivisionError 异常并被捕获，屏幕输出结果："出现异常 division by zero"。

上面的结构可以捕获所有异常，尽管这样做很安全，但是一般并不建议这样做。对于异常处理结构，一般的建议是尽量显式捕获可能出现的异常，并且有针对性地编写代码进行处理。这是因为在实际应用开发中很难使用同一段代码处理所有类型的异常。

6.7.3　使用 try…except…except 处理异常

在程序开发中，同一段代码可能会触发多个异常，需要针对不同的异常类型进行相应的特殊处理。为了支持多个异常的捕获和处理，Python 提供了带有多个 except 的异常处理结构，类似于多分支选择结构。该结构的语法格式：

```
        try:
            try 语句块
        except 异常类型 1 [as 异常对象]:
            异常处理语句块 1
        except 异常类型 2 [as 异常对象]:
            异常处理语句块 2
        except:
            其他异常处理语句块
```

例 6.37　多 except 实例。

源程序：

```
1   try:
2       x=int(input("请输入 x:"))
3       y=int(input("请输入 y:"))
4       z=x/y
5   except ZeroDivisionError as e:
6       print("除数为 0!",e)
7   except ValueError as e:
```

```
8        print("请输入数字！",e)
9    except:
10       print("发生异常！")
```

代码分析：

代码第 5～10 行为异常处理语句。如果 try 中的代码触发异常，则从上到下依次判断异常类型，一旦符合某个 except 子句中指定的异常类型，就会被该子句捕获并执行相应的异常处理代码，此时后面剩余的 except 子句将不会再执行。也就是说，执行该 except 子句的异常处理代码后就跳出 try…except 结构，即执行第 10 行以后的代码。

6.7.4　使用 try…except…else 处理异常

另外一种常用的异常处理结构是 try…except…else 语句。带 else 子句的异常处理结构也是一种特殊形式的选择结构。因此，当程序中不仅需要对可能出现的异常进行特别处理，还要对没有出现任何异常的情况单独写处理代码时，可以选择此结构。该结构的语法格式如下：

```
try:
    try 语句块
except 异常类型1 [as 异常对象]:
    异常处理语句块1
except 异常类型2 [as 异常对象]:
    异常处理语句块2
except:
    其他异常处理语句块
else:
    没有出现异常应该执行的语句块
```

在该结构中，如果 try 语句中的代码触发异常，并且被某个 except 语句捕获，则执行相应的异常处理代码，这种情况下不会执行 else 语句中的代码；如果 try 语句中的代码没有触发任何异常，则执行 else 语句中的代码。下面的代码演示了该结构的用法。

例 6.38　try…except…else 实例 1。

源程序：

```
1    try:
2        fh = open("test.txt", "r+")
3        fh.write("中华民族伟大复兴！")
4    except IOError:
5        print("错误:没有找到文件或读取文件失败")
6    else:
7        print("内容写入文件成功")
8        fh.close()
```

代码分析：

如果当前文件夹下没有 test.txt 文件，触发 IOError 异常。代码第 4 行捕获此异常并进行异常处理，即输出"错误：没有找到文件或读取文件失败"。如果没有触发异常，执行

else 语句中的代码，输出"内容写入文件成功"并正常关闭文件释放资源。

　　在实际应用中，为了确保程序一定能够获取正确的输入，往往采用 while 结构嵌套 try…except…else 结构实现。

　　例 6.39　try…except…else 实例 2。

　　源程序：

```
1   while True:
2       try:
3           x=int(input("请输入 x:"))
4           y=int(input("请输入 y:"))
5           z=x/y
6       except ZeroDivisionError as e:
7           print("除数为 0!",e)
8       except ValueError as e:
9           print("无效输入，数据类型错!", e)
10      except:
11          print("发生异常!")
12      else:
13          print("输入正确! ")
14          break
```

6.7.5　使用 try…except…finally 处理异常

　　最后一种常用的异常处理结构是 try…except…finally 结构。在该结构中，无论是否发生异常，finally 句中的语句块都会执行，一般用来做一些清理工作，以释放 try 子句中申请的资源。含有 finally 的异常处理结构语法如下：

```
try:
    try 语句块
except 异常类型 1 [as 异常对象]:
    异常处理语句块 1
except 异常类型 2 [as 异常对象]:
    异常处理语句块 2
except:
    其他异常处理语句块
else:
    没有出现异常应该执行的语句块
finally:
    无论有没有出现异常都会执行的语句块
```

　　例 6.40　try…except…finally 实例。

　　文件 numbers.txt 中是一组以空格为分隔符的正整数，以下程序的功能是：从文件读入每个数并计算其平方根。

　　源程序：

```
1   import math
```

```
2    try:
3        f = open("numbers.txt", "r")
4        lstNum=f.read().split()
5        for x in lstNum:
6            print(math.sqrt(int(x)))
7    except IOError:
8        print("错误:没有找到文件或读取文件失败!")
9    except ValueError:
10       print("错误:出现负数或字符")
11   else:
12       print("内容写入文件成功!")
13       f.close()
14   finally:
15       print("谢谢使用本系统!")
```

代码分析:

（1）如果当前文件夹下没有"numbers.txt"文件，触发 IOError 异常，代码第 7 行 except IOError 语句捕获此异常并进行异常处理，输出"错误：没有找到文件或读取文件失败！"，然后执行 finally 语句及其子语句块。

（2）如果"numbers.txt"文件中存在负数或字符，触发 ValueError，代码第 9 行 except ValueError 语句捕获此异常并进行异常处理，输出"错误：出现负数或字符"，然后执行 finally 语句及其子语句块。

（3）如果没有触发异常，执行 else 子句的语句，输出"内容写入文件成功！"并正常关闭文件释放资源，同样也会执行 finally 语句及其子语句块。

由此可知，编程不是一蹴而就的，编程的过程中很大一部分工作是测试、找出缺陷、修改、再测试，循环往复，不断升级，不断提高。在实际开发过程中，异常处理也是程序中不可缺少的一部分，使用异常处理机制可以让程序具有更好的健壮性。

通常而言，自用的一些小工具程序可以少用一些异常处理，以节约编程时间；而提供给其他用户使用的程序必须具备足够的健壮性。在编写与网络相关的应用时，必须考虑由于网络状态的随机性和不稳定性引发出的很多异常。因此，即使是自用的小工具，也必须使用异常处理机制。

本 章 小 结

本章主要介绍了 Python 中文件的输入与输出操作框架和异常处理机制。文件输入与输出部分结合实例详细介绍了文本文件的读写方法及其应用、文件级和目录级操作的方法及其应用，以及中文分词第三方库 jieba 的常用方法及其应用。异常处理机制部分主要介绍了 try…except、try…except…except、try…except…else、try…except…finally 4 种异常处理结构及其执行流程。

第 7 章　Python 常用标准库

1. 熟悉基于 turtle 库的绘图方法及其应用。
2. 掌握 random 库的常用函数及其应用。
3. 了解 time 库的常用函数及其应用。

Python 中提供了多个内部标准库，如 turtle 库、random 库和 time 库等。turtle 库一般用于绘制基于线条的图形。在程序设计过程中，经常需要产生随机数。为满足用户需求，random 库提供了不同功能的随机数产生函数。处理时间是程序常用的功能之一，time 库是处理时间的标准库。

7.1　turtle 库

7.1.1　turtle 库与基本绘图

turtle 最早来自 LOGO 语言，专门用于学习趣味编程。turtle 图形绘制原理十分直观，简单易学，所以后来很多高级语言都移植了海龟绘图（turtle graphics）。Python 从 2.6 版本之后也将 turtle 库加入其内部库中。海龟绘图的原理很简单，即模拟一只小海龟（海龟带着一支笔）在屏幕上爬行，当它爬行时会在屏幕上留下痕迹，海龟可以沿直线移动指定的距离，也可以旋转指定的角度。那么，通过编写一段代码，使用一定的命令去控制海龟爬行的轨迹就可以绘制各种各样的图案。使用海龟绘图，不仅能够使用简单的代码创建出令人印象深刻的视觉效果，还可以跟随海龟动态查看程序代码如何影响海龟的移动和图形的绘制，从而帮助人们理解代码的逻辑。

7.1.2　绘图窗口设置

turtle 绘图时，首先需要为小海龟划定一个爬行的区域，即建立一个绘图窗口。如图 7-1 所示，该窗口是计算机屏幕中的一部分区域，它有独立的坐标系。窗口的中心是坐标原点，垂直向上是 y 轴正方向，水平向右是 x 轴正方向。想象一只小海龟，初始状态下位于坐标原点，头朝右，即 x 轴正方向。此时，小海龟的前、后、左、右 4 个方向是相对于小海龟位置和方向（头的朝向）而言的，因此会随着小海龟的移动（左转、右转）而发生变化。

绘图窗口（通常又称画布）的大小和初始位置的设置由以下函数实现。

（1）turtle.screensize(canvwidth=None, canvheight=None, bg=None)，参数分别为绘图窗口的宽、高和背景颜色。其中，宽和高的单位是像素，默认值分别为 400 和 300。背景色

默认为白色。

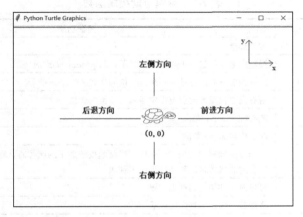

图 7-1　turtle 库绘图坐标系

（2）turtle.setup(width=0.5, height=0.75, startx=None, starty=None)，参数 width 和 height 分别表示绘图窗口的宽和高，当 width 和 height 的值为整数时，表示宽和高的像素数；当宽和高的值为小数时，表示绘图窗口的宽和高分别占据计算机屏幕的宽和高的比例。参数 startx 表示绘图窗口左边框到屏幕左边界的距离，starty 表示绘图窗口上边框到屏幕上边界的距离。如果这两个参数为空，窗口位于屏幕中心。

7.1.3　画笔状态控制函数

turtle 库中提供了一组用于设置画笔的粗细、颜色、绘图速度等的函数，具体如表 7-1 所示。

表 7-1　画笔状态控制函数

函数名称	函数功能
pensize(width)	设置画笔的宽度，即线条的粗细
pencolor(color)	设置画笔的颜色
fillcolor(color)	设置图形填充颜色
color(color1,color2)	设置画笔的颜色和图形的填充颜色
speed(n)	设置画笔的绘制速度，其取值范围从慢到快为 1～10，但取 0 时，速度最快，无移动过程，直接显示绘图结果
pos()	返回画笔当前的坐标
isdown()	返回画笔是否处于放下的状态

7.1.4　画笔运动控制函数

turtle 库中提供了一组用于控制画笔运动的函数，包括在当前方向上前进、后退、左转、右转、绘制图形等的函数，具体如表 7-2 所示。

表 7-2　画笔运动控制函数

函数名称	函数功能
pendown()	放下画笔
penup()	提起画笔，另起一个地方绘制时用，与 pendown() 配对使用
forward() 或 fd()	沿着当前方向前进指定距离（单位为像素）
backward() 或 bk()	沿着当前相反方向后退指定距离（单位为像素）
right(angle) 或 rt()	向右旋转 angle 角度
left(angle) 或 lt()	向左旋转 angle 角度
goto(x,y)	从当前坐标移动到坐标(x,y)处，当画笔处于放下的状态时，移动过程中画线；当画笔处于提起的状态时，移动过程中不画线
setx( )	将当前 x 轴移动到指定位置
sety( )	将当前 y 轴移动到指定位置
setheading(angle) 或 seth(angle)	设置当前朝向为 angle 角度（0 表示向东，90 表示向北，180 表示向西，270 表示向南）
home()	设置当前画笔位置为原点，朝向为东
circle(radius)	以当前坐标为起始点，绘制一个指定半径的圆。radius 为正整数时画笔沿逆时针方向移动。radius 为负整数时，画笔沿顺时针方向移动
circle(radius, angle)	以当前坐标为起始点，绘制一个指定半径和角度的圆弧。angle 参数默认值为 360
circle(radius, steps=n)	以当前坐标为起始点，绘制一个指定半径的圆内接 n（n>2）边形
dot(d, color)	绘制一个指定直径 d 和颜色的圆点

　　除了画笔状态控制函数和画笔运动控制函数外，turtle 库中还提供一些全局控制函数，具体如表 7-3 所示。

表 7-3　全局控制函数

函数名称	函数功能
begin_fill()	填充图形前，调用该函数
end_fill()	填充图形结束
filling()	返回填充的状态，True 为填充，False 为未填充
clear()	清空当前窗口，但不改变当前画笔的位置
reset()	清空当前窗口，并重置位置、方向等为默认值
done()	结束绘画，用在绘图代码的最后
hideturtle()	隐藏画笔的 turtle 形状
showturtle()	显示画笔的 turtle 形状
isvisible()	如果 turtle 可见，返回 True
write(str,align,font)	输出字符串 str。align 表示对齐方式，其值有 3 个，即 left、center、right。font 表示字体，元组类型（字体、字号、字形）

7.1.5　turtle 库应用

　　海龟绘图的步骤具体如下：

（1）导入 turtle 库。

（2）设置绘图窗口。

（3）设置海龟的绘图属性（画笔的宽度、颜色、移动速度等）。

（4）移动海龟至某坐标位置。

（5）控制海龟移动绘图。如果绘图完成，转至步骤（6）；如果绘图未完成，转至步骤（4）。

（6）调用绘图结束函数，完成绘图。

例 7.1　从坐标(0,50)开始画一个边长为 100 的正方形，如图 7-2 所示。

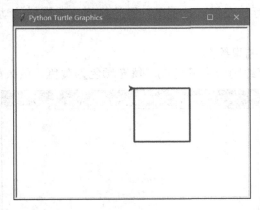

图 7-2　正方形

任务分析：

按照海龟绘图步骤调用绘图窗口设置函数设置窗口的大小和位置，调用画笔状态控制函数设置画笔的颜色、宽度和移动速度，然后调用画笔的运动控制函数让小海龟带着画笔在绘图窗口爬行。需要注意的是，小海龟的初始位置是绘图窗口的坐标原点，方向为 x 轴正向。爬行过程如下：在坐标原点提起画笔，将画笔移动至坐标点(0,50)，放下画笔，向前（当前海龟的头朝东）走 100 像素，即绘制长度为 100 的直线；海龟右转 90°，向前（当前海龟的头朝南）走 100 像素，同理绘制正方形的另外两条边，画笔回到坐标点(0,50)。

源程序：

```
1    import turtle
2    turtle.setup(800,600,200,200)
3    turtle.color("red")
4    turtle.pensize(3)
5    turtle.speed(1)
6    turtle.penup()
7    turtle.goto(50,50)
8    turtle.pendown()
9    for i in range(4):
10       turtle.forward(100)
11       turtle.right(90)
12   t.done()
```

代码分析：

（1）代码第 1 行，导入 turtle 库。

（2）代码第 2 行，绘图窗口宽度、高度和位置的设置。

（3）代码第 3～5 行，调用画笔状态控制函数设置画笔的颜色、宽度和移动速度。

（4）代码第 6～8 行，提起画笔，将画笔悬空，并移动到目的地(50,50)，再放下画笔，为画正方形做好准备工作。注意：当画笔悬空即处于提起状态时，移动画笔不会在绘图窗口留下笔迹。当需要在新的坐标位置绘图时，通常通过"提笔—移动—落笔" 3 个连续的动作将画笔移动到目的地。

（5）代码第 9～11 行，在循环控制下，画笔执行 4 次同样的动作：绘制长度为 100 的直线、向右转 90°。

（6）代码第 12 行，结束绘图。

例 7.2　用红色画笔绘制一个五角星，填充颜色为黄色，效果如图 7-3 所示。

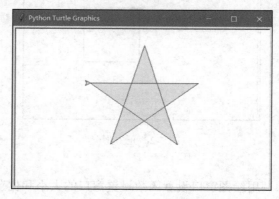

图 7-3　五角星

任务分析：

例 7.2 与例 7.1 类似，不同之处在于：①绘制五角星时，画笔每次右转 144°；②五角星内部需要填充颜色。

源程序：

```
1    import turtle as t
2    t.speed(1)
3    t.pencolor("red")
4    t.fillcolor("yellow")
5    t.begin_fill()
6    for i in range(5):
7        t.forward(200)
8        t.right(144)
9    t.end_fill()
10   t.done()
```

代码分析：

（1）代码第 1 行，导入 turtle 库，并为 turtle 命名 t，使程序简洁。

（2）代码第 2～4 行，设置画笔的移动速度、颜色和填充颜色。窗口的大小和位置没有设置，使用默认值。宽和高默认值分别为 400 和 300，位置默认为屏幕的中心。

（3）代码第 5～9 行，绘图与填充。注意：在绘图之前，需要调用 begin_fill()；绘图之后，需要调用 end_fill()。

（4）代码第 10 行，结束绘图。

例 7.3　绘制一个笑脸，如图 7-4 所示。

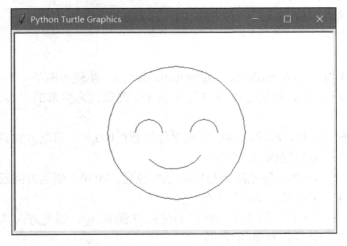

图 7-4　笑脸

源程序：

```
1    import turtle as t
2    t.setup(600,400)
3    t.pencolor("red")
4    t.speed(1)
5    #画脸的轮廓
6    t.penup()
7    t.goto(-100,0)
8    t.pendown()
9    t.seth(90)
10   t.circle(-100)
11   #画左眼
12   t.penup()
13   t.goto(-20,0)
14   t.pendown()
15   t.seth(90)
16   t.circle(20,180)
17   #画右眼
18   t.penup()
19   t.goto(60,0)
20   t.pendown()
21   t.seth(90)
22   t.circle(20,180)
23   #画嘴巴
```

```
24    t.penup()
25    t.goto(-40, -40)
26    t.pendown()
27    t.seth(-45)
28    t.circle(50,100)
29    t.hideturtle()
30    t.done()
```

代码分析：

（1）代码第 1 行，导入 turtle 库，并为 turtle 命名 t，使程序简洁。

（2）代码第 2~4 行，设置绘图窗口的大小（位置默认为屏幕的中心）、画笔的颜色和移动速度。

（3）代码第 6~10 行，画笔跳到指定的坐标位置(-100,0)，画笔方向设置为 90°，画笔向右（顺时针）画一个半径为 100 的圆。

（4）代码第 12~16 行，画笔跳到指定的坐标位置(-20,0)，画笔方向设置为 90°，画笔向左（逆时针）画一个半径为 20 的圆弧。

（5）代码第 18~22 行，画笔跳到指定的坐标位置(60,0)，画笔方向设置为 90°，画笔向左（逆时针）画一个半径为 20 的圆弧。

（6）代码第 24~28 行，画笔跳到指定的坐标位置(-40,-40)，画笔方向设置为-45°（315°），画笔向左（逆时针）画一个半径为 50 的圆弧。

（7）代码第 29~30 行，隐藏 turtle，即隐藏箭头，结束绘图。

例 7.4　绘制圆及其内接多边形，如图 7-5 所示。

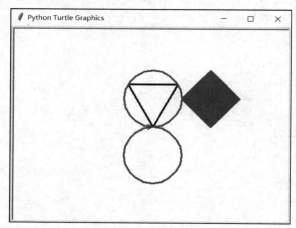

图 7-5　圆及其内接多边形

任务分析：

（1）以坐标原点为起点，用黑色画笔向左画一个半径为 50 的圆的内接三角形。

（2）以坐标(100,0)为起点，用红色画笔向左画一个半径为 50 的圆的内接矩形，并用红色填充。

（3）以坐标原点为起点，用红色画笔向左画一个半径为 50 的圆。

（4）以坐标原点为起点，用红色画笔向右画一个半径为 50 的圆。

源程序：

```
1    import turtle as t
2    t.setup(width=0.6, height=0.6)
3    t.pensize(3)
4    t.speed(2)
5    #画一个半径为 50 的圆的内接三角形
6    t.circle(50,steps=3)
7    #画笔跳至新位置
8    t.penup()
9    t.goto(100,0)
10   t.pendown()
11   #绘制一个半径为 50 的圆的内接矩形，并填充
12   t.begin_fill()
13   t.color("red")
14   t.circle(50,steps=4)
15   t.end_fill()
16   #画笔跳至坐标原点
17   t.penup()
18   t.home()
19   t.pendown()
20   t.circle(50)         #向左侧画一个圆
21   t.circle(-50)        #向右侧画一个圆
22   t.done()
```

代码分析：

（1）代码第 2～4 行，设置绘图窗口的大小（宽度值为小数表示绘图窗口占屏幕宽度的比例），设置画笔宽度和移动速度。

（2）代码第 6 行，以坐标原点为起点画一个半径为 50 的圆的内接三角形。使用 circle() 函数时注意以下几点：第一，坐标原点并不是圆心；第二，第一个参数为正数表示画笔向左（逆时针）移动，第一个参数为负数表示画笔向右（顺时针）移动；第三，参数 steps 指定内接多边形的边数。

（3）代码第 8～10 行，画笔跳至圆内接矩形的起点(100,0)，代码第 12～15 行，调用 circle()函数绘图。

（4）代码第 17～19 行，画笔跳至坐标原点并且箭头方向为 x 轴正方向（向东）。在本例中也可以使用 goto(0,0)实现同样的功能。

（5）代码第 20～21 行，以坐标原点为起点，沿逆时针方向画一个圆，再沿顺时针方向画一个圆。

例 7.5　绘制电子钟，如图 7-6 所示。

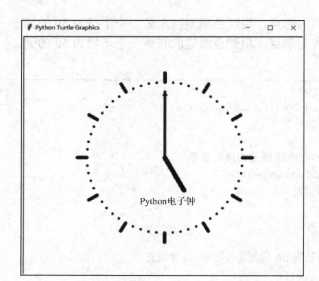

图 7-6　电子钟

任务分析：

（1）画表盘刻度。

（2）写文字。

（3）画时针。

（4）画分针。

源程序：

```
1   from turtle import *
2   #画笔跳到新的表盘刻度位置
3   def Skip(step):
4       penup()
5       forward(step)
6       pendown()
7   #画指定半径的带刻度的表盘
8   def SetupClock(radius):
9       #建立表的外框
10      reset()
11      pensize(7)
12      for i in range(60):
13          Skip(radius)
14          if i%5==0:
15              forward(20)              #画长刻度
16              Skip(-radius-20)         #后退至圆心
17          else:
18              dot(5)                   #画短刻度
19              Skip(-radius)            #后退至圆心
20          right(6)                     #右转 6°
```

```
21   #主函数
22   def main():
23       tracer(False)                    #使多个绘制对象同时显示
24       #画表盘刻度
25       SetupClock(160)
26       #写文字
27       penup()
28       goto(0,-100)
29       pendown()
30       write("Python 电子钟", align="center",font=("Times", 14, "bold"))
31       #画时针
32       penup()
33       home()
34       pendown()
35       right(60)
36       pensize(10)
37       forward(80)
38       #画分针
39       penup()
40       home()
41       pendown()
42       left(90)
43       pensize(5)
44       forward(140)
45       tracer(True)
46   #程序运行由此开始
47   if __name__ == "__main__":
48       main()
49       done()
```

代码分析：

（1）代码第 1 行，导入 turtle 库。用语句 "from 库名 import *" 导入某库的所有函数，程序中调用该库中的函数时不需要写库名。

（2）代码第 3～6 行，自定义函数，实现画笔跳到新表盘刻度位置的功能。考虑画表盘刻度时，需要频繁地让画笔跳至新的位置，为画刻度线做准备，例 7.5 中将此段代码封装为 Skip() 函数，以便画表盘时调用。

（3）代码第 8～20 行，自定义函数，画指定半径的带刻度的表盘。函数中，在循环的控制下逐一绘制刻度线。每个刻度线的绘制分 3 步：①调用自定义的 Skip() 函数将画笔定位到新位置；②调用 forward() 函数画刻度线；③调用 Skip() 函数回到坐标原点，即圆心。

（4）代码第 22～45 行，是该程序的主函数。在主函数中依次调用相应的函数，画表盘刻度、写文字、画时针、画分针。读者可以尝试将第 23 行变为注释，观察运行程序时的效果。

7.2　random 库

7.2.1　random 库常用函数

使用 random 库的主要目的是生成随机数。为了满足实际应用需求，random 库提供了不同类型的随机数函数，其中，最基本的函数是 random.random()，它生成一个[0.0, 1.0)区间的随机小数，所有其他随机函数都是基于这个函数扩展而来的。random 库的常用函数如表 7-4 所示。

表 7-4　random 库的常用函数

函数名称	函数功能
seed(a=None)	初始化随机数种子，参数 a 的默认值为当前系统时间
random()	返回一个[0.0, 1.0)区间的随机小数
randint(a,b)	返回一个[a,b]区间的随机整数
getrandbits(k)	返回一个 k 比特长度的随机整数
randrange(start,stop,step=1)	返回一个[start, stop)区间上以 step 为步长的随机整数
uniform(a,b)	返回一个[a,b]区间的随机小数
choice(seq)	从序列类型的对象 seq 中随机选取一个元素返回
shuffle(seq)	将序列类型对象 seq 中元素随机排列，返回打乱后的序列
sample(seq,k)	从序列类型的对象 seq 中随机选取 k 个元素，放入一个列表，并返回此列表

7.2.2　random 库应用

例 7.6　产生 10 个随机整数。

任务分析：

例 7.6 主要目的是比较 random.seed()设置不固定的种子与固定的种子对后续产生随机数结果的影响。程序实现产生两组随机整数，第一组随机数的种子不固定，第二组随机数的种子固定为 1。这样的结果是每次运行程序，第一组随机数不同，而第二组随机数相同。

源程序：

```
1   import random
2   random.seed()                  #以当前系统时间为种子
3   print("第一组随机数：",end="")
4   for i in range(10):
5       n=random.randint(1,100)
6       print(n,end=" ")
7   print("\n 第二组随机数：",end="")
8   random.seed(1)                 #种子固定为 1
9   for i in range(10):
10      n=random.randint(1,100)
11      print(n,end=" ")
```

程序结果 1：

  第一组随机数：83 56 74 93 67 59 59 36 71 43
  第二组随机数：18 73 98 9 33 16 64 98 58 61

程序结果 2：

  第一组随机数：46 73 77 77 38 12 2 25 45 25
  第二组随机数：18 73 98 9 33 16 64 98 58 61

代码分析：

（1）代码第 2～6 行，调用 random.seed()初始化随机数种子并产生 10 个[1,100]区间的随机整数。代码第 2 行的 random.seed()中没有设置参数的值，默认值为当前系统时间。也就是说，每次运行程序，系统时间不同，随机数种子也是不同的。所以，每次运行程序都会产生不同的随机整数。

（2）代码第 7～11 行，调用 random.seed()初始化随机数种子并产生 10 个[1,100]区间的随机整数。代码第 8 行的 random.seed(1)的参数值为 1，则每次运行程序时随机数种子均为 1，那么产生的这一组随机整数也会与上次运行程序时相同。

（3）读者可以多次运行本程序，注意比较每次运行的结果。

例 7.7 随机抽取字符。

任务分析：

例 7.7 调用 random 库中的函数 randint()、choice()、sample()，以 3 种不同的方式实现从"0123456789"中随机提取 6 个字符。请比较实现方式和运行结果。

源程序：

```
1   import random
2   s="0123456789"
3   #使用 random.randint()
4   c=""
5   random.seed(10)
6   for i in range(6):
7       t=random.randint(0,9)
8       c=c+s[t]
9   print(c)
10  #使用 random.choice()
11  c=""
12  random.seed(10)
13  for i in range(6):
14      c=c+random.choice(s)
15  print(c)
16  #使用 random.sample()
17  c=""
18  random.seed(10)
19  list_s=random.sample(s,6)
20  for i in list_s:
```

```
21        c=c+i
22   print(c)
```

程序结果：

```
906790
906790
906348
```

代码分析：

（1）代码第 4～9 行，首先调用 random.seed(10)初始化随机数种子，然后在循环的控制下调用 random.randint()产生 6 个[0,9]区间上的随机整数，以此整数为索引提取字符串 s 中的字符。这 6 个字符有可能出现重复的情况。

（2）代码第 11～15 行，首先调用 random.seed(10)初始化随机数种子，然后在循环的控制下调用 random.choice()随机提取字符串 s 中的字符，一次提取一个字符。这 6 个字符也有可能出现重复的情况。

（3）代码第 17～22 行，首先调用 random.seed(10)初始化随机数种子，然后调用 random.sample()一次性从字符串 s 中随机提取 6 个字符，这 6 个字符一定不重复。

例 7.8   随机抽取学生编号：60 个学生分别从 1 到 60 编号。随机选取 10 个学生检查作业，递增输出他们的编号。

任务分析：

例 7.8 隐含的条件是选择 10 个不同的人，因此用 sample()来随机选取是最简单的。

源程序：

```
1   import random
2   list_no=[]
3   list_no=random.sample(range(1,61),10)
4   list_no.sort()
5   print(list_no)
```

7.3   time 库

7.3.1   时间表达方式

处理时间是程序常用的功能之一，time 库是 Python 提供的处理时间的标准库。time 库提供系统级精确计时器的计时功能，可以用来分析程序性能，也可以让程序暂停运行一段时间。

在 Python 中，通常有以下几种方式来表示时间：

（1）时间戳（timestamp），即一个 float 类型的对象，表示从格林尼治时间 1970 年 1 月 1 日 00 分 00 秒（北京时间 1970 年 1 月 1 日 8 时 00 分 00 秒）到现在的总秒数。Python 中获取时间的常用方法是，先得到时间戳，再将其转换成实际需要的时间格式。

（2）元组 struct_time，即一个包含 9 个元素的元组，表达年、月、日、时、分、秒等日期时间信息。元组 struct_time 的属性如表 7-5 所示。

表 7-5　元组 struct_time 的属性

序号	属性	意义	值的范围
0	tm_year	4 位数年份	1970～
1	tm_mon	月	1～12
2	tm_mday	日	1～31
3	tm_hour	小时	0～23
4	tm_min	分钟	0～59
5	tm_sec	秒	0～61（60 或 61 是闰秒）
6	tm_wday	一周的第几日	0～6（0 是周日）
7	tm_yday	一年的第几日	1～366
8	tm_isdst	夏令时	1 表示夏令时，0 表示非夏令时

（3）格式化的时间字符串，即一个字符串，其按照某种规定的格式表达日期和时间信息，如"2018-01-26 12:55:20"。

7.3.2　time 库常用函数

1）时间获取函数

时间获取函数有以下 5 个。

（1）time.time()：获取当前时间，以时间戳形式返回。

（2）time.gmtime()：获取当前的世界标准时间，即格林尼治天文台时间，以元组 struct_time 形式返回。

（3）time.localtime()：获取当前时间对应的本地时间，以元组 struct_time 形式返回。

（4）time.ctime()：获取当前本地时间对应的字符串表示。

（5）time.asctime()：获取当前本地时间对应的字符串表示，与 time.ctime()相同。

例 7.9　获取不同表示形式的时间。

任务分析：

利用函数获取时间戳、世界标准时间的元组 struct_time 表示、本地时间的元组 struct_time 表示和本地时间的字符串表示。

源程序：

```
1   import time
2   print(time.time())              #时间戳
3   print(time.gmtime())            #世界标准时间的 struct_time
4   print(time.localtime())         #本地时间的 struct_time
5   print(time.ctime())             #本地时间的字符串
```

程序结果：

```
1560343475.582033
time.struct_time(tm_year=2019,tm_mon=6,tm_mday=12,tm_hour=12, tm_min=44, tm_sec=35, tm_wday=2, tm_yday=163, tm_isdst=0)
time.struct_time(tm_year=2019,tm_mon=6,tm_mday=12,tm_hour=20, tm_min=44, tm_sec=35, tm_wday=2, tm_yday=163, tm_isdst=0)
```

```
Wed Jun 12 20:44:35 2019
```

2）时间转换函数

时间转换函数用于在不同形式的时间表示之间进行转换。时间转换函数有以下 3 个。

（1）time.mktime(struct_time)：将元组 struct_time 表示的时间转换为时间戳表示。

（2）time.ctime(secs)：将时间戳表示的时间 secs 转换为字符串表示。

（3）time.asctime(struct_time)：将元组表示的时间转换为字符串表示。

例 7.10　时间转换。

任务分析：

将本地时间在元组、时间戳、字符串等不同表示形式之间进行转换。

源程序：

```
1    import time
2    t1=time.localtime()          #获取本地时间的元组 struct_time
3    print(t1)
4    t2=time.mktime(t1)           #将元组表示的时间转换为时间戳
5    print(t2)
6    t3=time.ctime(t2)            #将时间戳表示的时间转换为字符串
7    print(t3)
8    t4=time.asctime(t1)          #将元组表示的时间转换为字符串
9    print(t4)
```

程序结果：

```
time.struct_time(tm_year=2019,tm_mon=6,tm_mday=12,tm_hour=21,tm_min=
40, tm_sec=18, tm_wday=2, tm_yday=163, tm_isdst=0)
1560346818.0
Wed Jun 12 21:40:18 2019
```

3）时间格式化函数

时间格式化函数用于格式字符串时间表示与元组 struct_time 时间之间的相互转换。格式化字符表如表 7-6 所示。时间格式化函数有以下两个。

（1）time.strftime(formatstr, struct_time)：将元组 struct_time 表示的时间转换为用 formatstr 参数指定格式的字符串。

（2）time.strptime (time_string, formatstr)：用于按 formatstr 指定的格式提取字符串 time_string 中的时间来生成 struct_time 对象。

表 7-6　格式化字符表

格式串	日期/时间	值的范围
%Y	年	0001～9999，如 1900
%m	月份	01～12，如 10
%B	完整月份名称	January～December，如 April
%b	月名缩写	Jan～Dec，如 Apr
%d	日期	01～31，如 25
%A	星期	Monday～Sunday，如 Wednesday

续表

格式串	日期/时间	值的范围
%a	星期缩写	Mon～Sun，如 Wed
%H	小时（24 小时制）	00～23，如 12
%I	小时（24 小时制）	01～12，如 7
%p	上/下午	AM/PM，如 PM
%M	分钟	00～59，如 26
%S	秒	00～59，如 26

例 7.11　时间格式化。

任务分析：

（1）获取系统的当前时间，以两种不同的时间格式输出。

（2）将包含时间信息的字符串转化为元组 struct_time 时间。

源程序：

```
1    import time
2    #元组 struct_time 按指定格式串输出
3    lctime=time.localtime()
4    print("当前时间: ",lctime)
5    print("第一种输出格式: ",time.strftime("%Y-%m-%d %H:%M:%S", lctime))
6    print("第二种输出格式: ",time.strftime("%a %b %d %H:%M:%S %Y", lctime))
7    #一定格式的字符串时间转换为元组 struct_time 时间
8    timeString="2018-01-26 12:55:20"
9    t1=time.strptime(timeString, "%Y-%m-%d %H:%M:%S")
10   print("该字符串对应的 struct_time 为: ",t1)
```

程序结果：

当前时间：time.struct_time(tm_year=2019,tm_mon=6,tm_mday=12,tm_hour=23, tm_min=26, tm_sec=22, tm_wday=2, tm_yday=163, tm_isdst=0)

第一种输出格式：2019-06-12 23:26:22

第二种输出格式：Wed Jun 12 23:26:22 2019

该字符串对应的 struct_time 为：time.struct_time(tm_year=2018, tm_mon=1, tm_mday=26,tm_hour=12,tm_min=55,tm_sec=20,tm_wday=4,tm_yday=26,tm_isdst=-1)

4）计时相关函数

常用的计时相关函数有以下 3 个。

（1）time.sleep(secs)：让程序休眠一段时间，即推迟指定的时间运行程序，单位为秒。

（2）time.perf_counter()：返回计时器的精准时间（系统的运行时间），包含整个系统的睡眠时间。返回值的基准点是未定义的，所以只有连续调用计算结果之差时才是有效的。

（3）time.process_time()：返回当前进程执行 CPU 的时间总和，不包含睡眠时间。返回值的基准点是未定义的，所以只有连续调用计算结果之差时才是有效的。

例 7.12　倒计时：输入一个秒数，倒计时为 0 时，输出提示"时间到"。

任务分析：

例 7.12 实际上就是每隔 1 秒，秒数减 1 并输出当前秒数。time.sleep(1)可以让程序暂停运行 1 秒，即达到"每隔 1 秒"的效果。

源程序：

```
1    import time
2    n=int(input("请输入一个正整数:"))
3    while n!=0:
4        print(n)
5        n=n-1
6        time.sleep(1)
7    print("时间到")
```

例 7.13 小闹钟：请设置好闹钟时间（24 小时制），到时间提醒"时间到"。

任务分析：

例 7.13 实现计时的原理与例 7.12 一样，只是在计时过程中还需要获取本地系统时间的时、分、秒 3 个部分。

源程序：

```
1    import time
2    h,m,s=eval(input("请输入 3 个正整数分别代表小时、分钟和秒(以逗号为分隔符):"))
3    while True:
4        t=time.localtime()
5        th=t[3]
6        tm=t[4]
7        ts=t[5]
8        print(th,tm,ts)
9        if h==th and m==tm and s==ts:
10           break
11       time.sleep(1)
12   print("时间到")
```

代码分析：

（1）代码第 2 行，获取定时的小时、分钟、秒 3 个整数赋值给 h、m、s。注意：输入时，3 个整数之间以英文逗号隔开。

（2）代码第 3～11 行，在循环的控制下，每隔 1 秒调用 time.localtime()获取当前的本地时间元组 stuct_time。其中，代码第 5～10 行，从元组 stuct_time 结构中获取小时、分钟、秒的内容，并与定时的小时、分钟、秒分别进行比较。

例 7.14 获取程序的执行时间：计算一个求 100000 的阶乘的程序在 CPU 上的执行时间。

任务分析：

在程序执行求阶乘的任务前后分别获取 CPU 的时间，求两个时间之差即可得到求阶乘的代码在 CPU 上执行的时间。

源程序：

```
1    import time
2    t0=time.process_time()
```

```
3    c=1
4    for i in range(1,100000):
5        c*=i
6    t1=time.process_time()
7    print(t1-t0,"秒")
```

代码分析：

代码第 3～5 行，实现求 100000 的阶乘。代码第 2 行和第 6 行，分别在求阶乘之前和之后调用 time.process_time()获取当前的 CPU 时间。代码第 7 行，求两个时间之差，即为程序在 CPU 上实际运行的时间。

本 章 小 结

本章重点介绍 Python 中常用的 3 个内部标准库。基于 turtle 库的绘图原理直观、简单易学。本章主要介绍绘图原理、基本概念、turtle 库中的绘图函数及其应用。在程序设计过程中，经常需要产生随机数。为满足用户需求，random 库提供了不同功能的随机数产生函数。本章介绍了几种常用的函数，并通过比较分析了它们的异同，从而让读者更好地了解这些函数的使用场合。处理时间是程序常用的功能之一，time 库是 Python 提供的处理时间的标准库。本章主要介绍了时间的不同表示方式、不同表示方式之间的转换与时间的格式化，以及获取时间、在程序中实现实用计时功能的方法。

第 8 章 科 学 计 算

🖱 学习要点

1. 掌握 numpy 和 matplotlib 库的应用方法。
2. 掌握 Python 中科学计算的综合运用方法。

一般的计算工具难以满足现代科学、工程等处理复杂数据的需求,科学计算则是利用计算机来解决大量较为复杂的数学计算问题。

Python 提供了 numpy(数学计算基础库)、matplotlib(绘图库)、scipy(数值计算库)、pandas(表格或数据帧处理)等各种扩展计算库来帮助设计者解决复杂数据的计算问题。本章仅介绍 numpy、matplotlib 两个常用库的相关知识。

8.1 numpy 库

8.1.1 numpy 库概述

numpy 是一个存储和处理多维数组、矩阵等的库,它提供了许多关于数组运算的数学函数供用户直接调用。

1. numpy 库的安装

(1)运行"cmd"命令,进入命令窗口。
(2)使用"pip"命令进行安装,在命令窗口中输入"pip install numpy"。

2. 数据类型

numpy 的数据类型包括整型、浮点型、复数型、布尔型等。表 8-1 列出了常用的数据类型。

表 8-1　常用的数据类型

类型		说明
整型	整数 int	int32 或 int64
	整数 int8	取值范围 -128～+127
	整数 int16	取值范围 -32768～+32767
	整数 int32	取值范围 -2^{31}～$+2^{31}-1$
	整数 int64	取值范围 -2^{63}～$+2^{63}-1$
	无符号整数 uint8	取值范围 0～255
	无符号整数 uint16	取值范围 0～65535
	无符号整数 uint32	取值范围 0～$2^{32}-1$
	无符号整数 uint64	取值范围 0～$2^{64}-1$

续表

类型		说明
浮点型	半精度浮点 float16	1 位符号位，5 位指数，10 位尾数
	单精度浮点 float32	1 位符号位，8 位指数，23 位尾数
	双精度浮点 float64 或 float	1 位符号位，11 位指数，52 位尾数
复数型	复数 complex64	由两个 32 位浮点表示实部和虚部
	复数 complex128 或 complex	由两个 64 位浮点表示实部和虚部
布尔型	布尔值 bool	值为 True 或 False

除表 8-1 介绍的常用数据类型外，用户如果需要查看其他支持的数据类型，可以在 IDLE 中执行下面两行语句进行查询。图 8-1 为查询 numpy 支持的数据类型。

```
from numpy import *
sctypeDict.keys()
```

```
>>> from numpy import *
>>> sctypeDict.keys()
dict_keys(['?', 0, 'byte', 'b', 1, 'ubyte', 'B', 2, 'short', 'h', 3, 'ushort', '
H', 4, 'i', 5, 'uint', 'I', 6, 'intp', 'p', 'uintp', 'P', 'long', 'l', 7, 'L', 8
, 'longlong', 'q', 9, 'ulonglong', 'Q', 10, 'half', 'e', 23, 'f', 11, 'double',
'd', 12, 'longdouble', 'g', 13, 'cfloat', 'F', 14, 'cdouble', 'D', 15, 'clongdou
ble', 'G', 16, 'O', 17, 'S', 18, 'unicode', 'U', 19, 'void', 'V', 20, 'M', 21, '
m', 22, 'bool8', 'Bool', 'b1', 'int32', 'Int32', 'i4', 'uint32', 'Uint32', 'u4',
 'float16', 'Float16', 'f2', 'float32', 'Float32', 'f4', 'float64', 'Float64', '
f8', 'complex64', 'Complex32', 'c8', 'complex128', 'Complex64', 'c16', 'object0'
, 'Object0', 'bytes0', 'Bytes0', 'str0', 'Str0', 'void0', 'Void0', 'datetime64',
 'Datetime64', 'M8', 'timedelta64', 'Timedelta64', 'm8', 'UInt32', 'int64', 'Int
64', 'i8', 'uint64', 'UInt64', 'u8', 'int16', 'Int16', 'i2', 'uint16', 'UInt16',
 'u2', 'int8', 'Int8', 'i1', 'uint8', 'UInt8', 'u1', 'complex_', 'int0', 'uint0'
, 'single', 'csingle', 'singlecomplex', 'float_', 'intc', 'uintc', 'int_', 'long
float', 'clongfloat', 'longcomplex', 'bool_', 'bytes_', 'string_', 'unicode_', '
object_', 'str_', 'int', 'float', 'complex', 'bool', 'object', 'str', 'bytes', '
a'])
>>>
```

图 8-1　查询 numpy 支持的数据类型

3. ndarry 对象

与 Python 标准类中一维数组 list 比较，ndarry 对象有 N 个维度，具有占用内存空间小、运行速度快等特点。另外，ndarry 数组中必须存放相同类型的元素，且每个元素在内存中都具有相同的存储大小。

ndarry 属性具体如下。

.T：转置矩阵。

.ndim：数组维数。

.shape：数组的维度，属性是行数和列数。

.size：数组元素的总数。

.dtype：数组元素的类型。

.itemsize：数组中每个元素的字节大小。

8.1.2　numpy 库应用

1. 创建数组

在创建数组前，必须加入引用 numpy 语句：

```
#引入 numpy 库，别名为 np
import numpy as np
```

1）array（创建数组）

格式：

```
array(object,dtype=None,copy=True,order='K',subok=False,ndmin=0)
```

具体参数说明如下。

object：为创建的数组。

dtype：数组类型，可选项。

copy：对象是否复制，可选项。

order：参数值为 C、F、K，其中，C 为按行排序，F 为按列排序，K 为按元素在内存中的出现顺序排序。

subok：默认为 False，返回的数组被强制为基类数组；若为 True，则返回子类。

ndmin：值为整型，返回最小维数。

例 8.1　用 array 创建 1~9 数组。

源程序：

```
1   import numpy as np
2   arr_1=np.array([1,2,3,4,5,6,7,8,9])
3   print(arr_1)
```

程序结果：

```
[1 2 3 4 5 6 7 8 9]
```

2）arange（创建数组）

格式：

```
arange([start,] stop[,step,], dtype=None)
```

具体参数说明如下。

start：起始值。

stop：终止值。

step：步长。

dtype：数组类型。

例 8.2　用 arange 创建一个 1~10 的奇数数组。

源程序：

```
1   import numpy as np
2   arr_2=np.arange(1,10,2)
3   print(arr_2)
```

程序结果：

```
[1 3 5 7 9]
```

3）zeros（创建全 0 数组）、ones（创建全 1 数组）

格式：

```
zeros(shape,dtype=float,order='C')
ones(shape,dtype=float,order='C')
```

具体参数说明如下。

shape：形状。

dtype：数组类型，可选项。

order：数组排序，C 表示按行排序，F 表示按列排序。

例 8.3　用 zeros 创建一个 2 行 6 列全 0 的数组。

源程序：

```
1  import numpy as np
2  arr_3=np.zeros((2,6))
3  print(arr_3)
```

程序结果：

```
[[0. 0. 0. 0. 0. 0.]
 [0. 0. 0. 0. 0. 0.]]
```

例 8.4　用 ones 创建一个 2 行 6 列全 1 的数组。

源程序：

```
1  import numpy as np
2  arr_4=np.ones((2,6))
3  print(arr_4)
```

程序结果：

```
[[1. 1. 1. 1. 1. 1.]
 [1. 1. 1. 1. 1. 1.]]
```

4）logspace（创建等比数列）

格式：

```
logspace(start,stop,num=50,endpoint=True,base=10.0,dtype=None,axis=0)
```

具体参数说明如下。

start：起始值，幂。

stop：终止值，幂。

num：数量。

endpoint：是否包括右边界点。

base：对数 log 的底数。

dtype：数组类型。

axis：轴。

例 8.5　用 logspace 创建一个等比数列。

源程序：

```
1    import numpy as np
2    #生成一个 10 个数，从 10 的 2 次方到 10 的 3 次方之间的等比数列
3    addr_5=np.logspace(2,3,num=10)
4    print(addr_5)
```

程序结果：

```
array([ 100.        ,  129.1549665 ,  166.81005372,  215.443469  ,
        278.25594022,  359.38136638,  464.15888336,  599.48425032,
        774.26368268, 1000.        ])
```

5）eye（创建对角线全 1 数组）

格式：

```
eye(N,M=None,k=0,dtype=<class 'float'>,order='C')
```

具体参数说明如下。

N：行数。

M：列数，可选项，默认为 None。

k：对角线索引，可选项，默认为 0。主对角线为正值时，表示上对角线；主对角线为负值时，表示下对角线。

dtype：数组类型。

order：排序，可选项。C 表示按行排序，F 表示按列排序。

例 8.6　用 eye 创建一个 4 行 4 列的对角线全 1 的数组。

源程序：

```
1    import numpy as np
2    ddr_6=ny.eye(4,4)
3    print(addr_6)
```

程序结果：

```
[[1. 0. 0. 0.]
 [0. 1. 0. 0.]
 [0. 0. 1. 0.]
 [0. 0. 0. 1.]]
```

6）diag（创建可自定义对角线值的数组）

格式：

```
diag(v,k=0)
```

具体参数说明如下。

v：数组。若为一维数组，返回对角线的值为一维数组的二维数组；若为二维数组，返回第 k 个对角线的副本。

k：第 k 个对角线，默认为 0，可选项。

例 8.7　用 diag 将一维数组 addr_7 转换成对角线值的二维数组 addr_8。

源程序：

```
1   import numpy as np
2   addr_7=np.arange(0,4)
3   addr_8=np.diag(addr_7)
4   print('addr_7:',addr_7)
5   print('addr_8:\n',addr_8)
```

程序结果：

```
addr_7: [0 1 2 3]
addr_8:
 [[0 0 0 0]
 [0 1 0 0]
 [0 0 2 0]
 [0 0 0 3]]
```

现实生活中数组的例子有很多，如 3×3 的魔方。魔方中的一面有 3 行 3 列（图 8-2），可以理解为一个二维数组：[[1,2,3], [4,5,6], [7,8,9]]。

1	2	3
4	5	6
7	8	9

图 8-2　3 行 3 列的魔方

例 8.8　创建一个二维数组。

源程序：

```
1   #导入 numpy 库，别名为 np
2   import numpy as np
3   #创建一个二维数组 n
4   n=np.array([[1,2,3],[4,5,6],[7,8,9]],dtype=int)
5   #输出数组 n 的维数，结果为 2
6   print(n.ndim)
7   #输出数组 n 的维度，结果为(3, 3)
8   print(n.shape)
9   #输出数组 n 元素的个数，结果为 9
10  print(n.size)
11  #输出数组 n 元素的类型，结果为 int32
12  print(n.dtype)
13  #输出数组 n 中每个元素的字节大小，结果为 4
14  print(n.itemsize)
15  #输出数组 n 的转置矩阵，结果[[1 4 7] [2 5 8] [3 6 9]]
16  print(n.T)
```

程序结果：

```
2
(3, 3)
9
```

```
int32
4
[[1 4 7]
[2 5 8]
[3 6 9]]
```

2. 数组处理

1）切片

与 Python 中列表的切片操作相似，数组切片操作可以使用 slice()函数，也可以通过":"分隔切片参数进行切片操作，其起始位置是 0～n 的索引。

例 8.9 二维数组切片实例。

源程序：

```
1  import numpy as np
2  addr_1 = np.array([[1,2,3],[4,5,6],[7,8,9]])
3  addr_2=slice(1,2)
4  print('addr_1:\n',addr_1[addr_2])
5  print('addr_1:\n',addr_1[1:]))
```

程序结果：

```
addr_1:
 [[4 5 6]]
addr_1:
 [[4 5 6]
 [7 8 9]]
```

2）字符串

numpy 中处理类型为字符型数组时，可以使用 Python 内置库中的标准字符串函数。

格式：

```
numpy.char.function()
```

例 8.10 字符串函数 split()处理数组实例。

源程序：

```
1  import numpy as np
2  print(np.char.split('www.python.org',sep='.'))
```

程序结果：

```
['www', 'python', 'org']
```

3）运算

（1）位运算。numpy 位运算除了可以使用&、|、^、~ 等位运算符外，还提供了表 8-2 中所示的位运算函数。

表8-2 numpy库位运算函数

函数	对应的运算
bitwise_and	位与操作
bitwise_or	位或操作
invert	按位取反
left_shift	左移运算
right_shift	右移运算

例 8.11 位运算函数实例。

源程序：

```
1   import numpy as np
2   x1=np.arange(1,6)
3   x2=np.arange(6,11)
4   print('两个数组x1,x2',x1,x2)
5   print('数组x1和x2的位与运算: ',np.bitwise_and(x1,x2))
6   print('数组x1和x2的位或运算:',np.bitwise_or(x1,x2))
7   print('数组x1按位取反',np.invert(x1))
8   print('数组x1左移运算',np.left_shift(x1,1))
9   print('数组x2右移运算',np.right_shift(x2,1))
```

程序结果：

```
两个数组x1,x2 [1 2 3 4 5] [ 6  7  8  9 10]
数组x1和x2的位与运算: [0 2 0 0 0]
数组x1和x2的位或运算: [ 7  7 11 13 15]
数组x1按位取反 [-2 -3 -4 -5 -6]
数组x1左移运算 [ 2  4  6  8 10]
数组x2右移运算 [3 3 4 4 5]
```

（2）数学。除简单算术运算符+、−、×、÷、**、%等和比较运算符>、<、==、>=、<=、!=等外（比较运算符返回布尔数组），numpy库还提供了大量的运算函数，如三角函数、复数函数等。

表8-3列出了简单算术运算在numpy中对应的函数。

表8-3 简单算术运算在numpy中对应的函数

算术运算	函数	描述
加	add()	数组加法运算
减	subtract()	数组减法运算
乘	multiply()	数组乘法运算
除	divide()	数组除法运算
倒数	reciprocal()	取倒数运算
幂	power()	数组中的元素为底，power()函数中的参数为幂，进行运算
取余	mod()	数组间对应元素相除，取余

例 8.12 简单运算实例。

源程序：

```
1   import numpy as np
2   x1=np.arange(1,13).reshape(2,6)
3   print('x1:\n',x1)
4   print('x1+2:\n',x1+2)
5   print('x1-2:\n',x1-2)
6   print('x1*2:\n',x1*2)
7   print('x1/2:\n',x1/2)
```

程序结果：

```
x1:
 [[ 1  2  3  4  5  6]
 [ 7  8  9 10 11 12]]
x1+2:
 [[ 3  4  5  6  7  8]
 [ 9 10 11 12 13 14]]
x1-2:
 [[-1  0  1  2  3  4]
 [ 5  6  7  8  9 10]]
x1*2:
 [[ 2  4  6  8 10 12]
 [14 16 18 20 22 24]]
x1/2:
 [[0.5 1.  1.5 2.  2.5 3. ]
 [3.5 4.  4.5 5.  5.5 6. ]]
```

例 8.13 三角函数运算实例。

源程序：

```
1   import numpy as np
2   x1=np.arange(0,3)
3   print('x1: ',x1)
4   print('sin(x1)的运算结果: ',np.sin(x1))
5   print('cos(x1)的运算结果: ',np.cos(x1))
6   print('tan(x1)的运算结果: ',np.tan(x1))
```

程序结果：

```
x1: [0 1 2]
sin(x1)的运算结果: [0.         0.84147098 0.90929743]
cos(x1)的运算结果: [ 1.         0.54030231 -0.41614684]
tan(x1)的运算结果: [ 0.         1.55740772 -2.18503986]
```

例 8.14 复数排序实例。

源程序：

```
1   import numpy as np
```

```
2    x=np.array([])
3    for a in range(5):
4        x1=np.random.randint(10,50)
5        x2=np.random.randint(10,50)
6        c=complex(x1,x2)
7        x=np.append(x,c)
8    print('随机生成的复数数组x：',x)
9    print('复数排序：', np.sort_complex(x))
```

程序结果：

随机生成的复数数组x： [27.+48.j 29.+49.j 11.+44.j 28.+42.j 24.+19.j]
复数排序： [11.+44.j 24.+19.j 27.+48.j 28.+42.j 29.+49.j]

（3）统计。表 8-4 列出了几种常用的统计函数。

表 8-4 常用的统计函数

函数	描述
max()	求最大值
argmax()	求最大值的下标
amax()	沿指定轴的最大值
min()	求最小值
argmin()	求最小值的下标
amin()	沿指定轴的最小值
ptp()	数组中元素最大值与最小值的差（最大值-最小值）
sum()	计算元素之和
cumsum()	每个元素与它前一个元素累加之和，返回一个数组
prod()	计算元素之积
cunprod()	每个元素与它前一个元素累加之积，返回一个数组
std()	计算元素标准差
var()	计算元素的方差
mean()	计算元素的平均值
average()	依据另一个数组中各自权重计算数组元素的加权平均值
median()	计算元素的中位数
any()	判断是否存在为真的元素
all()	判断是否所有元素为真

例 8.15 统计函数应用实例。
源程序：

```
1    import numpy as np
2    x1=np.arange(0,12)
3    print('x1:',x1)
4    print('x1中的最大值:',np.max(x1))
5    print('x1中最大值下标:',np.argmax(x1))
6    print('x1中是否存在为真的元素:',np.any(x1))
```

```
7    print('x1中是否所有元素为真:',np.all(x1))
8    print('调用average(x1):',np.average(x1))
9    x2=np.arange(3,15)
10   print('调用average(x1,weights=x2):',np.average(x1,weights=x2))
```

程序结果：

```
x1: [ 0 1 2 3 4 5 6 7 8 9 10 11]
x1中的最大值: 11
x1中最大值下标: 11
x1中是否存在为真的元素: True
x1中是否所有元素为真: False
调用average(x1): 5.5
调用average(x1,weights=x2): 6.901960784313726
```

4）排序和筛选

numpy 中提供了许多排序和筛选的函数。表 8-5 中列出了常用的排序和筛选函数。

表 8-5　常用的排序和筛选函数

函数	描述
sort(a,axis=1,kind='quicksort',order=None)	返回排序后的数组
argsort(a,axis=-1,kind='quicksort',order=None)	返回对数组排序的索引值
lexsort()	将数组根据表格的形式按行或列排序，返回排序后的数组
msort(a)	数组按第一轴排序，返回排序后的数组
sort_complex(a)	按先实部再虚部对复数进行排序
partition(a,kth,axis=-1,kind='introselect',order=None)	按指定的值进行分区排序
argpartition(a,kth,axis=-1,kind='introselect',order=None)	按指定算法沿着参数轴对数组进行分区
where()	按满足给定条件的元素索引
extract(condition,arr)	按给定条件找出数组中元素，返回满足条件的元素

注：1. a 为数组。

2. axis 为沿着排序的轴，没有指定则数组沿着最后轴排序。

3. kind 为排序方式。sort()和 argsort()函数中 kind 参数默认为 quicksort，可从 quicksort（快速）、mergesort（混排）、heapsort（堆排）等算法中选择；partition()和 argpartition()函数中 kind 的参数默认为 introselect。

4. order 表示若数组中包含字段，值为要排序的字段。

例 8.16　某羊场上半年销售数据如表 8-6 所示。请根据表 8-6 中的数据统计月销量、上半年销量最好的羊栏，并画出羊只销售折线图。

表 8-6　羊场上半年销售数据

羊栏号	1月	2月	3月	4月	5月	6月
1	8	6	5	2	2	4
2	7	8	3	1	2	1
3	9	7	7	3	1	3
4	6	5	4	2	3	5
5	8	4	4	2	1	2
6	5	7	6	4	2	1

源程序：

```
1    import numpy as np
2    #将表中的数据存入数组
3    arr_1=np.array([[8,6,5,2,2,4],[7,8,3,1,2,1],[9,7,7,3,1,3],[6,5,4,2,
     3,5],[8,4,4,2,1,2],[5,7,6,4,2,1]])
4    #计算数组中每组数据对应位置的最大值，并依次存入arr_2数组
5    arr_2=np.argmax(arr_1,axis=0)
6    #计算数组中每组数据对应位置的最大值下标，并依次存入arr_3数组
7    arr_3=np.amax(arr_1,axis=0)
8    #将数组中的每组数字进行求和计算，并存入arr_4数组
9    arr_4=np.array([np.sum(arr_1[0]),np.sum(arr_1[1]),np.sum(arr_1[2]),
                     np.sum(arr_1[3]),np.sum(arr_1[4]),np.sum(arr_1[5])])
10   #导入海龟图库
11   import turtle
12   turtle.penup()
13   turtle.goto(-180,-40)
14   m=-40
15   k=0
16   #循环找出月销量最好的羊栏
17   for a in range(6):
18       turtle.pendown()
19       turtle.color("black")
20       turtle.write(str(k+1)+'月销量最好的羊栏：'+str(arr_2[k]+1)+'号栏,数
     量：'+str(arr_3[k]))
21       turtle.penup()
22       m=m-20
23       k=k+1
24       turtle.goto(-180,m)
25       turtle.goto(-180,-160)
26       turtle.pendown()
27       turtle.color("purple")
28       turtle.write('上半年销量最好的羊栏：'+str(np.argmax(arr_4)+1)+'号栏,
     数量：'+str(np.amax(arr_4)))
29       turtle.penup()
30       turtle.goto(-180,0)
31       turtle.pendown()
32       turtle.color("black")
33       turtle.goto(180,0)
34       turtle.penup()
35       turtle.goto(-180,0)
36       turtle.pendown()
37       turtle.goto(-180,240)
38       turtle.penup()
39       turtle.color("red")
40       j=200
```

```
41        f=10
42    for a in range(11):
43        turtle.goto(-200,j-6)
44        turtle.pendown()
45        turtle.write(str(f)+'只')
46        turtle.penup()
47        turtle.goto(-180,j)
48        turtle.pendown()
49        turtle.dot(3)
50        turtle.penup()
51        turtle.goto(-180,j-20)
52        j=j-20
53        f=f-1
54    turtle.penup()
55    turtle.goto(-130,0)
56    j=-130
57    for a in range(6):
58        turtle.goto(j,-20)
59        turtle.pendown()
60        turtle.write(str(a+1)+'号栏')
61        turtle.penup()
62        turtle.goto(j,0)
63        turtle.pendown()
64        turtle.dot(3)
65        turtle.penup()
66        turtle.goto(j+50,0)
67        j=j+50
68    #自定义函数，画曲线
69    def func1(b,c,t):
70        turtle.penup()
71        turtle.color(c)
72        j=-130
73        for a in range(6):
74            turtle.goto(j,arr_1[a][b]*20)
75            turtle.pendown()
76            turtle.dot(5)
77            j=j+50
78        turtle.write(t)
79    #调用函数
80    for x in range(6):
81        if x==0:
82            color1="blue"
83            text1="1 月"
84            func1(x,color1,text1)
85        if x==1:
86            color1="red"
```

```
87          text1="2 月"
88          func1(x,color1,text1)
89      if x==2:
90          color1="green"
91          text1="3 月"
92          func1(x,color1,text1)
93      if x==3:
94          color1="orange"
95          text1="4 月"
96          func1(x,color1,text1)
97      if x==4:
98          color1="brown"
99          text1="5 月"
100         func1(x,color1,text1)
101     if x==5:
102         color1="purple"
103         text1="6 月"
104         func1(x,color1,text1)
105 turtle.penup()
106 turtle.goto(-80,260)
107 turtle.pendown()
108 turtle.write('羊只销售折线',font=12)
```

羊只销售折线及程序运行结果如图 8-3 所示。

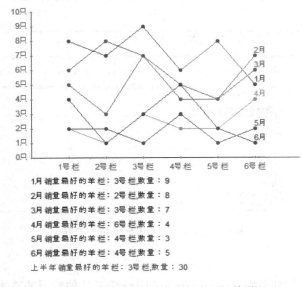

图 8-3　羊只销售折线及程序运行结果

8.2　matplotlib 库

8.2.1　matplotlib 库概述

matplotlib 是一个 Python 二维绘图库，它以各种硬复制格式和跨平台的交互环境生成出版物质量图。它旨在使简单的事情变得更容易，使难以实现的事情成为可能，用户只需几行代码就可以生成柱状图、功率谱、条形图、误差图、散点图等。

matplotlib 库的安装过程如下：

（1）运行"cmd"命令，进入命令窗口。

（2）使用"pip"命令进行安装，在命令窗口输入"pip install matplotlib"。

8.2.2　matplotlib 库应用

matplotlib 库中的所有内容都是按层次组织的，层次结构顶部是 matplotlib.pyplot 模块提供的 matplotlib 状态机环境，在这个级别上可以用简单的函数将线、图像、文本等绘图元素添加到当前轴。组成 matplotlib 库基本图表的元素包括含刻度的 x、y 轴坐标系，绘图区域，标签等。

pyplot 是命令样式函数的集合，其可以使 matplotlib 库像 MATLAB 一样工作。每个 pyplot 函数可以对图形进行一些更改，如创建图形、在图形中创建绘图区域、在绘图区域绘制一些线、用标签装饰绘图等。

在使用 pyplot 前，应在 IDLE 中输入引用语句：

```
import matplotlib.pyplot as plt
```

pyplot 中有许多函数供用户直接使用，在 IDLE 中可以直接在图 8-4 所示的下拉列表框中选择。

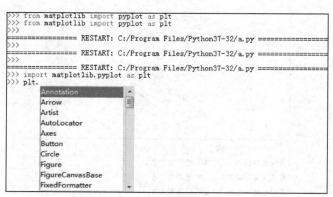

图 8-4　pyplot 中的函数下拉列表框

1. 常用函数

matplotlib.pyplot 中的函数有很多，表 8-7 中介绍了几种常用的基本绘图函数。

表 8-7　几种常用的基本绘图函数

函数	描述
annotate(s, xy, *args, **kwargs)	用文本 s 注释点 xy
axis(*args, **kwargs)	获取或设置某些轴属性的方便方法
bar(x, height[, width, bottom, align, data])	绘制条形图
barh(y, width[, height, left, align])	绘制水平条形图
figure([num, figsize, dpi, facecolor, …])	创建新图形
hist(x[, bins, range, density, weights, …])	绘制柱状图
legend(*args, **kwargs)	在轴上放置图例
pie(x[, explode, labels, colors, autopct, …])	绘制饼图
plot(*args[, scalex, scaley, data])	绘制 y 和 x 作为直线和/或标记
scatter(x, y[, s, c, marker, cmap, norm, …])	标记大小和/或颜色不同的 y 与 x 散点图
show(*args, **kw)	显示数字
stackplot(x, *args[, labels, colors, …])	绘制堆积面积图
subplots([nrows, ncols, sharex, sharey, …])	创建一个图形和一组子图
text(x, y, s[, fontdict, withdash])	将文本添加到轴
title(label[, fontdict, loc, pad])	为轴设置标题
xlabel(xlabel[, fontdict, labelpad])	设置 x 轴的标签
xticks([ticks, labels])	获取或设置 x 轴的当前刻度位置和标签
ylabel(ylabel[, fontdict, labelpad])	设置 y 轴的标签

2. 绘制图形

1）条形图

绘制条形图函数为 bar()。

格式：

```
bar(x, height[, width, bottom, align, data])
```

具体参数说明如下。

x：比例尺序列。

height：标量或标量序列。

width：宽度，可选项。

bottom：底部，可选项。

align：对齐，可选项。

例 8.17　根据某羊场上半年存栏量公羊、母羊分布情况表（表 8-8），绘制条形图。

表 8-8　某羊场上半年存栏量

月份	公羊/只	母羊/只
1 月	132	189
2 月	146	208

续表

月份	公羊/只	母羊/只
3 月	135	170
4 月	155	190
5 月	167	210
6 月	187	240

源程序：

```
1    import numpy as np
2    #导入 matplotlib 库
3    import matplotlib
4    import matplotlib.pyplot as plt
5    #设置中文字体
6    matplotlib.rcParams['font.family']='SimHei'
7    matplotlib.rcParams['font.size']=15
8    #定义数组
9    x1=np.arange(1,7)
10   str1=['1 月','2 月','3 月','4 月','5 月','6 月']
11   y1=[132, 146, 135, 155, 167, 187]
12   y2=[189, 208, 170, 190, 210, 240]
13   #加入条形
14   plt.bar(x1, y1, 0.3,label='公羊',tick_label=str1)
15   plt.bar(x1+0.3, y2, 0.3,label='母羊')
16   #为条形图加上 y 轴的数值
17   for a, b in zip(x1, y1):
18       plt.text(a,   b+0.03,   '%.0f'%b,   ha='center',   va='bottom',
     fontsize=10)
19   for a, b in zip(x1, y2):
20       plt.text(a+0.3, b, '%.0f'%b, ha='center', va='bottom', fontsize=10)
21   #设置图表标题
22   plt.title('羊场上半年存栏量(只)')
23   #设置 x 轴 label
24   plt.xlabel('月份')
25   #设置 y 轴 label
26   plt.ylabel('数量')
27   #显示标签
28   plt.legend()
29   #显示图标
30   plt.show()
```

创建条形图结果如图 8-5 所示。

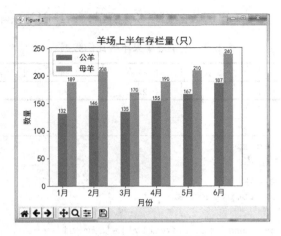

图 8-5　创建条形图结果

2）饼图

绘制饼图函数为 pie()。

格式：

```
pie(x,explode=None,labels=None,colors=None,autopct=None,pctdistance=
0.6,shadow=False,labeldistance=1.1,startangle=None,radius=None,counterclock=
True,wedgeprops=None,textprops=None,center=(0,0),frame=False,rotatelabels=
    False,*,data=None)
```

具体参数说明如下。

x：阵列，楔形尺寸。

explode：数组，可选项；如果赋值，则是一个 len(x)数组，用于指定偏移每个楔体的半径分数。

labels：列表，可选项。

colors：可选项。

autopct：可选项。

pctdistance：浮点数，可选项，默认值为 0.6。

shadow：布尔值，可选项，默认值为 False。

labeldistance：浮点数，可选参数，默认值为 1.1，表示饼图的直径。

startangle：浮点数，从 x 轴逆时针旋转饼图的起点角度，可选项。

radius：浮点数，可选项，表示饼图的半径，如果半径为无，将设置为 1。

counterclock：布尔值，可选项。默认值为 True，用于指定分数方向为顺时针或逆时针。

wedgeprops：字典，可选项，用于传递给制作饼图的楔形对象的参数字典。

textprops：字典，可选项。

center：可选项，默认值为(0,0)，表示图表的中心位置。

frame：布尔值，可选项，默认值为 False，如果为 True，则用图表绘制轴框架。

rotatelabels：布尔值，可选项，默认值为 False，如果为 True，则将每个标签旋转到相应切片的角度。

例 8.18 某羊场羊只年龄比例数据如表 8-9 所示，请绘制羊只年龄比例饼图。

表 8-9 某羊场羊只年龄比例数据表

年龄段	0～1 岁	1～2 岁	2～3 岁	3～4 岁	4～5 岁	5 岁以上
比例/%	10	16	22	20	24	8

源程序：

```
1   import numpy as np
2   #导入 matplotlib 库
3   import matplotlib
4   import matplotlib.pyplot as plt
5   #设置中文字体
6   matplotlib.rcParams['font.family']='SimHei'
7   matplotlib.rcParams['font.size']=15
8   #设置标签
9   label='0-1岁', '1-2岁', '2-3岁', '3-4岁', '4-5岁','5岁以上'
10  #设置数组数据
11  size=[10,16,22,20,24,8]    #占比，和为100
12  #设置每个区域颜色
13  color=['LightSalmon','LightSkyBlue','LightYellow','CornflowerBlue',
    'MediumVioletRed','DarkViolet']
14  #设置1岁以扇形的间距为0.1
15  explode=(0.1,0,0,0,0,0)
16  #使用 pie() 函数
17  plt.pie(size,labels=label,explode=explode,colors=color,autopct=
    '%1.1f%%', shadow=True,startangle=90)
18  plt.title('羊只年龄结构图')
19  plt.legend(loc=5,fontsize=8,bbox_to_anchor=(1.2,0.9),borderaxespad=
    0.1)
20  #显示饼图
21  plt.show()
```

创建饼图结果如图 8-6 所示。

3）散点图

绘制散点图函数为 scatter()。

格式：

```
scatter(x, y, s=None, c=None, marker=None, cmap=None, norm=None,
vmin=None, vmax=None, alpha=None, linewidths=None, verts=None,
edgecolors=None, *, plotnonfinite=False, data=None, **kwargs)
```

具体参数说明如下。

x、y：形如 shape[n,]数组。

s：标量或形如 shape[n,]数组，可选项默认 20。

c：颜色、顺序或颜色顺序，可选项。

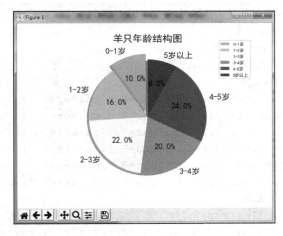

图 8-6　创建饼图结果

marker：标记样式，可选项。

cmap：colormap 实例，可选项。

norm：规范化，可选项。

vmin、vmax：标量，可选项。

alpha：标量，可选项，混合值介于 0（透明）和 1（不透明）之间。

linewidths：标记边缘的线条宽度。标量或类似数组，可选项。

edgecolors：标记的边缘颜色，无颜色或颜色序列，可选项。

plotnonfinite：布尔值，可选项，默认值为 False。

例 8.19　根据表 8-6 中的数据，绘制上半年羊栏销售情况散点图。

源程序：

```
1    import matplotlib
2    import numpy as np
3    import matplotlib.pyplot as plt
4    #设置中文字体
5    matplotlib.rcParams['font.family']='SimHei'
6    matplotlib.rcParams['font.size']=10
7    #将表中数据存入数组
8    arr_1=np.array([8,6,5,2,2,4])
9    arr_2=np.array([7,8,3,1,2,1])
10   arr_3=np.array([9,7,7,3,1,3])
11   arr_4=np.array([6,5,4,2,3,5])
12   arr_5=np.array([8,4,4,2,1,2])
13   arr_6=np.array([5,7,6,4,2,1])
14   arr=np.array(['1月', '2月','3月','4月','5月','6月'])
15   arr_l=np.array(['1号栏','2号栏','3号栏','4号栏','5号栏','6号栏'])
16   #设置画布尺寸
17   plt.figure(figsize=(8,4))
18   #设置标题
```

```
19   plt.title('上半年羊只销售情况',fontsize=15)
20   #设置 x 轴、y 轴 label
21   plt.xlabel('月份',fontsize=14)
22   plt.ylabel('销量(只)',fontsize=14)
23   #按数组数据绘制散点图
24   plt.scatter(arr,arr_1,s=50,alpha=0.8,marker='*')
25   plt.scatter(arr,arr_2,s=50,alpha=0.8,marker='^')
26   plt.scatter(arr,arr_3,s=50,alpha=0.8,marker='o')
27   plt.scatter(arr,arr_4,s=50,alpha=0.8,marker='p')
28   plt.scatter(arr,arr_5,s=50,alpha=0.8,marker='^')
29   plt.scatter(arr,arr_6,s=50,alpha=0.8,marker='8')
30   #给每个散点数加 label
31   for i in range(len(arr)):
32       plt.annotate(arr_1[i], xy=(i, arr_1[i]), xytext=(i+0.05,arr_1[i]+
     0.05))
33       plt.annotate(arr_2[i], xy=(i, arr_2[i]), xytext=(i+0.05,arr_2[i]+
     0.05))
34       plt.annotate(arr_3[i], xy=(i, arr_3[i]), xytext=(i+0.05,arr_3[i]+
     0.05))
35       plt.annotate(arr_4[i], xy=(i, arr_4[i]), xytext=(i+0.05,arr_4[i]+
     0.05))
36       plt.annotate(arr_5[i], xy=(i, arr_5[i]), xytext=(i+0.05,arr_5[i]+
     0.05))
37       plt.annotate(arr_6[i], xy=(i, arr_6[i]), xytext=(i+0.05,arr_6[i]+
     0.05))
38   plt.legend(arr_1)
39   #显示散点图
40   plt.show()
```

创建散点图结果如图 8-7 所示。

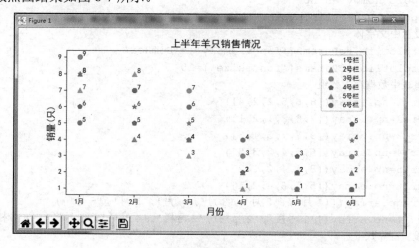

图 8-7 创建散点图结果

4）误差图

绘制误差图的函数为 errorbar()。

格式：

```
errorbar(x, y, yerr=None, xerr=None, fmt='', ecolor=None,
elinewidth=None, capsize=None, barsabove=False, lolims=False,
uplims=False, xlolims=False, xuplims=False, errorevery=1,
capthick=None, *, data=None, **kwargs)
```

具体参数说明如下。

x、y：标量或数组。

yerr、xerr：标量或数组，形如 shape(n,)或 shape(2,n)，可选项。

fmt：输出格式字符串，可选项。

ecolor：颜色，可选项。

elinewidth：标量，可选项。

capsize：标量，可选项。

barsabove：布尔值，可选项，默认值为 False。

lolims、uplims、xlolims、xuplims：布尔值，可选项。

errorevery：正整数，对误差条进行次采样。为可选项，默认值为 1。

capthick：标量，可选项。

例 8.20 绘制误差图。

源程序：

```
1   import matplotlib.pyplot as plt
2   import numpy as np
3   #生成数组
4   x=np.linspace(0,10,40)
5   #误差值
6   dy=0.3
7   y=np.sin(x)+dy*np.random.randn(40)
8   #生成误差图
9   plt.errorbar(x,y,yerr=dy,fmt='o',ecolor='y',color='r',elinewidth=2,
    capsize=3)
10  #显示图表
11  plt.show()
```

创建误差图结果如图 8-8 所示。

5）功率谱

绘制功率谱图的函数为 psd()。

格式：

```
psd(x, NFFT=None, Fs=None, Fc=None, detrend=None, window=None,
noverlap=None, pad_to=None, sides=None, scale_by_freq=None,
return_line=None, *, data=None, **kwargs)
```

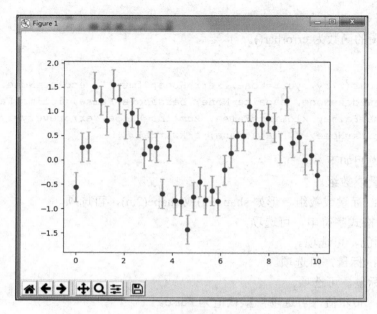

图 8-8　创建误差图结果

具体参数说明如下。

x：数组或序列。

NFFT：int 型，每个块用于 FFT 数据点的数目，可选项。

Fs：标量，采样频率，可选项。

Fc：int 型，中心频率，可选项。

detrend：有{'none', 'mean', 'linear'}3 个选项。

window：创建窗口向量。

noverlap：int 型，点段之间的重叠，可选项。

pad_to：int 型，执行 FFT（快速傅里叶变换）时填充数据段的点数，可选项。

sides：有{'default', 'onesided', 'twosided'}3 个选项，可选项。

scale_by_freq：返回频率值，可选项。

return_line：返回值中是否有线条，布尔值，可选项。

例 8.21　绘制功率谱图。

源程序：

```
1   import matplotlib.pyplot as plt
2   import numpy as np
3   import matplotlib.mlab as mlab
4   import matplotlib.gridspec as gridspec
5   #生成 0~10 之间间隔为 0.01 的数组
6   t=np.arange(0, 10, 0.1)
7   #np.random.randn()函数生成'len(t)'个符合标准正态分布的数
8   n=np.random.randn(len(t))
9   #正态分布值
```

```
10   n=np.convolve(n, np.exp(-t/0.05))*0.1
11   n1=n[:len(t)]
12   s=0.1*np.sin(2*np.pi*t)+n1
13   #生成功率谱
14   plt.psd(s,500,1/0.1)
15   plt.show()
```

创建功率谱图结果如图 8-9 所示。

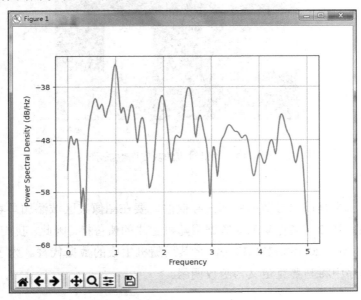

图 8-9 创建功率谱图结果

8.3 综 合 实 例

8.3.1 图像的显示

图像在计算机中存储实际是一个二维数组，如灰度图，图像的每个像素都是一个 0～255 的数值，如数组：

```
[[0, 20, 30, 150, 120],
[200, 200, 250, 70, 3],
[50, 180, 85, 40, 90],
[240, 100, 50, 255, 10],
[30, 0, 75, 190, 220]]
```

其对应的灰度图像显示如图 8-10 所示。

例 8.22 给图像添加马赛克。马赛克的原理：将图像选中区域的像素值用这个选中区域中的某一像素值或随机值替换。

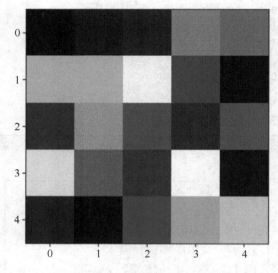

图 8-10　数组对应的灰度图像显示

任务分析：

图像在计算机中是以二维数据的形式存储的，要在图像某区域添加马赛克，实际是将图像中从某行某列开始到某行某列的数据用随机生成的值替换。因此，我们找到 login 图片中用户名所在区域：420:450,1120:1350，将其用随机生成的数据代替。为了保证马赛克程序的通用性，程序中将马赛克定义为函数调用。

源程序：

```
1    import numpy as np
2    import matplotlib.pyplot as plt
3    import matplotlib.image as mpimg
4
5    img=mpimg.imread("login.jpg")
6    (height,width,depth)=img.shape
7
8    plt.subplot(121)
9    plt.imshow(img)
10
11   def mosaic(selected_image,nsize=9):
12       rows,cols,depth=selected_image.shape
13       dist=selected_image.copy()
14       for y in range(0,rows,nsize):
15           for x in range(0,cols,nsize):
16               dist[y:y+nsize,x:x+nsize]=(np.random.randint(0,255))
17       return dist
18
19   #使用 numpy 中的数组切片的方式截取载入图片上的用户名部分
20   roiImg=img[420:450,1120:1350]
```

```
21    result=mosaic(roiImg)
22    #用随机值替换指定区域
23    mosaicimg=img.copy()
24    mosaicimg[420:450,1120:1350]=result
25
26    plt.subplot(122)
27    plt.imshow(mosaicimg)
28
29    plt.show()
```

例 8.22 程序运行结果如图 8-11 所示。

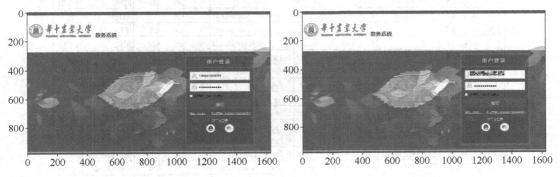

图 8-11   例 8.22 程序运行结果

8.3.2   天气预报图

例 8.23   农业中，天气对种植影响较大。本例中根据 Excel 表格文件中的 4 个一线城市 7 天的天气预报数据（字段中图标存储"天气图片"文件的实际路径），绘制出天气预报图，对农业生产起到指导作用。

任务分析：

天气预报主要通过气温、湿度、风向和风速等数据来确定未来空气变化。随着现代化高科技的发展，利用卫星摄取的云图照片进行分析大大提高了天气预报的准确率。根据题目的要求，该程序可以使用 numpy 和 matplotlib 库相结合来设计，具体思路如下：

（1）先安装所需的 xlrd 库，用来读取 Excel 表中的数据（图 8-12）。

（2）将表格中的数据按城市分类，存储到多维数组 tables 中。

（3）利用 matplotlib 创建一个带 4 个子图（subplot）的图形。每个子图显示一个城市天气预报的相关数据。

（4）读取数组中的日期、天气、高温、低温、风力、风向、图标等数据，并将它们添加到各子图中。

城市	日期	天气	图标一	图标二	空气质量	高温	低温	风向	风力
北京	6月15日	多云转雷阵雨	f:/python/duoyun.gif	f:/python/rzy.gif	优	32	19	东南风	3-4级
北京	6月16日	雷阵雨转多云	f:/python/rzy.gif	f:/python/duoyun.gif	良	25	18	东南风	3级
北京	6月17日	多云	f:/python/duoyun.gif	f:/python/duoyun.gif	中	29	20	东南风	3级
北京	6月18日	阴转多云	f:/python/ying.gif	f:/python/duoyun.gif	良	30	19	东南风	3-4级
北京	6月19日	多云转晴	f:/python/duoyun.gif	f:/python/qing.gif	中	32	20	南风	3级
北京	6月20日	晴转多云	f:/python/qing.gif	f:/python/duoyun.gif	中	33	20	西南风	3级
北京	6月21日	多云	f:/python/duoyun.gif	f:/python/duoyun.gif	中	34	20	东南风	3级
上海	6月15日	晴转多云	f:/python/qing.gif	f:/python/duoyun.gif	中	32	23	东南风	3级
上海	6月16日	多云	f:/python/duoyun.gif	f:/python/duoyun.gif	中	32	24	东南风	3级
上海	6月17日	多云转小雨	f:/python/duoyun.gif	f:/python/xiaoyu.gif	优	28	23	东南风	3级
上海	6月18日	大雨转中雨	f:/python/dayu.gif	f:/python/zhongyu.gif	良	26	22	南风	4-5级
上海	6月19日	小雨转多云	f:/python/xiaoyu.gif	f:/python/duoyun.gif	良	26	23	东北风	3级
上海	6月20日	多云	f:/python/duoyun.gif	f:/python/duoyun.gif	良	28	22	东风	3-4级
上海	6月21日	多云	f:/python/duoyun.gif	f:/python/duoyun.gif	良	29	23	东风	4-5级
广州	6月15日	多云转雷阵雨	f:/python/duoyun.gif	f:/python/rzy.gif	良	34	24	无持续向风	3级
广州	6月16日	中雨	f:/python/zhongyu.gif	f:/python/zhongyu.gif	良	31	25	东风	3-4级
广州	6月17日	雷阵雨	f:/python/rzy.gif	f:/python/rzy.gif	良	31	26	无持续向风	3级
广州	6月18日	晴转多云	f:/python/qing.gif	f:/python/duoyun.gif	良	34	27	无持续向风	3级
广州	6月19日	多云转雷阵雨	f:/python/duoyun.gif	f:/python/rzy.gif	中	34	27	无持续向风	3级
广州	6月20日	雷阵雨	f:/python/rzy.gif	f:/python/rzy.gif	良	32	27	无持续向风	3级
广州	6月21日	雷阵雨	f:/python/rzy.gif	f:/python/rzy.gif	良	30	25	无持续向风	3级
深圳	6月15日	多云转雷阵雨	f:/python/duoyun.gif	f:/python/rzy.gif	中	32	25	无持续向风	3级
深圳	6月16日	雷阵雨转中雨	f:/python/rzy.gif	f:/python/zhongyu.gif	良	31	26	无持续向风	3-4级
深圳	6月17日	雷阵雨	f:/python/rzy.gif	f:/python/rzy.gif	良	31	26	无持续向风	3级
深圳	6月18日	雷阵雨转阵雨	f:/python/rzy.gif	f:/python/zhenyu.gif	良	31	27	无持续向风	3级
深圳	6月19日	阵雨转雷阵雨	f:/python/zhenyu.gif	f:/python/rzy.gif	良	32	27	无持续向风	3级
深圳	6月20日	雷阵雨	f:/python/rzy.gif	f:/python/rzy.gif	良	32	27	无持续向风	3级
深圳	6月21日	雷阵雨	f:/python/rzy.gif	f:/python/rzy.gif	良	30	25	无持续向风	3级

图 8-12　Excel 表中的数据

源程序：

```
1   import numpy as np
2   import matplotlib
3   import matplotlib.pyplot as plt
4   import matplotlib.image as mpimg
5   import xlrd
6   #设置中文字体,不设置此项,中文不能正确显示
7   matplotlib.rcParams['font.family']='STSong'
8   matplotlib.rcParams['font.size']=8
9   #定义表头存储数组
10  header_line=[]
11  #定义城市数组
12  read_tables1=[]
13  read_tables2=[]
14  read_tables3=[]
15  read_tables4=[]
16  #多维数组,引用数据时使用 tables[x][y][z]
17  tables=[]
```

```
18    #读到Excel表格"weather.xls"文件数据并保存到read_tables数组中
19    def loadexcel():
20        #打开文件
21        workbook=xlrd.open_workbook(r'f:/python/weather.xls')
22        #读第一个Sheet表
23        sheet=workbook.sheet_by_index(0)
24        #将表头数据存储到header_line数组中
25        header_line.append([sheet.cell_value(0,0),sheet.cell_value(0,1),
          sheet.cell_value(0,2), sheet.cell_value(0,3),sheet.cell_value
          (0,4),sheet.cell_value(0,5), sheet.cell_value(0,6),
          sheet.cell_value(0,7),sheet.cell_value(0,8),
          sheet.cell_value(0,9)])
26        #从第一行读数据,循环到最后一行
27        row=1
28        while row<sheet.nrows:
29            #将当前行数据存入数组arr_1
30            arr_1=[sheet.cell_value(row,0),sheet.cell_value(row,1),
              sheet.cell_value(row,2), sheet.cell_value(row,3),
              sheet.cell_value(row,4),sheet.cell_value(row,5),
              sheet.cell_value(row,6),sheet.cell_value(row,7),
              sheet.cell_value(row,8),sheet.cell_value(row,9)]
31            #将数组arr_1中的数据添加到数组read_tables中
32            if row<=7:
33                read_tables1.append(arr_1)
34            elif 7<row<=14:
35                read_tables2.append(arr_1)
36            elif 14<row<=21:
37                read_tables3.append(arr_1)
38            elif 21<row:
39                read_tables4.append(arr_1)
40            row+=1
41    #读取电子表格数据到数组tables中
42    loadexcel();
43    #添加各城市数组到tables,生成多维数组
44    tables.append(read_tables1)
45    tables.append(read_tables2)
46    tables.append(read_tables3)
47    tables.append(read_tables4)
48    #定义数组y
49    y1=[]
50    #自定义函数fun1,读取数组tables中数据,返回数组y1
51    def fun1(i,j):
52        y1=[int(tables[i][0][j]),int(tables[i][1][j]),
53            int(tables[i][2][j]),int(tables[i][3][j]),
54            int(tables[i][4][j]),int(tables[i][5][j]),
55            int(tables[i][6][j])]
```

```
56              return y1
57  #自定义函数 add_label，给图表加入温度数据的标签
58  def add_label(i):
59      for a,b in zip(x,y):
60          if i==1:
61              ax1.annotate('%s'%b+'℃',xy=(a,b),xytext=(0,0),
62                  textcoords='offset points')
63          elif i==2:
64              ax2.annotate('%s'%b+'℃',xy=(a,b),xytext=(0,0),
65                  textcoords='offset points')
66          elif i==3:
67              ax3.annotate('%s'%b+'℃',xy=(a,b),xytext=(0,0),
68                  textcoords='offset points')
69          elif i==4:
70              ax4.annotate('%s'%b+'℃',xy=(a,b),xytext=(0,0),
71                  textcoords='offset points')
72  #创建新图形，参数定义尺寸
73  fig=plt.figure(figsize=(15,6))
74  #创建 4 个子图形
75  ax1=plt.subplot(221)
76  ax2=plt.subplot(222)
77  ax3=plt.subplot(223)
78  ax4=plt.subplot(224)
79  x=np.arange(1,8)
80  x1=np.arange(1,8)
81  #创建变量
82  createvar=locals()
83  #定义 4 个子图的数轴、刻度、标签等
84  for idx in range(1,5):
85      createvar['ax'+str(idx)].set_xlim([0,7])
86      createvar['ax'+str(idx)].set_xticks([0,1,2,3,4,5,6,7,8])
87      createvar['ax'+str(idx)].set_ylim([0,7])
88      createvar['ax'+str(idx)].set_yticks([0,10,20,30,40])
89      createvar['ax'+str(idx)].set_xlabel('日期')
90      createvar['ax'+str(idx)].set_ylabel('温度')
91      createvar['ax'+str(idx)].plot(x1,fun1(idx-1,6))
92      createvar['ax'+str(idx)].plot(x1,fun1(idx-1,7))
93      createvar['ax'+str(idx)].set_title(tables[idx-1][0][0],
          loc='left')
94      #调用函数 fun1，直接获取"高温"数据
95      y=fun1(idx-1,6)
96      #调用函数 add_label，为高温数据标签
97      add_label(idx)
98      #调用函数 fun1，直接获取"低温"数据
99      y=fun1(idx-1,7)
100     #调用函数 add_label，为低温数据标签
```

```
101         add_label(idx)
102     i=0
103     #4 个子图加入风向和风力数据
104     while i<7:
105         for j in range(0,4):
106             createvar['ax'+str(j+1)].annotate(tables[j][i][9],xy=(i,8),
                    xytext=(i+1-0.01,1))
107             createvar['ax'+str(j+1)].annotate(tables[j][i][8],xy=(i,8),
                    xytext=(i+1-0.01,3))
108             createvar['ax'+str(j+1)].annotate(tables[j][i][2],xy=(i,2),
                    xytext=(i+1-0.01,10))
109             createvar['ax'+str(j+1)].annotate(tables[j][i][1],xy=(i,8),
                    xytext=(i+1-0.01,14))
110         i+=1
111     #自定义函数,读取数组天气所对应的图片
112     def load_gif(x_i,y_i,a,b,l):
113         j=k=0
114         for idx in range(a,b):
115             #图标定义 x、y 坐标的位置
116             if idx==12:
117                 x_i=0.575
118             if idx==19:
119                 x_i=0.15
120                 y_i=0.16
121             if idx==26:
122                 x_i=0.59
123             if idx==40:
124                 x_i=0.59
125             if idx==47:
126                 x_i=0.165
127                 y_i=0.16
128             if idx==54:
129                 x_i=0.575
130             #创建子图
131             createvar['ax'+str(idx)]=fig.add_axes([x_i,y_i,0.025,0.025])
132             #设定子图中 x 轴刻度和标签为空
133             createvar['ax'+str(idx)].set_xticks([])
134             #设定子图中 y 轴刻度和标签为空
135             createvar['ax'+str(idx)].set_yticks([])
136             if j==7:
137                 k+=1
138                 j=0
139                 createvar['ax'+str(idx)].imshow(mpimg.imread
                    (tables[k][j][l]))
140             else:
141                 createvar['ax'+str(idx)].imshow(mpimg.imread
```

```
              (tables[k][j][l]))
142           x_i+=0.045
143           j+=1
144    #调用 load_gif 函数,显示图标一的图片数据
145    load_gif(0.15,0.575,5,33,3)
146    #调用 load_gif 函数，显示图标二的图片数据
147    load_gif(0.165,0.575,33,61,4)
148    plt.show()
```

程序运行后的天气预报结果如图 8-13 所示。

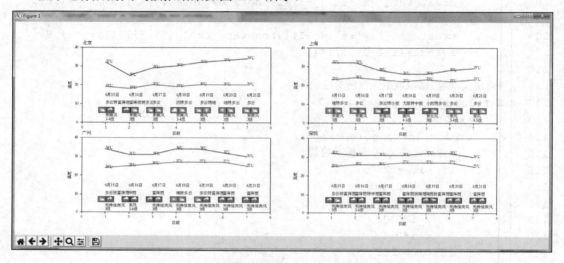

图 8-13　程序运行后的天气预报结果

8.3.3　羊只平均日增重

例 8.24　图 8-14 所示的 Excel 表格列出了每只羊在每个阶段月龄的体重（单位 kg）。

（1）请依据表格中的数据，计算羊只平均日增重，并绘制条形图。

（2）在湖羊早期生长曲线的拟合试验中，0.5 月龄体重（6.25±1.219）kg，1 月龄体重（9.4±1.887）kg，1.5 月龄体重（13.22±2.247）kg，2 月龄体重（15.58±2.868）kg，2.5 月龄体重（19.27±3.034）kg。请依据上述条件，计算每栏每阶段月龄羊只体重达标数，并绘制表格。

任务分析：

羊只日增重是指羊每日体重增加的重量。羊场饲养员会在特定月龄内完成对羊只体重监测、计算平均日增重等任务，以便了解羊只生长状况。通过月龄体重数据也可判断羊只体重是否达标。羊只平均日增重=（结测体重–始测体重）/测定天数；羊只在某月龄阶段体重大于标准体重则判定为达标。

（1）读取 Excel 表中的数据（图 8-14）到数组 sheeps 中。除原始表中体重的相关数据外，依次加入'0.5-1 月龄','1-1.5 月龄','1.5-2 月龄','2-2.5 月龄'4 列数据，如：0.5-1 月龄=（1月龄–0.5 月龄）/15（半月按 15 天计算）。

（2）利用 matplotlib 创建子图（subplot）条形图。计算公式：总平均日增重/羊只数量。

（3）利用 matplotlib 创建子图（subplot）表格。依据上述条件，按栏分类，统计各阶段月龄达标的羊只数量。例如，0.5 月龄体重为 6.35，结果为达标。

	A	B	C	D	E	F	G	H
1	羊栏	羊编号	性别	月龄0.5	月龄1	月龄1.5	月龄2	月龄2.5
2	1	Y001	公	6.15	9.51	14.42	16.57	20.23
3	1	Y002	公	6.37	9.51	12.52	16.73	23.00
4	1	Y003	公	6.18	9.45	13.98	16.58	22.01
5	1	Y004	公	6.22	9.33	12.81	17.81	22.08
6	1	Y005	公	6.33	9.44	14.37	16.20	21.02
7	1	Y006	公	6.50	9.24	15.09	17.32	21.58
8	1	Y007	公	6.18	9.59	13.25	17.28	21.56
9	1	Y008	公	6.17	9.34	11.11	16.37	20.23
10	1	Y009	公	6.34	9.46	13.14	16.76	19.30
11	2	Y010	母	6.15	9.39	13.41	16.85	19.54
12	2	Y011	母	6.32	9.30	14.21	16.49	20.24
13	2	Y012	母	6.18	9.43	11.70	16.59	20.26
14	2	Y013	母	6.23	9.56	14.79	16.81	20.36
15	2	Y014	母	6.25	9.31	14.74	16.52	19.58
16	2	Y015	母	6.14	9.54	15.23	16.89	19.38
17	2	Y016	母	6.26	9.36	12.88	15.45	19.64
18	2	Y017	母	6.34	9.21	14.44	16.72	19.99
19	2	Y018	母	6.26	9.53	11.00	16.84	20.17
20	3	Y019	母	6.27	9.33	14.79	16.60	21.06
21	3	Y020	母	6.18	9.40	12.52	16.10	20.12
22	3	Y021	母	6.32	9.57	13.56	16.20	21.60
23	3	Y022	母	6.24	9.29	14.74	16.33	20.20
24	3	Y023	母	6.39	9.51	12.24	16.60	21.23
25	3	Y024	母	6.14	9.47	15.40	15.40	21.58
26	3	Y025	母	6.29	9.45	12.62	16.68	21.38
27	3	Y026	母	6.22	9.48	13.50	16.61	19.13
28	3	Y027	母	6.19	9.32	12.58	17.49	21.30
29	4	Y028	公	6.25	9.48	11.96	16.58	19.41
30	4	Y029	公	6.35	9.38	14.15	16.61	19.30
31	4	Y030	公	6.21	9.28	13.46	16.74	19.23
32	4	Y031	公	6.13	9.34	14.76	16.89	19.24
33	4	Y032	公	6.30	9.35	15.02	17.01	20.00
34	4	Y033	公	6.15	9.41	15.36	17.03	21.05
35	4	Y034	公	6.21	9.41	13.36	16.56	20.22
36	4	Y035	公	6.40	9.99	13.38	16.58	21.33
37	4	Y036	公	6.32	9.60	13.48	16.90	21.46
38	4	Y037	公	6.29	9.24	13.80	17.42	21.69
39								

图 8-14 羊只体重表

源程序：

```
1    import sys
2    import numpy as np
3    #导入 matplotlib 库
4    import matplotlib
5    import matplotlib.pyplot as plt
6    #导入 xlrd
7    import xlrd
8    #定义表头存储数组
9    header_line=[]
10   sheeps=[]
11   #读到 Excel 表格 sheep.xls 文件数据并保存到 sheeps 数组中
12   def loadexcel():
13       # 打开文件
14       workbook = xlrd.open_workbook(r'sheep.xls')
15       #读第一个 sheet 表
16       sheet = workbook.sheet_by_index(0)
17       header_line.append([sheet.cell_value(0,0),sheet.cell_value(0,1),
                    sheet.cell_value(0,2),sheet.cell_value(0,3),
                    sheet.cell_value(0,4),sheet.cell_value(0,5),
                    sheet.cell_value(0,6),sheet.cell_value(0,7),
                    '0.5-1月龄','1-1.5月龄','1.5-2月龄','2-2.5月龄'])
18       #从第一行读数据，循环到最后一行
```

```
19      row=1
20      while row<sheet.nrows:
21          #将当前行数据存入到数组 arr_1,计算每只羊每个阶段的平均日增重,每个阶段为
15日
22          ADG1=format((sheet.cell_value(row,4)-sheet.cell_value(row,
3))/15,'.2f')
23          ADG2=format((sheet.cell_value(row,5)-sheet.cell_value(row,
4))/15,'.2f')
24          ADG3=format((sheet.cell_value(row,6)-sheet.cell_value(row,
5))/15,'.2f')
25          ADG4=format((sheet.cell_value(row,7)-sheet.cell_value(row,
6))/15,'.2f')
            arr_1=[sheet.cell_value(row,0),sheet.cell_value(row,1),
                sheet.cell_value(row,2),sheet.cell_value(row,3),
                sheet.cell_value(row,4),sheet.cell_value(row,5),
                sheet.cell_value(row,6),sheet.cell_value(row,7),
                ADG1,ADG2,ADG3,ADG4]
26          #将数组 arr_1 中的数据添加到数组
27          sheeps.append(arr_1)
28          row+=1
29  #读取电子表格数据到数组 sheeps 中
30  loadexcel();
31  #计算日增重之和
32  sadg1=0;sadg2=0;sadg3=0;sadg4=0;sadg5=0;sadg6=0;sadg7=0;sadg8=0;n=0
33  ;m=0
34  for idx in range(0,len(sheeps)):
35      if sheeps[idx][2]=='公':
36          sadg1=sadg1+float(sheeps[idx][8])
37          sadg2=sadg2+float(sheeps[idx][9])
38          sadg3=sadg3+float(sheeps[idx][10])
39          sadg4=sadg4+float(sheeps[idx][11])
40          n+=1
41      if sheeps[idx][2]=='母':
42          sadg5=sadg5+float(sheeps[idx][8])
43          sadg6=sadg6+float(sheeps[idx][9])
44          sadg7=sadg7+float(sheeps[idx][10])
45          sadg8=sadg8+float(sheeps[idx][11])
46          m+=1
47  #设置中文字体
48  matplotlib.rcParams['font.family']='SimHei'
49  matplotlib.rcParams['font.size']=13
50  str1=[header_line[0][8],header_line[0][9],header_line[0][10],
        header_line[0][11]]
51  #计算平均日增重
52  y1=[float(format(sadg1/n,'.2f')), float(format(sadg2/n,'.2f')),
    float(format(sadg3/n,'.2f')), float(format(sadg4/n,'.2f'))]
```

```
53    y2=[float(format(sadg5/m,'.2f')), float(format(sadg6/m,'.2f')),
          float(format(sadg7/m,'.2f')), float(format(sadg8/m,'.2f'))]
54    #创建图形，参数定义尺寸
55    fig=plt.figure(figsize=(10,7))
56    #子图形布局为 2 行 1 列。例如 211：2 行中的第 1 行第 1 列
57    plt1=plt.subplot(211)
58    #加入条形
59    plt1.bar(np.arange(len(str1)),list(y1),0.3,tick_label=y1,label='公羊')
60    plt1.bar(np.arange(len(str1))+0.3,list(y2),0.3,label='母羊')
61    plt.xticks(np.arange(len(str1)),list(str1))
62    #为条形图加上 y 轴的数值
63    for a, b in enumerate(y1):
64        plt1.text(a,b+0.005,'%.2f'%b+'kg',ha='center',        va='bottom',
      fontsize=10,color='blue')
65    for a, b in enumerate(y2):
66        plt1.text(a+0.3,b+0.005,'%.2f'%b+'kg',ha='center',    va='bottom',
      fontsize=10,color='orange')
67    #加入两条折线
68    plt1.plot(str1,y1,color='blue',marker='^',linestyle='--')
69    plt1.plot(str1,y2,color='orange',marker='^',linestyle='-.')
70    #设置图表标题
71    plt.title('羊只日均增重')
72    #设置 x 轴 label
73    plt.xlabel('月龄')
74    #设置 y 轴 label
75    plt.ylabel('重量(kg)')
76    #显示标签
77    plt1.legend()
78    #子图形 plt2
79    plt2=plt.subplot(212)
80    Rows=[]
81    #计算每月龄阶段达标羊只个数。达标条件：0.5 月龄 6.25kg,1 月龄 9.4kg,1.5 月龄
      13.22kg,2 月龄 15.58kg,2.5 月龄 19.27kg
82    def table_rows(a):
83        total=0;rows1=0;rows2=0;rows3=0;rows4=0;rows5=0;rows6=0
84        for idx in range(0,len(sheeps)):
85            if sheeps[idx][0]==a:
86                total+=1
87                if sheeps[idx][3]>=6.25:
88                    rows1+=1
89                if sheeps[idx][4]>=9.4:
90                    rows2+=1
91                if sheeps[idx][5]>=13.22:
92                    rows3+=1
93                if sheeps[idx][6]>=15.58:
94                    rows4+=1
```

```
95              if sheeps[idx][7]>=19.27:
96                  rows5+=1
97      tmp=[a,total,rows1,rows2,rows3,rows4,rows5]
98      Rows.append(tmp)
99  #调用函数，参数为栏号
100 table_rows(1)
101 table_rows(2)
102 table_rows(3)
103 table_rows(4)
104 #设置表标题
105 rowLabels=('栏号','羊总数','月龄0.5达标数','月龄1达标数','月龄1.5达标数',
    '月龄2达标数','月龄2.5达标数')
106 #表格数据、格式等参数设定
107 table=plt2.table(cellText=Rows,colLabels=rowLabels,cellLoc='center',
108 bbox=[0,0.3,1,0.5],colWidths=[0.05,0.05,0.1,0.1,0.1,0.1,0.1])
109 #关闭坐标轴
110 plt2.axis('off')
111 #显示图标
112 plt.show()
```

程序运行结果如图 8-15 所示。

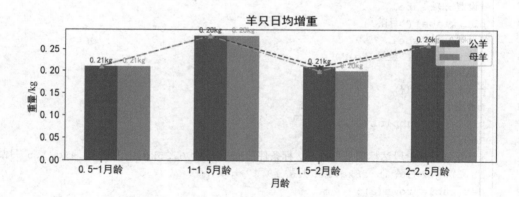

栏号	羊总数	月龄 0.5 达标数	月龄 1 达标数	月龄 1.5 达标数	月龄 2 达标数	月龄 2.5 达标数
1	9	4	6	5	9	9
2	9	5	4	6	8	9
3	9	4	6	5	8	8
4	10	6	5	9	10	8

图 8-15　运行效果图

本 章 小 结

    本章主要介绍了 numpy 库和 matplotlib 库的概述、基本函数和应用等知识，最后结合马赛克案例和天气预报图来帮助读者学习库在实际生活中的综合应用。读者完成本章的学习后，通过不断地实践与总结，可以编写更多实际的应用，开发适合自己的数据可视化模式，甚至进行动态的数据展示，完成某些数据分析工作。

第 9 章　网络爬虫开发

学习要点

1. 了解网络爬虫的概念及工作原理。
2. 掌握 urllib 库中 request 模块的使用方法。
3. 掌握 urllib 库中 parse 模块的使用方法。
4. 熟悉常见的网络异常，了解 urllib 库中 error 模块的使用方法。
5. 掌握 requests 库的使用方法。
6. 了解服务器返回的数据格式。
7. 熟悉网页的结构。
8. 掌握正则表达式的使用方法，会使用 re 模块解析网页数据。
9. 会使用 lxml 库解析网页数据。

9.1　网络爬虫概述

如果把互联网比作一张大网，那么网络爬虫（即爬虫，又称网页蜘蛛、网络机器人）便是在网上爬行的蜘蛛。爬虫爬到网的结点就相当于访问了互联网的页面，获取了该页面的信息。借助结点间的连线（相当于网页与网页之间的链接关系），爬虫便可以通过一个结点后，顺着结点连线继续爬行到达下一个结点，即通过一个网页继续获取后续的网页，这样整个网的结点便可以被爬虫全部爬行到，网站的数据就被抓取下来了。

简单来说，网络爬虫是一种按照一定的规则，自动地抓取万维网信息的程序或脚本。

9.1.1　获取网页

爬虫首先要做的工作就是获取网页，即获取网页的源代码。源代码中包含网页的部分有用信息，所以把源代码获取下来，就可以从中提取需要的信息了。

Python 提供了许多库来实现爬虫的这个操作，如 urllib、requests，它们可以完成 HTTP 请求操作，请求和响应都可以用类库提供的数据结构来表示，得到响应之后只需要解析数据结构中主体部分，即得到网页的源代码，提取需要的信息。

9.1.2　提取数据

获取网页源代码后，就要分析网页源代码，从中提取需要的数据。首先，通用的方法是采用正则表达式提取，但是在构造正则表达式时比较复杂且容易出错。另外，因为网页的结构有固定的规则，所以还有一些根据网页结点属性、CSS 选择器或 XPath 提取网页信息的库，如 BeautifulSoup、pyquery、lxml。使用这些库可以高效、快速地从中提取网页信息，如结点的属性、文本值等。

提取信息是爬虫非常重要的部分，它可以使杂乱的数据变得条理清晰，以便后续处理和分析数据。

9.1.3　保存数据

提取信息后，程序将数据保存到某处以便后续使用。这里保存形式多种多样，如可以简单保存为 TXT 文本或 JSON 文本，也可以保存到数据库或保存至远程服务器。

9.1.4　自动化程序

自动化程序是指爬虫可以代替人自动完成获取网页、提取数据和保存数据的操作。爬虫在抓取过程中还可以进行各种异常处理、错误重试等操作，确保爬取工作持续高效地运行。

9.2　Python 的网络请求

爬虫的最初操作是模拟浏览器向服务器发出请求，Python 提供了功能齐全的类库来完成这个操作。基础的 HTTP 库有 urllib、requests 等。通过 urllib 库可以将请求的链接、传递的参数、设置的可选的请求代入 urllib 库的请求函数，而不需要深入底层去了解 HTTP、TCP、IP 层的网络传输通信及服务器的响应和应答原理。

9.2.1　urllib 库的使用

urllib 库是 Python 中一个功能强大、用于操作 URL 的库，也是爬虫程序经常用到的库。在 Python 2.×中，分为 urllib 库和 urllib2 库，Python 3.×及之后的版本将所有功能合并到 urllib 库中，使用方法与 Python 2.×中稍有不同。本章介绍 Python 3 中的 urllib 库，它主要包含如下 4 个模块。

（1）request：基本的 HTTP 请求模块。该模块可以用来模拟发送请求。与在浏览器中输入网址类似，只需要为库方法传入 URL 及额外的参数，就可以模拟实现发送请求的过程。

（2）error：异常处理模块。如果出现请求错误，程序将捕获这些异常，然后进行重试或尝试其他操作以保证程序不会意外终止。

（3）parse：工具模块。该模块提供了许多 URL 处理方法，如拆分、解析、合并等。

（4）robotparser：主要用来识别网站的 robots.txt 文件，并判断哪些网站可以爬行，哪些网站不可以爬行，用得比较少。

这里重点介绍前 3 个模块。

1. 发送请求

使用 urllib 库的 request 模块，可以方便地实现发送请求并得到响应。

1）urlopen()方法

格式：

```
urllib.request.urlopen(url, data=None, [timeout, ]*, cafile=None,
capath=None, cadefault=False, context=None)
```

具体参数说明如下。

url：表示目标资源在网站中的位置，可以是一个表示 URL 地址的字符串，也可以是一个 urllib.request 对象。

data：用来指明向服务器发送请求的额外信息。HTTP 协议是 Python 支持的众多网络通信协议（如 HTTP、HTTPS、FTP 等）中唯一使用 data 参数的。也就是说，只有打开 http 网址时，data 参数才起作用。data 参数必须是一个字节对象，默认为 None，此时以 GET 方式发送请求。当用户设置了 data 参数时，发送请求的方法将改为 POST。

timeout：可选项，该参数用于设置超时时间，单位是秒。

cafile/capath/cadefault：用于实现可信任的 CA 证书的 HTTPS 请求，很少使用。

context：实现 SSL 加密传输，该参数也很少使用。

例 9.1　使用 urllib 库快速爬取一个网页。

源程序：

```
1    import urllib.request
2    #调用 urllib 库 request 模块的 urlopen()方法，并传入一个 URL 地址
3    response=urllib.request.urlopen('http://www.baidu.com')
4    #使用 read()方法读取获取的网页内容，并用 print()方法输出
5    print(response.read().decode('utf-8'))
```

爬取的网页结果如图 9-1 所示。

图 9-1　爬取的网页结果

代码分析：

上述代码使用 urllib 库 request 模块的 urlopen()方法快速爬取了一个网页，其中仅传入一个 URL 地址作为该方法的一个参数。

例 9.2　data 参数的使用。

任务分析:

例 9.2 通过 http://httpbin.org/网站(该网站可以作为练习使用 urllib 库的一个站点,可以模拟各种请求操作)演示 data 参数的使用。

源程序:

```
1    import urllib.request
2    import urllib.parse
3    data=bytes(urllib.parse.urlencode({'world':'hello'}), encoding=
     'utf-8')
4    response=urllib.request.urlopen('http://httpbin.org/post',
     data=data)
5    print(response.read())
```

程序结果:

```
b'{\n  "args": {}, \n  "data": "", \n  "files": {}, \n  "form": {\n
"world": "hello"\n  }, \n  "headers": {\n    "Accept-Encoding": "identity", \n
"Content-Length":"11", \n    "Content-Type": "application/x-www-form-urlencoded",
\n    "Host": "httpbin.org", \n    "User-Agent": "Python-urllib/3.7"\n  }, \n
"json": null, \n  "origin": "218.199.68.251, 218.199.68.251", \n  "url": "https:
//httpbin.org/post"\n}\n'
```

例 9.3　timeout 参数的使用。

任务分析:

例 9.3 通过 http://httpbin.org/网站演示 timeout 参数的使用。

源程序:

```
1    import urllib.request
2    response=urllib.request.urlopen('http://httpbin.org/get', timeout=1)
3    print(response.read())
```

程序结果:

```
b'{\n  "args": {}, \n  "headers": {\n    "Accept-Encoding": "identity",
\n    "Host": "httpbin.org", \n    "User-Agent": "Python-urllib/3.7"\n  }, \n
"origin":"218.199.68.251,218.199.68.251", \n  "url": "https://httpbin.org/get
"\n}\n'
```

2)Request 对象

格式:

```
urllib.request.Request(url, data=None, headers={},
origin_req_host=None, unverifiable=False, method=None)
```

具体参数说明如下。

data:默认为空,表示提交表单数据,同时 HTTP 请求方法将从默认的 GET 方式改为 POST 方式。

　　headers：默认为空，是一个字典类型，包含需要发送的 HTTP 报头的键值对。对于一些需要登录的网站，如果不是从浏览器发出的请求，是不能获得响应数据的。针对这种情况，需要将爬虫程序发出的请求伪装成一个从浏览器发出的请求。伪装浏览器需要自定义请求报头，也就是在发送 Request 请求时，加入特定的 Headers。

　　origin_req_host：默认为空，用来指定用户发起的原始请求主机名或 IP 地址。

　　unverifiable：默认为 False，用来说明请求是否无法验证。

　　method：用来指定请求方法，如 GET、POST 等。

　　当使用 urlopen()方法发送一个请求时，如果希望执行更为复杂的操作（如增加 HTTP 报头），则必须创建一个 Request 对象来作为 urlopen()方法的参数。下面同样以百度首页为例，演示如何使用 Request 对象爬取数据。

　　例 9.4　使用 Request 对象爬取数据。

　　源程序：

```
1    import urllib.request
2    #将 URL 作为 Request()方法的参数，构造并返回一个 Request 对象
3    request=urllib.request.Request('http://www.baidu.com')
4    #将 Request 对象作为 urlopen()方法的参数，发送给服务器并接收响应
5    response=urllib.request.urlopen(request)
6    #使用 read()方法读取获取到的网页内容，并使用 print()方法输出
7    print(response.read().decode('utf-8'))
```

　　代码分析：

　　上述代码的运行结果和例 9.1 是完全一样的，不同之处在于代码中间多了一个 Request 对象。在使用 urllib 库发送 URL 时，推荐使用构造 Request 对象的方法。

　　例 9.5　构造 Request 对象。

　　任务分析：

　　例 9.5 构造一个 Request 对象，并在构造 Request 对象时传入 data 和 headers 参数。

　　源程序：

```
1    import urllib.request
2    import urllib.parse
3    url='http://httpbin.org/post'
4    headers={
5        'User-Agent': 'Mozilla/5.0 (Windows NT 6.1; Win64; x64;) Chrome/65.
         0.3325.181', 'Host': 'httpbin.org'
6    }
7    dict_demo={'name': 'python'}
8    data=bytes(urllib.parse.urlencode(dict_demo), encoding='utf-8')
9    req=urllib.request.Request(url=url, data=data, headers=headers, method=
     'POST')
10   response=urllib.request.urlopen(req)
11   print(response.read().decode('utf-8'))
```

　　程序结果：

```
{
  "args": {},
  "data": "",
  "files": {},
  "form": {
    "name": "python"
  },
  "headers": {
    "Accept-Encoding": "identity",
    "Content-Length": "11",
    "Content-Type": "application/x-www-form-urlencoded",
    "Host": "httpbin.org",
    "User-Agent": "Mozilla/5.0 (Windows NT 6.1; Win64; x64;)
    Chrome/65.0.3325.181"
  },
  "json": null,
  "origin": "218.199.68.251, 218.199.68.251",
  "url": "https://httpbin.org/post"
}
```

代码分析：

例 9.5 中定义了一个包含 User-Agent 信息的字典，其含义是使用 Chrome 浏览器、设置操作系统为"Windows NT 6.1; Win64; x64;"。

2. 处理异常

当使用 urlopen()方法发送 HTTP 请求时，如果 urlopen()不能处理返回的响应内容，就会产生错误。这里将针对两个常见的异常（URLError 和 HTTPError）及它们的错误处理（使用 try…except 语句捕获相应的异常）进行介绍。

（1）URLError 异常和捕获。URLError 产生的原因主要有以下几种。

① 没有网络。

② 服务器连接失败。

③ 找不到指定的服务器。

例 9.6 URLError 异常和捕获。

源程序：

```
1   import urllib.request
2   import urllib.error
3   request=urllib.request.Request('http://www.yutube.com/')
4   try:
5       urllib.request.urlopen(request)
6   except urllib.error.URLError as err:
7       print(err)
```

程序结果：

```
<urlopen error [Errno 11001] getaddrinfo failed>
```

代码分析：

上述错误信息是 urlopen error，错误代码是 11001，内容是 getaddrinfo failed。发生错误的原因是没有找到指定的服务器。

（2）HTTPError 异常和捕获。每个服务器的 HTTP 响应都有一个响应码，某些响应码表示无法处理请求内容。如果无法处理，urlopen() 会抛出 HTTPError。HTTPError 是 URLError 的子类，它的对象拥有一个整型的 code 属性，表示服务器返回的错误代码。

例 9.7 HTTPError 异常和捕获。

源程序：

```
1  import urllib.request
2  import urllib.error
3  request=urllib.request.Request('https://www.python.org/111.html')
4  try:
5      urllib.request.urlopen(request)
6  except urllib.error.HTTPError as err:
7      print(err.code)
```

程序结果：

```
404
```

代码分析：

404 是错误代码，其含义是没有找到这个页面。不同的响应码代表的含义不同，如 100～200 的响应码代表访问成功，400～599 的响应码代表发生错误。

3. 解析链接

urllib 库中还提供了 parse 模块，它定义了处理 URL 的标准接口，如实现 URL 各部分的抽取、合并及链接转换。

（1）urlparse()。该方法可以实现 URL 的识别和分段。

格式：

```
urllib.parse.urlparse(urlstring, scheme='', allow_fragments=True)
```

具体参数说明如下。

urlstring：必填项，即待解析的 URL。

scheme：默认的协议（如 http、https 等）。如果这个链接没有带协议信息，将会以 scheme 指定的协议作为默认的协议；如果链接中带有协议信息，scheme 指定的协议无效。

allow_fragments：是否忽略 fragment。如果设置为 False，fragment 部分就会被忽略，链接会被解析为 path、parameters 或 query 的一部分，而 fragment 部分为空。

例 9.8 urlparse() 方法的应用。

源程序：

```
1  from urllib.parse import urlparse
```

```
2  result=urlparse("http://www.baidu.com/index.html;user?id=5#comment")
3  print(type(result), result)
```

程序结果：

<class 'urllib.parse.ParseResult'> ParseResult(scheme='http', netloc='www.baidu.com', path='/index.html', params='user', query='id=5', fragment='comment')

代码分析：

返回结果是一个 ParseResult 类型的对象，它包含 6 个部分，分别是 scheme、netloc、path、params、query、fragment，如图 9-2 所示。

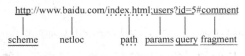

图 9-2　URL 的 6 个部分

从图 9-2 中可以得出一个标准的链接格式，具体如下：

scheme://netloc/path;params?query#fragment

一个标准的 URL 都会符合这个规则，使用 urlparse()方法可以将它拆分开。

（2）urlunparse()。该方法是 urlparse()的对立方法。它接收的参数是一个可迭代对象，长度必须是 6，否则会抛出参数数量不足或过多的问题。

例 9.9　urlunparse()方法的应用。

源程序：

```
1  from urllib.parse import urlunparse
2  data=['http', 'www.baidu.com', 'index.html', 'user', 'a=123', 'commit']
3  print(urlunparse(data))
```

程序结果：

http://www.baidu.com/index.html;user?a=123#commit

（3）urlsplit()。urlsplit()方法和 urlparse()方法非常相似，但它不再单独解析 params 部分，只传回一个结果。

例 9.10　urlsplit()方法的应用。

源程序：

```
1  from urllib.parse import urlsplit
2  result=urlsplit("http://www.baidu.com/index.html;user?id=5#comment")
3  print(result)
```

程序结果：

SplitResult(scheme='http', netloc='www.baidu.com', path='/index.html;user', query='id=5', fragment='comment')

代码分析：

　　返回结果是 SplitResult，它是一个元组类型，既可以用属性来获取值，又可以用索引来获取值。

　　（4）urlunsplit()。与 urlunparse()方法类似，它也是将链接各个部分组合成完整链接的方法，传入的参数也是一个可迭代对象，如列表、元组等，唯一的区别是长度必须为 5。

　　例 9.11　urlunsplit()方法的应用。

　　源程序：

```
1  from urllib.parse import urlunsplit
2  data=['http', 'www.baidu.com', 'index.html', 'a=123', 'commit']
3  print(urlunsplit(data))
```

　　程序结果：

```
http://www.baidu.com/index.html?a=123#commit
```

　　（5）urljoin()。在特定长度的对象链接的每一部分清晰分开的情况下，urlunparse()方法和 urlunsplit()方法可以完成链接的合并。

　　urljoin()方法是生成链接的另一种方法，该方法将提供的 base_url（基础链接）作为第一个参数，将新的链接作为第二个参数，分析 base_url 中的 scheme、netloc、path 在新链接中是否存在，从而决定使用新链接部分，还是对新链接缺失的部分进行补充。

　　例 9.12　urljoin()方法的应用。

　　源程序：

```
1  from urllib.parse import urljoin
2  print(urljoin('http://www.baidu.com', 'FAQ.html'))
3  print(urljoin('http://www.baidu.com', 'https://pythonsite.com/FAQ.html'))
4  print(urljoin('http://www.baidu.com/about.html',
   'https://pythonsite.com/FAQ.html'))
5  print(urljoin('http://www.baidu.com/about.html',
   'https://pythonsite.com/FAQ.html?question=2'))
6  print(urljoin('http://www.baidu.com?wd=abc',
   'https://pythonsite.com/index.php'))
7  print(urljoin('http://www.baidu.com', '?category=2#comment'))
8  print(urljoin('www.baidu.com', '?category=2#comment'))
9  print(urljoin('www.baidu.com#comment', '?category=2'))
```

　　程序结果：

```
http://www.baidu.com/FAQ.html
https://pythonsite.com/FAQ.html
https://pythonsite.com/FAQ.html
https://pythonsite.com/FAQ.html?question=2
https://pythonsite.com/index.php
http://www.baidu.com?category=2#comment
www.baidu.com?category=2#comment
www.baidu.com?category=2
```

　　代码分析：

base_url 提供了 scheme、netloc 和 path 3 项内容。如果这 3 项在新链接中不存在,则予以补充;如果这 3 项在新链接中存在,则使用新链接的部分,而 base_url 中的 params、query 和 fragment 并不起作用。

（6）urlencode()。urlencode()方法主要用于构造 GET 请求参数。

例 9.13 urlencode()方法的应用。

源程序:

```
1   from urllib.parse import urlencode
2   params={
3       'name': 'python',
4       'age': 20
5   }
6   base_url='http://www.baidu.com?'
7   url=base_url + urlencode(params)
8   print(url)
```

程序结果:

```
http://www.baidu.com?name=python&age=20
```

代码分析:

代码第 2 行声明了一个字典来存储参数,然后调用 urlencode()方法将其序列化为 GET 请求参数。通过运行结果可以看到,参数成功由字典类型转化为 GET 请求参数了。先用字典构造参数,然后调用 urlencode()方法将其转化为 URL 的参数是实际编程时常用的方法。

（7）parse_qs()。parse_qs()方法是与序列化对应的反序列化方法。它将一串 GET 请求参数转回字典。

例 9.14 parse_qs()方法的应用。

源程序:

```
1   from urllib.parse import parse_qs
2   query='name=python&age=20'
3   print(parse_qs(query))
```

程序结果:

```
{'age': ['20'], 'name': ['python']}
```

（8）parse_qsl()。parse_qsl()方法的功能是将参数转化为元组组成的列表。

例 9.15 parse_qsl()方法的应用。

源程序:

```
1   from urllib.parse import parse_qsl
2   query='name=python&age=20'
3   print(parse_qsl(query))
```

程序结果:

```
[('name', 'python'), ('age', '20')]
```

代码分析:

运行结果是一个列表，而列表中的每一个元素都是一个元组，元组的第一项内容是参数名，第二项内容是参数值。

（9）quote()。quote()方法可以将内容转化为 URL 编码的格式。URL 中带有中文参数时，可能会出现乱码，此时用这个方法可以将中文字符转化为 URL 编码。

例 9.16　quote()方法的应用。

源程序：

```
1    from urllib.parse import quote
2    keyword='爬虫'
3    url='https://www.baidu.com/s?wd=' + quote(keyword)
4    print(url)
```

程序结果：

```
https://www.baidu.com/s?wd=%E7%88%AC%E8%99%AB
```

（10）unquote()。unquote()方法是与 quote()方法对应的方法，可以进行 URL 解码。

例 9.17　unquote()方法的应用。

源程序：

```
1    from urllib.parse import unquote
2    url='https://www.baidu.com/s?wd=%E7%88%AC%E8%99%AB'
3    print(unquote(url))
```

程序结果：

```
https://www.baidu.com/s?wd=爬虫
```

代码分析：

通过对比例 9.16 的运行结果，利用 unquote()方法可以非常方便地实现解码。

9.2.2　requests 库的使用

1．requests 库概述

requests 库是基于 Python 开发的 HTTP 库。与 urllib 标准库相比，它不仅使用方便，还能节省大量的工作。实际上，requests 库是在 urllib 标准库的基础上进行了高度封装，它不仅继承了 urllib 标准库的所有特性，还支持其他特性，如使用 Cookie 保持会话、自动确定响应内容的编码等。使用 requests 库可以轻松地完成浏览器的任何操作。

requests 库中提供了如下常用的类。

（1）requests.Request：表示请求对象，用于将请求发送到服务器。

（2）requests.Response：表示响应对象，其中包含服务器对 HTTP 请求的响应。

（3）requests.Session：表示请求会话，提供 Cookie 持久性、连接池和配置。

其中，Request 类的对象表示一个请求，它的生命周期针对一个客户端请求，一旦请求发送完毕，该请求包含的内容就会被释放。Session 类的对象可以跨越多个页面，它的生命周期同样针对一个客户端。当关闭这个客户端的浏览器时，只要在预先设置的会话周期内（一般是 20～30min），这个会话包含的内容就会一直存在，不会马上释放。例如，用户登录某个网站时，可以在多个 IE 窗口发出多个请求。

2. requests 库的应用

requests 库不仅能够重复地读取返回的数据，还能自动确定响应内容的编码。下面分别使用 urllib 库和 requests 库爬取百度网站中"爬虫"关键字的搜索结果网页。

例 9.18 使用 urllib 库和 requests 库爬取百度网站中"爬虫"关键字的搜索结果网页。

首先，使用 urllib 库爬取百度网站中"爬虫"关键字的搜索结果网页。

源程序：

```
1    #导入请求和解析模块
2    import urllib.request
3    import urllib.parse
4    #请求的 URL 路径和查询参数
5    url="https://www.baidu.com/s"
6    keyword={"wd": "爬虫"}
7    #转换成 URL 编码格式（字符串）
8    keyword=urllib.parse.urlencode(keyword)
9    #拼接完整的 URL 路径
10   new_url=url+"?"+keyword
11   #请求报头
12   headers={'User-Agent': 'Mozilla/5.0 (Windows NT 6.1; Win64; x64;)
     Chrome/65.0.3325.181'}
13   #根据 URL 和 headers 构建请求
14   request=urllib.request.Request(new_url, headers=headers)
15   #发送请求，并接收服务器返回的文件对象
16   response=urllib.request.urlopen(request)
17   #使用 read()方法读取获取的网页内容,使用 UTF-8 格式进行编码
18   html=response.read().decode('utf-8')
19   print(html)
```

执行结果如图 9-3 所示。

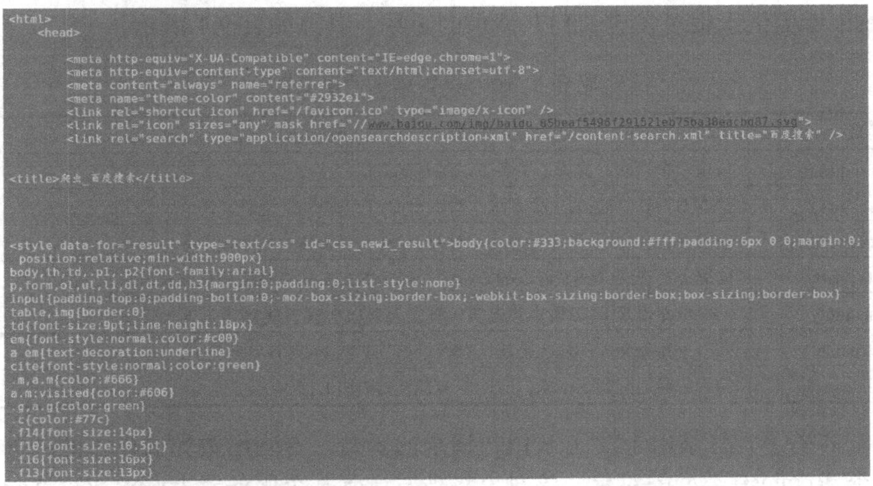

图 9-3 例 9.18 程序执行结果

然后，使用 requests 库爬取百度网站中"爬虫"关键字的搜索结果网页。

源程序：

```
1    #导入 requests 库
2    import requests
3    #请求的 URL 路径和查询参数
4    url="https://www.baidu.com/s"
5    param={"wd": "爬虫"}
6    #请求报头
7    headers={'User-Agent': 'Mozilla/5.0 (Windows NT 6.1; Win64; x64;)
     Chrome/65.0.3325.181'}
8    #发送 GET 请求,返回一个响应对象
9    response=requests.get(url, params=param, headers=headers)
10   #查看响应的内容
11   print(response.text)
```

代码分析：

两段代码的结果是相同的。比较上述两段代码不难发现，使用 requests 库减少了发送请求的代码量。requests 库的优点如下：

（1）不需要转换为 URL 路径编码格式拼接完整的 URL 路径。

（2）不需要频繁地为中文转换编码格式。

（3）从发送请求的函数名称可以很直观地判断发送到服务器的方式。

（4）urlopen()方法返回的是一个文件对象，需要调用 read()方法一次性读取；而 get() 函数返回的是一个响应对象，可以访问该对象的 text 属性查看响应的内容。

（5）requests 库使整个程序的逻辑非常容易理解，更符合面向对象开发的思想，并且减少了代码量，提高了开发效率，给开发人员带来了很大的便利。

3. 发送请求

requests 库提供了很多发送 HTTP 请求的函数，具体如表 9-1 所示。

表 9-1　requests 库的请求函数

函数	功能说明
requests.request()	构造一个请求，支撑以下各方法的基础方法
requests.get()	获取 HTML 网页的主要方法，对应于 HTTP 的 GET 请求方式
requests.head()	获取 HTML 网页头信息方法，对应于 HTTP 的 HEAD 请求方式
requests.post()	向服务器提交 POST 请求的方法，对应于 HTTP 的 POST 请求方式
requests.put()	向服务器提交 PUT 请求的方法，对应于 HTTP 的 PUT 请求方式
requests.patch()	向服务器提交局部修改请求，对应于 HTTP 的 PATCH 请求方式
requests.delete()	向服务器提交删除请求，对应于 HTTP 的 DELETE 请求方式

表 9-1 列举了一些常用于发送 HTTP 请求的函数。这些函数完成以下两部分工作：一是构建一个 Request 类型的对象，该对象将被发送到某个服务器上请求或查询一些资源；二是一旦得到服务器返回的响应，就会产生一个 Response 对象，该对象包含服务器返回的所有信息，也包括原来创建的 Request 对象。

4.　返回响应

Response 类用于动态地响应客户端的请求，控制发送给用户的信息，并且将动态地生成响应，包括状态码、网页的内容等。表 9-2 列举了 Response 类的常用属性。

表 9-2　Response 类的常用属性

属性	说明
status_code	HTTP 请求的返回状态，200 表示连接成功，404 表示失败
text	HTTP 响应内容的字符串形式，即 URL 对应的页面内容
encoding	从 HTTP 请求头中获得的响应内容编码方式
apparent_encoding	从内容中分析出的响应编码的方式（备选编码方式）
content	HTTP 响应内容的二进制形式

Response 类会对来自服务器的内容自动解码，并且大多数 Unicode 字符集可以被无缝地解码。当请求发出之后，requests 库会基于 HTTP 头部信息对响应的编码做出有根据的判断。例如，在使用 response.text（response 为响应对象）时，可以使用判断的文本内容进行编码。此外，还可以手动查看库使用了什么编码，并且可以设置 encoding 属性改变编码方式。例如，假设需要将 encoding 属性设置为"GBK"，书写方式如下：

```
response.encoding="GBK"
```

9.3　网页解析

在将整个网页的内容全部爬取下来后，数据的信息量庞大且给人凌乱的感觉，并且大部分数据并不是人们关心的。因此，针对这种情况，需要对爬取的数据进行过滤筛选，去掉没用的数据，留下有价值的数据。只有认识服务器返回数据，才能正确解析网页数据，过滤网页的数据。

9.3.1　网页数据格式和网页结构

1.　网页数据格式

对于服务器端来说，它返回给客户端的数据格式可以分为非结构化数据和结构化数据两种。

非结构化数据是指数据结构不规则或不完整，没有预定义的数据模型，不方便使用数据库二维逻辑来表现的数据，包括所有格式的办公文档、文本、HTML、图像等。

结构化数据是指能够用数据或统一的结构加以表示，具有模式的数据，包括 XML、JSON 等。

2.　网页结构

网页可以分为 HTML、CSS 和 JavaScript 这 3 个部分。如果把网页比作一个人，那么 HTML 相当于骨架，JavaScript 相当于肌肉，CSS 相当于皮肤，三者结合起来才能形成一个完善的网页。在获取的网页数据中，大部分有价值的数据存在于 HTML 中。

　　HTML 是用来描述网页的一种语言，其全称为 hypertext markup language，即超文本标记语言。网页包括文字、按钮、图片和视频等各种复杂的元素，其基础架构就是 HTML。不同类型的元素通过不同类型的标签来表示，如图片用<img>标签表示、视频用<video>标签表示、段落用<p>标签表示，它们之间的布局又常通过布局标签<div>嵌套组合而成，各种标签通过不同的排列和嵌套形成了网页的框架。

　　在 Chrome 浏览器中打开百度首页，右击，在弹出的快捷菜单中选择"检查"命令（或按 F12 键），打开开发者模式，这时在 Elements 选项卡中即可看到网页的源代码，如图 9-4 所示。

图 9-4　百度网页源代码

　　这就是 HTML，整个网页是由各种标签嵌套组合而成的。这些标签定义的结点元素相互嵌套和组合形成了复杂的层次关系，最终形成了网页的架构。

　　了解网页的数据和结构以后，可以借助网页解析器（用于解析网页的工具）从网页中解析和提取有价值的数据或新的 URL 列表。因此，Python 支持一些解析网页的技术，如正则表达式（regular expression）、BeautifulSoup 等。本节将重点介绍正则表达式和 BeautifulSoup 两种技术。

9.3.2　正则表达式

　　正则表达式描述了一种字符串匹配的模式，可以用来检查一个字符串是否含有某种子串、将匹配的子串替换或从某个字符串中取出符合某个条件的子串等。

　　构造正则表达式的方法和创建数学表达式的方法一样，即用多种元字符与运算符将小的表达式结合在一起来创建更大的表达式。正则表达式的组件可以是单个的字符、字符集合、字符范围、字符间的选择或所有上述组件的任意组合。

正则表达式是由普通字符（如字符'a'～'z'）及特殊字符（称为元字符）组成的模式字符串。模式描述在搜索文本时要匹配的一个或多个字符串。正则表达式作为一个模板，将某个字符模式与所搜索的字符串进行匹配。

模式字符串使用特殊的语法来表示一个正则表达式。

（1）字母和数字表示其本身。一个正则表达式模式中的字母和数字匹配同样的字符串。

（2）多数字母和数字前加一个反斜杠时会拥有不同的含义。

（3）标点符号只有被转义时才匹配自身，否则它们表示特殊的含义。

（4）反斜杠本身需要使用反斜杠转义。

（5）正则表达式通常包含反斜杠，最好使用原始字符串来表示它们。模式元素（如 r'\t'，等价于'\\t'）匹配相应的特殊字符。

正则表达式的模式语法如表 9-3 所示。

表 9-3　正则表达式的模式语法

模式	描述
\w	匹配字母、数字及下划线
\W	匹配非字母、数字及下划线
\s	匹配任意空白字符，等价于[\t\n\r\f]
\S	匹配任意非空字符
\d	匹配任意数字，等价于[0～9]
\D	匹配任意非数字
\A	匹配字符串开始
\Z	匹配字符串结束，如果存在换行，只匹配到换行前的结束字符串
\z	匹配字符串结束
\G	匹配最后匹配完成的位置
\n	匹配一个换行符
\t	匹配一个制表符
^	匹配字符串的开头
$	匹配字符串的末尾
.	匹配任意字符，除了换行符，当 re.DOTALL 标记被指定时，可以匹配包括换行符的任意字符
[...]	用来表示一组字符，单独列出: [amk]匹配'a'、'm'或'k'
[^...]	不在[]中的字符，如[^abc]表示匹配除'a'、'b'、'c'之外的字符
re*	匹配 0 个或多个的表达式
re+	匹配 1 个或多个的表达式
re?	匹配 0 个或 1 个由前面的正则表达式定义的片段，非贪婪方式
re{n}	精确匹配 n 个前面表达式。例如，o{2}不能匹配"Bob"中的"o"，但能匹配"food"中的两个"o"
re{n,}	匹配 n 个前面表达式。例如，o{2,}不能匹配"Bob"中的"o"，但能匹配"foooood"中的所有 o; "o{1,}"等价于"o+"; "o{0,}"等价于"o*"
re{n, m}	匹配 n～m 次由前面的正则表达式定义的片段，贪婪方式
a|b	匹配 a 或 b
(re)	匹配括号内的表达式，也表示一个组

Python 提供了对正则表达式的支持，在其内置的 re 模块中包含相应的函数接口和类，开发人员可使用这些函数和类对正则表达式与匹配进行操作。re 模块的一般使用步骤如下：

（1）使用 compile()函数将正则表达式以字符串形式编译为一个 Pattern 类型的对象。

（2）通过 Pattern 类型的对象提供的一系列方法对文本进行查找或替换，得到一个处理结果。

（3）使用处理结果提供的属性和方法获得信息，如匹配到的字符串等。

大多数情况下，从网站上爬取下来的网页源代码中有汉字，如果要匹配这些汉字，就需要知道其对应的正则表达式。通常情况下，中文对应的 Unicode 编码范围为[u4e00～u9fbf]，这个范围并不是很完整，如没有包括全角标点，但是大多数情况下是可以使用的。

例 9.19　把"你好，hello，我的大学生活"中的汉字提取出来。

源程序：

```
1    import re
2    #待匹配的字符串
3    strs="你好,hello,我的大学生活"
4    #创建正则表达式,用于只匹配中文
5    pattern=re.compile(r"[\u4e00-\u9fbf]+")
6    #搜索整个字符串,将匹配的中文放到列表中
7    result=pattern.findall(strs)
8    print(result)
```

程序结果：

```
['你好', '我的大学生活']
```

代码分析：

在例 9.19 中，首先定义了一个字符串"你好，hello，我的大学生活"，然后创建一个正则表达式对象 pattern，用于匹配该字符串中的中文，调用 findall()方法将"你好"和"我的大学生活"子串保存到列表 result 中。

9.3.3　BeautifulSoup

正则表达式非常有用，但规则很多，所以初学者不容易熟练掌握其用法。Python 提供的 BeautifulSoup 功能十分丰富，且使用灵活方便，处理问题高效，支持多种解析器，使用它即使不编写正则表达式也能方便地实现网页信息的抓取。

1．BeautifulSoup 概述

本书使用官网推荐的 BeautifulSoup 4（以下简称 bs4）版本完成开发实例。

bs4 是一个 HTML/XML 的解析器，其主要功能是解析和提取 HTML/XML 数据。它不仅支持 CSS 选择器，还支持 Python 标准库中的 HTML 解析器，以及 lxml 库的 XML 解析器。通过使用这些转化器，实现了惯用的文档导航和查找方式，节省了大量的工作时间，提高了开发项目的效率。

bs4 库将复杂的 HTML 文档转换为树结构（HTML DOM），结构中的每个结点可看作一个 Python 对象，这些对象可归纳为以下 4 种。

（1）bs4.element.Tag 类：表示 HTML 中的标签，是最基本的信息组织单元，它有两个非常重要的属性，分别是表示标签名称的 name 属性和表示标签属性的 attrs 属性。

（2）bs4.element.NavigableString 类：表示 HTML 中标签的文本（非属性字符串）。

（3）bs4.BeautifulSoup 类：表示 HTML DOM 中的全部内容，支持遍历文档树和搜索文档树的大部分方法。

（4）bs4.element.Comment 类：表示标签内字符串的注释部分，是一种特殊的 Navigable String 对象。

使用 bs4 库的一般流程如下：

（1）创建一个 BeautifulSoup 类型的对象。根据 HTML 或文件创建 BeautifulSoup 对象。

（2）通过 BeautifulSoup 对象的操作方法进行解读搜索。根据 DOM 树进行各种结点的搜索（如 find_all()方法可以搜索出所有满足要求的结点，find()方法只会搜索出第一个满足要求的结点），只要获得了一个结点，就可以访问结点的名称、属性和文本。

（3）利用 DOM 树结构标签的特性，进行更为详细的结点信息提取。在搜索结点时，也可以按照结点的名称、结点的属性或结点的文本进行搜索。

bs4 库的使用流程如图 9-5 所示。

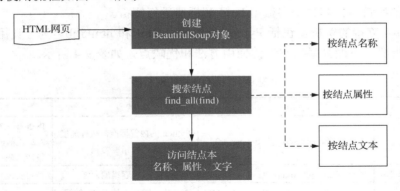

图 9-5　bs4 库的使用流程

2．构建 BeautifulSoup 对象

通过一个字符串或类文件对象（存储在本地的文件句柄或 Web 网页句柄）可以创建 BeautifulSoup 类的对象。

BeautifulSoup 类中构造方法的语法格式如下：

```
def __init__(self, markup="", features=None, builder=None,
parse_only=None, from_encoding=None, exclude_encodings=None, **kwargs)
```

以上构造方法中的部分参数说明如下。

（1）markup：表示要解析的文档字符串或文件对象。

（2）features：表示解析器的名称。

（3）builder：表示指定的解析器。

（4）from_encoding：表示指定的编码格式。

（5）exclude_encodings：表示排除的编码格式。

例 9.20 根据字符串 html_doc 创建一个 BeautifulSoup 对象。

源程序：

```
1   from bs4 import BeautifulSoup
2   html_doc = """
3   <html><head><title>The Dormouse's story</title></head>
4   <body><p class="title"><b>The Dormouse's story</b></p></body>
5   </html>"""
6   soup = BeautifulSoup(html_doc, 'lxml')
7   print(soup)
```

程序结果：

```
<html><head><title>The Dormouse's story</title></head>
<body><p class="title"><b>The Dormouse's story</b></p></body>
</html>
```

代码分析：

在创建 BeautifulSoup 对象时共传入了两个参数。其中，第一个参数表示包含被解析HTML 文档的字符串；第二个参数用 lxml 解析器进行解析。

目前，bs4 支持的解析器包括 Python 标准库、lxml 和 html5lib。为了让用户更好地选择合适的解析器，下面列举出它们的使用方法和优缺点，如表 9-4 所示。

表 9-4 bs4 支持的解析器

解析器	使用方法	优点	缺点
Python 标准库	BeautifulSoup(markup, 'html.parser')	Python 的内置标准，执行速度适中、文档容错能力强	Python 2.7.3 或 Python 3. 2.2 之前的版本中文档容错能力差
lxml HTML 解析器	BeautifulSoup(markup, 'lxml')	速度快、文档容错能力强	需要安装 C 语言库
lxml XML 解析器	BeautifulSoup(markup, ['lxml', 'xml']) BeautifulSoup(markup, 'xml')	速度快，唯一支持 XML 的解析器	需要安装 C 语言库
html5lib	BeautifulSoup(markup, 'html5lib')	最好的容错性，以浏览器的方式解析文档，生成 HTML5 格式的文档	速度慢，不依赖外部扩展

在创建 BeautifulSoup 对象时，如果没有明确地指定解析器，那么其会根据当前系统的库自动选择解析器。解析器的选择顺序为 lxml、html5lib、Python 标准库。

如果明确指定的解析器没有安装，那么 BeautifulSoup 对象将自动选择其他方案。但是，目前只有 lxml 解析器支持解析 XML 文档，如果没有安装 lxml 库，将无法得到解析后的对象。

例 9.21 调用 prettify()方法输出创建的 BeautifulSoup 对象 soup。

源程序：

```
1   from bs4 import BeautifulSoup
2   html_doc="""
3   <html><head><title>The Dormouse's story</title></head>
4   <body><p class="title"><b>The Dormouse's story</b></p></body>
```

```
5    </html>"""
6    soup=BeautifulSoup(html_doc, 'lxml')
7    print(soup.prettify())
```

程序结果：

```
<html>
 <head>
  <title>
   The Dormouse's story
  </title>
 </head>
 <body>
  <p class="title">
   <b>
    The Dormouse's story
   </b>
  </p>
 </body>
</html>
```

代码分析：

代码中调用了 prettify()方法进行输出。它既可以为 HTML 标签和内容增加换行符，又可以对标签做相关的处理，以便于更友好地显示 HTML 内容。

3. 通过操作方法进行读搜索

实际上，网页中有用的信息都存在于网页中的文本或各种不同标签的属性值中。为了获得这些有用的网页信息，可以通过一些查找方法获取文本或标签属性，因此，bs4 库内置了一些查找方法。下面介绍其中常用的两种方法。

（1）find()方法：用于查找符合查询条件的第一个标签结点。

（2）find_all()方法：查找所有符合查询条件的标签结点，并返回一个列表。

这两种方法用到的参数是一样的，这里以 find_all()方法为例进行详细介绍。

find_all()方法的语法格式如下：

```
find_all(self, name=None, attrs={}, recursive=True, text=None,
limit=None, **kwargs)
```

其中重要参数所表示的含义如下：

（1）name 参数。查找所有名称为 name 的标签，但字符串会被自动忽略。下面是 name 参数的几种情况。

① 传入字符串：在搜索的方法中传入一个字符串，BeautifulSoup 对象会查找与字符串完全匹配的内容。例如，soup.find_all("b")，该代码的作用是查找文档中所有的<b>标签。

② 传入正则表达式：如果传入一个正则表达式，那么 BeautifulSoup 对象会通过 re 模块的 match()函数进行匹配。

③ 传入列表：如果传入一个列表，那么 BeautifulSoup 对象会将与列表中任一元素匹

配的内容返回。

（2）attrs 参数。如果某个指定名称的参数不是搜索方法中内置的参数名，那么在进行搜索时会把该参数当作指定名称的标签中的属性来搜索。例如，在 find_all()方法中传入名称为 id 的参数，这时 BeautifulSoup 对象会搜索每个标签的 id 属性。

如果传入多个指定名称的参数，可以同时过滤出标签中的多个属性。例如，既可以搜索每个标签的 id 属性，又可以搜索 href 属性。

如果要搜索的标签名称为 class，因为 class 属于 Python 的关键字，所以可以在 class 的后面加上一个下划线以示区分。

但是，有些标签的属性名称是不能使用的，如 HTML5 中的"data-"属性，在程序中使用时会提示 SyntaxError 异常信息。这时，可以通过 find_all()方法的 arrts 参数传入一个字典来搜索包含特殊属性的标签。

（3）recursive 参数。在调用 find_all()方法时，BeautifulSoup 对象会检索当前结点的所有子结点。这时，如果只想搜索当前结点的直接子结点，则可以使用参数 recursive=False。

（4）text 参数。通过在 find_all()方法中传入 text 参数，可以搜索文档中的字符串内容。与 name 参数的可选值一样，text 参数也可以接收字符串、正则表达式和列表等。

（5）limit 参数。在使用 find_all()方法返回匹配的结果时，若 DOM 树非常大，那么搜索的速度会相当慢。这时，如果不需要获得全部的结果，可以使用 limit 参数限制返回结果的数量，其效果与 SQL 语句中的 limit 关键字所产生的效果类似。一旦搜索结果的数量达到了 limit 的限制，系统就会停止搜索。

例 9.22　使用 find_all()方法对 HTML 内容进行搜索。

源程序：

```
1   html="""
2   <html>
3     <head>
4       <title>The Dormouse's story</title>
5     </head>
6     <body>
7      <p class="story">
8       Once upon a time there were three little sisters;
        and their names were
9       <a href="http://example.com/elsie" class="sister1"
        id="link1"><b>Elsie</b> </a>
10      <a href="http://example.com/lacie" class="sister2"
        id="link2">Lacie</a>
11      and
12       <a href="http://example.com/tillie" class="sister3"
        id="link3">Tillie</a>
13      and they lived at the bottom of a well.
14     </p>
15     <p class="story">...</p>
16     <div data-test="value"></div>
17    </body>
18  </html>
```

```
19      """
20      import re
21      from bs4 import BeautifulSoup
22      soup=BeautifulSoup(html, 'lxml')
23      print("1、查找文档中所有的<b>标签:")
24      print(soup.find_all('b'))
25      print("2、使用正则表达式"^b"匹配所有以字母 b 开头的标签:")
26      for tag in soup.find_all(re.compile("^b")):
27          print(tag.name)
28      print("3、查找文档中所有的<a>标签和<b>标签:")
29      print(soup.find_all(["a", "b"]))
30      print("4、查找文档中 id 属性为 link2 的元素:")
31      print(soup.find_all(id='link2'))
32      print("5、同时查找文档中 id 属性为 link1 且 href 属性中包含有"elsie"的元素:")
33      print(soup.find_all(href=re.compile("elsie"), id='link1'))
34      print("6、同时查找文档中<a>标签且 class 属性中包含有"sister3"的元素:")
35      print(soup.find_all("a", class_='sister3'))
36      print("7、同时查找文档中 data-test 属性为 value 的元素:")
37      print(soup.find_all(attrs={"data-test": "value"}))
```

使用 find_all()方法对 HTML 内容进行搜索的结果如图 9-6 所示。

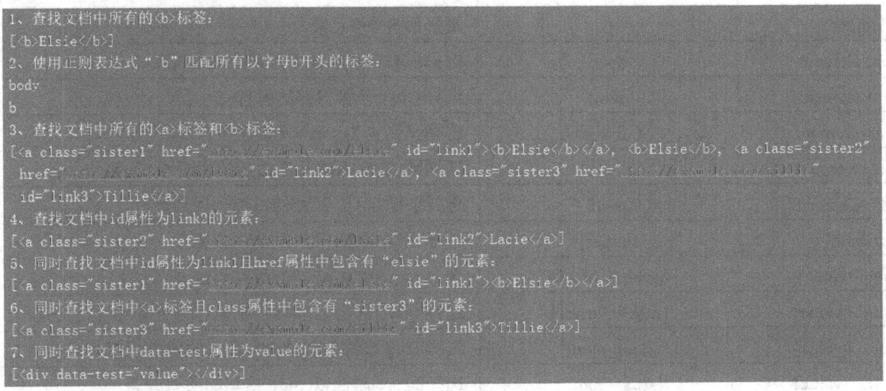

图 9-6　使用 find_all()方法对 HTML 内容进行搜索的结果

4. 通过 CSS 选择器进行搜索

只有 HTML，页面的布局并不美观，只是简单的结点元素的排列。为了让网页看起来更美观，需要用到网页的"皮肤"——CSS，它是目前唯一的网页页面排版样式标准。

CSS 全称为 cascading style sheets，即层选样式表。"层选"是指当在 HTML 中引用了数个样式文件，并且样式发生冲突时，浏览器能依据层选顺序处理。"样式"指网页中文字大小、颜色、元素间距、排列等格式。

CSS 规则由两个主要部分构成：选择器，以及一条或多条样式声明。选择器指明了需要改变样式的 HTML 元素。每条样式声明由一个属性和一个值组成。

为了使用 CSS 选择器达到筛选结点的目的，在 bs4 库的 BeautifulSoup 类中提供了一个 select()方法，该方法将搜索到的结果存放到列表中。

246

CSS 选择器的基本查找方式有以下几种。

（1）标签选择器：一个完整的 HTML 页面由很多不同的标签组成，而标签选择器的功能是决定使用哪些标签。标签的名称不用加任何修饰符，在调用 select()方法时，可以传入包含某个标签的字符串。

（2）类选择器：类选择器根据类名来选择，需要在类名的前面加上"."修饰符。

（3）id 选择器：id 选择器可以为标有特定 id 的 HTML 元素指定特定的样式。根据元素 id 来选择元素具有唯一性，即同一 id 在同一文档页面中只能出现一次，使用时需在 id 名称的前面加上"#"修饰符。

（4）属性选择器：属性选择器是根据元素的属性来匹配的，其属性既可以是标准属性也可以是自定义属性。使用时属性需要用中括号（[]）括起来。在查找的时候，如果属性和标签属于同一个结点，它们中间不能加空格，否则将无法匹配。

此外，CSS 选择器还有更多的搜索功能，对于 CSS 选择器的详细介绍，请参考表 9-5。

表 9-5　CSS 选择器

选择器	举例	描述
.class	.intro	选择 class="intro"的所有元素
#id	#firstname	选择 id="firstname"的所有元素
*	*	选择所有元素
element	p	选择所有<p>元素
element,element	div,p	选择所有<div> 元素和所有<p>元素
element element	div p	选择<div>元素内部的所有<p>元素
element>element	div>p	选择父元素为<div>元素的所有<p>元素
element+element	div+p	选择紧接在<div>元素之后的所有<p>元素
element1~element2	p~ul	选择前面有<p>元素的每个<ul>元素
[attribute]	[target]	选择带有 target 属性的所有元素
[attribute=value]	[target=_blank]	选择 target="_blank"的所有元素
[attribute*=value]	[title*=flower]	选择 title 属性包含单词"flower"的所有元素
[attribute^=value]	[lang^=en]	选择 lang 属性值以 "en" 开头的所有元素
[attribute$=value]	[src$=".pdf"]	选择其 src 属性以".pdf"结尾的所有元素
:nth-of-type(n)	p:nth-of-type(2)	选择所有属于其父元素第二个<p>元素

上述查找方式都会返回一个列表。遍历这个列表时，调用 get_text()方法可以获取所选择结点的内容。

例 9.23　通过 CSS 选择器对 HTML 内容进行搜索。

源程序：

```
1    html="""
2    <html>
3      <head>
4        <title>The Dormouse's story</title>
5      </head>
6      <body>
7        <p class="story">
```

```
8        Once upon a time there were three little sisters;
         and their names were
9        <a href="http://example.com/elsie" class="sister1"
         id="link1"><b>Elsie</b></a>
10       <a href="http://example.com/lacie" class="sister2"
         id="link2">Lacie</a>
11       and
12        <a href="http://example.com/tillie" class="sister3"
          id="link3">Tillie</a>
13       and they lived at the bottom of a well.
14      </p>
15      <p class="story">...</p>
16      <div data-test="value"></div>
17     </body>
18    </html>
19    """
20    import re
21    from bs4 import BeautifulSoup
22    soup=BeautifulSoup(html, 'lxml')
23    print("1、使用 CSS 选择器查找<title>标签:")
24    print(soup.select('title'))
25    print("2、使用 CSS 选择器类名为 sister 的标签:")
26    print(soup.select('.sister'))
27    print("3、使用 CSS 选择器 id 为 link1 的标签:")
28    print(soup.select('#link1'))
29    print("4、使用 CSS 选择器 href 属性为 http://example.com/elsie 的<a>标签:")
30    print(soup.select('a[href="http://example.com/elsie"]'))
31    print("5、在<p>标签中查找 id 值等于 link1 的元素:")
32    print(soup.select('p #link1'))
33    print("6、使用 CSS 选择器查找 a 结点,使用 get_text()方法获取所有结点的内容:")
34    for element in soup.select('a'):
35        print(element.get_text())
```

通过 CSS 选择器对 HTML 内容进行搜索的结果如图 9-7 所示。

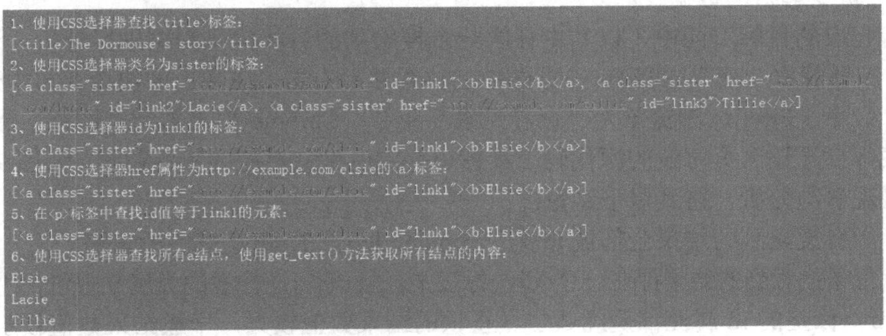

图 9-7   通过 CSS 选择器对 HTML 内容进行搜索的结果

9.4　网络爬虫开发实战

本节通过一个实例详细讲解网页爬虫的工作流程。

例 9.24　网页爬虫爬取实例。

任务分析：

1）确定爬虫爬取目标

爬取在百度搜索中搜索"智慧农业"的网页结果，包括搜索结果的页面标题、页面地址和页面摘要等，如图 9-8 所示。

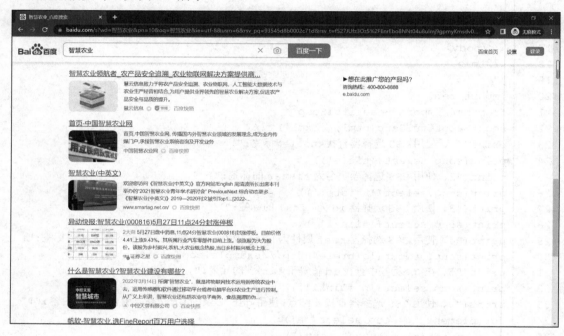

图 9-8　待爬取的目标页面

2）分析要解析的数据

在待爬取的目标页面中，以其中任意一个搜索到的目标信息为例进行分析。这里选择"首页-中国智慧农业网"，找到它在页面中的位置然后右击，在弹出的快捷菜单中选择"查看元素"命令（Firefox 浏览器为"查看元素"命令，Chrome 浏览器为"检查"命令），在浏览器底部打开该网页对应的源代码工具窗口并定位到其对应的标签位置，如图 9-9 所示。

经过观察与分析，得到以下结论：

（1）所有搜索到的结果全部被 id 为"content_left"的<div>标签所包裹。

（2）每条搜索到的结果都在一个<div>标签中，且该<div>标签的类属性中包含"result"，同时该<div>标签的 id 属性都是纯数字（置顶的结果数值较大，一般结果数值较小）。

（3）每条搜索结果的页面标题在"result"<div>标签中的<h3>标签中。

（4）每条搜索结果的页面链接是<h3>标签下面<a>标签的 href 属性。

（5）每条搜索结果的页面摘要可能在以下<div>标签中：如果摘要信息只有一段内容，

则包含该信息的<div>标签的类属性包含"abstract"；如果摘要信息有多段内容，则<div>标签的类属性包含"c-row"。

图 9-9　待爬取的目标页面源代码

3）使用 requests 库爬取页面数据

在使用 requests 库爬取页面数据前，要分析清楚 URL 的规律。以"智慧农业"为关键字搜索得到的结果约为 8550 万条，当前页面每页只显示 10 条左右，如果我们需要爬取更多的数据，会涉及翻页的问题。连续单击"下一页"并记录网址的情况。前 5 页的网址如表 9-6 所示。

表 9-6　前 5 页的网址

页码	网址
第 1 页	https://www.baidu.com/s?wd=%E6%99%BA%E6%85%A7%E5%86%9C%E4%B8%9A&pn=0&oq=%E6%99%BA%E6%85%A7%E5%86%9C%E4%B8%9A&ie=utf-8&usm=6&rsv_pq=c745a5840004bf8a&rsv_t=7c8by6f25ZM1VIfuoURVRbrtJ%2FLLT%2FpsiIlWE9yC6Ylxn8gjgRCXJZOnvKI
第 2 页	https://www.baidu.com/s?wd=%E6%99%BA%E6%85%A7%E5%86%9C%E4%B8%9A&pn=10&oq=%E6%99%BA%E6%85%A7%E5%86%9C%E4%B8%9A&ie=utf-8&usm=6&rsv_pq=e06a5b2f0002a10d&rsv_t=0a5crOWWiYUBlXEKmZJj1jhr2djceTn9PlMrwAQRtHxrg3eMyJOQFOef0Gw&rsv_page=1
第 3 页	https://www.baidu.com/s?wd=%E6%99%BA%E6%85%A7%E5%86%9C%E4%B8%9A&pn=20&oq=%E6%99%BA%E6%85%A7%E5%86%9C%E4%B8%9A&ie=utf-8&usm=6&rsv_pq=efa9001e00033823&rsv_t=9aeedvIqMvwImRMhMsyBvm%2F6NfF5mYt3oSmFW2wrESN48fGtHkVlZCWWE0w&rsv_page=1
第 4 页	https://www.baidu.com/s?wd=%E6%99%BA%E6%85%A7%E5%86%9C%E4%B8%9A&pn=30&oq=%E6%99%BA%E6%85%A7%E5%86%9C%E4%B8%9A&ie=utf-8&usm=6&rsv_pq=acb0da7b0004f813&rsv_t=9713H6KdHgiKK4tzhLHNROYLB3M%2Fos9PCEwYlix1clOP0OjLcQcT0zk90hc&rsv_page=1
第 5 页	https://www.baidu.com/s?wd=%E6%99%BA%E6%85%A7%E5%86%9C%E4%B8%9A&pn=40&oq=%E6%99%BA%E6%85%A7%E5%86%9C%E4%B8%9A&ie=utf-8&usm=6&rsv_pq=e9a8f1b90007aeb9&rsv_t=e15dTRHwyAF5R4tnGFerB9DOR3Dz%2BRrwOnHi3LmesflA2evJTeOq7edGFGZY&rsv_page=1

在网址中涉及的参数主要有 wd、pn、oq、ie、rsv_pq、rsv_t、rsv_page。通过比较上述 5 页网址，其中每一页会变化的项主要有 3 个：pn、rsv_pq、rsv_t。再仔细观察这 3 个参数值的变化可以发现，pn 与页数有很大的关联性，pn 的初始值为 0，以后每增加一页，pn 的值就会增加 10。通过查找资料，其他参数说明如下。

（1）wd（必备参数）：keyword，查询的关键词，wd 后面的关键词使用 GB/T 2312—1980 进行编码，如果搜索词中出现空格，则使用"+"替换。

（2）ie：input encoding，查询关键词的编码，默认设置为简体中文，即 ie=GB/T 2312—1980。

（3）pn：page number，搜索结果的页码，从零开始计数，即 pn=（结果页码−1）×显示条数，其中显示条数默认为 10。

（4）oq：相关搜索的主词。

（5）rsv_pq：透露表，用来记录关键词和上一次搜索的关键词（相关关键词）。

（6）rsv_t：搜索效果的一种随机密码。

经过分析，只需要 wd 和 pn 两个参数即可实现搜索。因此，将 URL 及参数 Params 表示为下列格式。

URL：https://www.baidu.com/s。

Params：{"wd": key_word, "pn": str((page − 1) * 10)}。

其中，key_word 为搜索关键词；page 为页码。

此时，通过上述 URL 及参数 Params 来调用 requests.get()方法连续发送页面请求即可获取所有页面的内容。这些获取的网页内容可以作为下一步解析页面数据的源数据。

4）使用 BeautifulSoup 解析页面数据

在爬取了整个网页之后，使用 bs4 库来解析页面数据就是从整个 HTML 中提取目标数据。根据 2）中分析的结果，可以通过以下语句首先提取包含每条搜索结果的<div>标签：

```
result=soup.select('#content_left div[class*="result"]')
```

对于每条搜索结果，可以分别使用以下语句来提取其中的标题、链接、摘要等信息。

（1）页面标题：

```
site.select("h3")[0].get_text()
```

（2）页面链接：

```
site.select("h3 a")[0]["href"]
```

（3）页面摘要：

```
摘要信息只有一段内容
site.select('div[class*="abstract"]')[0].get_text()
摘要信息有多段内容
site.select('div[class*="c-row"]')[0].get_text()
```

5）将数据保存到文件中

在解析完网页之后，为了后续能够方便查看和使用，将得到的内容保存到文件"baidu.txt"中。

源程序:

```
1    import requests
2    from bs4 import BeautifulSoup
3
4    class Spider(object):
5        def __init__(self):
6            #查询的内容
7            self.key_word=input("请输入要查询的内容:")
8            #起始页位置
9            self.begin_page=int(input("请输入起始页:"))
10           #终止页位置
11           self.end_page=int(input("请输入终止页:"))
12           #基本 URL
13           self.base_url="https://www.baidu.com/s"
14
15       def load_page(self, page):
16           """
17               @brief 定义一个 url 请求网页的方法
18               @param page 需要请求的第几页
19           """
20           user_agent="Mozilla/5.0 (Windows NT 10.0; Win64; x64; rv:67.0)
             Gecko/20100101 Firefox/67.0"
21           headers={"User-Agent": user_agent}
22           url=self.base_url
23           param={"wd": self.key_word, "pn": str((page - 1) * 10)}
24           response=requests.get(url, params=param, headers=headers)
25           #获取每页 HTML 源码字符串
26           html=response.text
27           return html
28
29       def parse_page(self, html):
30           """
31               @brief      定义一个解析网页的方法
32               @param html 服务器返回的网页 HTML
33           """
34           #创建 BeautifulSoup 解析工具,使用 lxml 解析器进行解析
35           soup = BeautifulSoup(html, 'lxml')
36           #通过 CSS 选择器搜索 id 为"content_left"结点下面类属性中包含"result"
             的 div 结点
37           result=soup.select('#content_left div[class*="result"]')
38           #定义空列表,以保存元素的信息
39           items=[]
40           for site in result:
41               item={}
```

```
42            #页面标题,可能有部分结果中不包含实际内容,因此要跳过
43            tmp_title=site.select("h3")
44            if len(tmp_title)>0:
45                item["title"]=site.select("h3")[0].get_text()
46            else:
47                continue
48            #对应的链接
49            item["href"]=site.select("h3 a")[0]["href"]
50            if len(site.select('div[class*="abstract"]'))>0:
51                #页面摘要
52                item["desc"] = site.select('div[class*="abstract"]')
                    [0].get_text()
53            elif len(site.select('div[class*="c-row"]'))>0:
54                #页面摘要
55                item["desc"] = site.select('div[class*="c-row"]')
                    [0].get_text()
56            else:
57                #为增加程序的容错性,此处加上一个默认值
58                item["desc"] = ""
59            items.append(item)
60        self.save_file(items)
61
62    def load_pages(self):
63        for page in range(self.begin_page, self.end_page + 1):
64            return_html = self.load_page(page)
65            self.parse_page(return_html)
66
67    def save_file(self, items):
68        """
69            @brief 将数据追加写进文件中
70            @param html 文件内容
71        """
72        file=open('baidu.txt', "ab+")
73        file.write(str(items).encode())
74        file.write("\r\n".encode())
75        file.close()
76
77 if __name__=="__main__":
78    spider = Spider()
79    spider.load_pages()
```

执行程序，根据提示输入要查询的内容为"智慧农业"、起始页"1"、终止页"2"，运行无误后，得到的结果如图 9-10 所示。

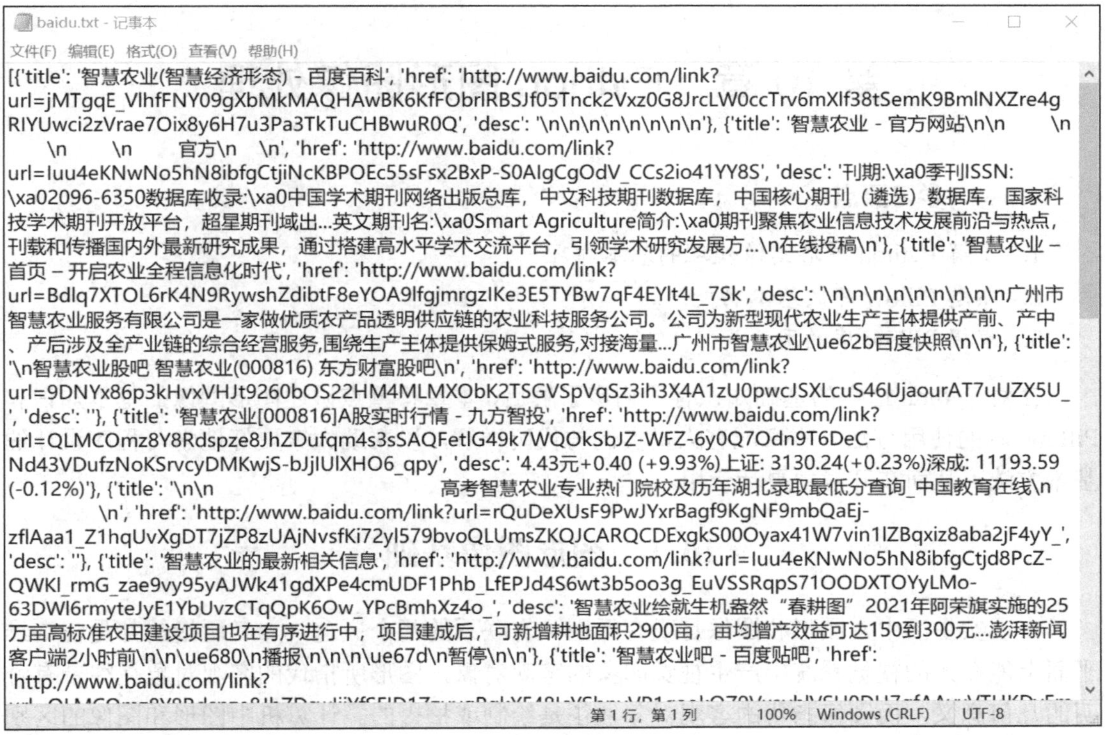

图 9-10　运行结果 baidu.txt

本 章 小 结

　　本章主要介绍了网络爬虫的概述、Python 的网络请求、网页解析等网络爬虫基本知识。通过本章的学习，读者可以掌握使用 urllib 库和 requests 库发送网络请求的方法，正则表达式和 BeautifulSoup 解析网页的方法。另外，本章最后通过一个网络爬虫实战案例综合讲解了网络爬虫开发的全过程和其中分析解决爬虫问题的方法。

第 10 章　Python 图形图像处理

🖱 学习要点

1. 了解 Python 图形图像处理的基本原理。
2. 熟悉 Pillow 库的基本功能。
3. 掌握 Pillow 库的用法。

在对 Python 语言的基础知识有了初步了解后，本章将重点讲述图形图像的基本知识和 Pillow 库的使用方法。本章配有大量实例与代码详解，以帮助大家更好地学习程序设计的基本方法，从而在开发中灵活运用。

10.1　图形图像基础

在现实生活中，图形和图像是既有区别又有联系的两个概念，二者所指的都是在二维平面上能在人的视觉系统中产生视觉印象的客观对象，图形所指代的客观对象往往带有鲜明的几何意义，而图像指代的客观对象往往是绘制或拍摄的。计算机中图形和图像的区别除了和现实生活的含义类似外，主要反映在它们在数据的表示方式上。

10.1.1　图像和图形

1. 图像和图形的概念

图像（image）在计算机中又被称为点阵图或位图，它将二维平面对象的信息细化为密集排列的点，然后将这些点的信息按顺序存储在计算机中。在计算机中，图像实质上是一个数字矩阵，矩阵中各项数字用来描述构成图像的每一个点的亮度、颜色等信息。构成图像的点被称为像素（pixel）。图像通常用数字设备捕捉的实际场景画面或以数字化形式存储的任意画面来获得。

图形（graphics）在计算机中又被称为矢量图，一般是指用计算机绘制的画面，它具有两个要素：一是几何要素，主要刻画对象的轮廓、形状等；二是非几何要素或者称之为属性要素，主要刻画对象的颜色、纹理等。

图形文件中只记录生成图的算法及图形的控制点信息和属性信息，这些是用一个指令集合来描述的。这些指令描述构成一幅图的所有直线、圆、圆弧、矩形、曲线等图元的数量、维数和大小、形状、颜色。显示时需要相应的软件来读取这些指令，根据这些指令在屏幕显示相应的形状和颜色。

位图图像和矢量图形的主要区别在于以下几点。

（1）表达对象的复杂程度。位图图像适合表现比较细致，层次和色彩比较丰富，包括大量细节的场景；而矢量图形不适合表达复杂的对象。事实上，位图图像经常是真实世界的二维表达；而图形依赖于简单的图元，无法表达复杂的真实世界。

（2）显示速度。位图图像的显示速度较快，这是因为存储器中图像的数据可以装入内存直接显示在显示器上；而矢量图形在显示时需要重新计算，因而显示速度相对慢一些。

（3）文件大小。位图图像要存储二维对象的每一个像素，图像文件所占的存储空间较大，通常要进行压缩；而矢量图形文件只需保存生成图形的算法、图形的控制点和属性信息，因此占用的存储空间很小。

（4）缩放时的性质。位图图像放大后图像会失真，呈现锯齿状，这是因为图像存放的是固定像素的信息，当对位图图像进行放大时，像素个数并没有增加，而是将像素本身放大，因此出现失真；而矢量图形文件并不保存具体绘制的像素，保存的是图形的算法信息，当对矢量图形进行放大时，它需要重新进行计算和重新显示，所以不会失真。

注意：随着计算机科学的发展，图形和图像之间的区别越来越模糊，图形与图像的内涵也日益接近，在某些情况下，图形和图像两者已融合在一起，无法区分。利用真实感图形绘制技术可以将图形数据变成图像；利用模式识别技术可以从图像数据中提取几何数据，把图像转换成图形。

2. 色彩的表达

颜色信息是图形和图像所共有的信息。颜色是人的视觉系统对可见光的感知结果。可见光是一种光波，本质上是电磁波。电磁波的波长范围很大，如图 10-1 所示，人眼只能感觉 350～750nm 波长范围的光波。不同波长的光波对应不同的颜色，如图 10-2 所示。

图 10-1　光波的范围

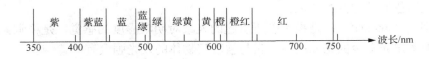

图 10-2　颜色和波长

物体由于内部物质的不同，受光线照射后，一部分光线被吸收，其余的被反射或透射出来，成为人眼所见的物体的颜色。不透明物体的颜色是它的反射光的颜色，而透明物体的颜色是它的透射光的颜色。

从上面介绍可知，颜色是人眼对物体反射或透射光的感觉。颜色的产生比较复杂，它既与光有密切关系，也与被光照射的物体有关，还与观察的主体有关。

人是三色视觉者，人的视网膜有 3 种锥体细胞，分别处理低频信息（对应于红色）、中频信息（对应于绿色）和高频信息（对应于蓝色）。因此，红、绿、蓝 3 种颜色被称为三基色。三基色以不同的比例混合，可成为各种色光，如图 10-3 所示，但三基色本身不能由其他色光混合而成。

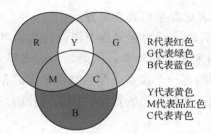

R代表红色
G代表绿色
B代表蓝色

Y代表黄色
M代表品红色
C代表青色

图 10-3　三基色　　　　　　　　　　　　　彩图 10-3

计算机应用中定义颜色的基本方法是基于三基色原理，即将物体的颜色分为红、绿、蓝 3 个分量，物体颜色的表达公式为

颜色=R（红色的百分比）+G（绿色的百分比）+B（蓝色的百分比）

通常在计算机的真彩色模型中，用 3 个字节来存储颜色信息，每一个分量为一个字节。例如，一个对象的颜色被设置为红色分量 255、绿色分量 0、蓝色分量 0，则表示该对象的颜色为红色。

颜色还可以用三要素来描述，颜色的三要素是色调、饱和度和亮度。色调与光波的波长有直接关系，亮度和饱和度与光波的幅度有关，人眼看到的任一彩色光都是这 3 个特性的综合效果。

（1）色调（hue）：又称为色相，指颜色的外观，用于区别颜色的名称或颜色的种类。色调取决于可见光谱中光波的波长。色调是视觉系统对一个区域所呈现颜色的感觉，即视觉系统对可见物体辐射或者发射的光波波长的感觉。色调的种类很多，大概 1000 万种以上，专业人士可辨认出的颜色可达 300～400 种。按波长从长到短，色调次序为红、橙、黄、绿、青、蓝、紫。混合相邻颜色时，可以获得在这两种颜色之间连续变化的色调。

（2）饱和度（saturation）：表示颜色的纯净程度，可用来区别颜色深浅的程度。当一种颜色渗入白光成分愈多时，颜色愈不饱和。没有渗入白光时所呈现的颜色（如仅由单一波长组成的光谱色）被称为饱和色。

（3）亮度（intensity）：是指色彩所引起的人眼对明暗程度的感觉，是视觉系统对可见物体辐射或者发光多少的感知属性，它与被观察物体的发光强度有关。

计算机可以基于三基色原理来表达颜色，也可以基于颜色的三要素表达颜色，Windows 的标准颜色对话框中即提供基于三基色和基于三要素的两种颜色控制方式。当然，一些复杂的图像处理软件如 Photoshop 还会提供更丰富的颜色控制方式。

10.1.2　图像数字化及相关概念

1. 图像数字化

在计算机出现之前，用普通相机捕捉到的关于现实世界的影像可以被称为模拟图像或物理图像。在模拟图像中，一个像素点的亮度是该像素点空间位置的函数，任意一幅单色图像可以表达为连续函数：I=f(x,y)。其中，I 代表像素点的亮度值，它是连续变化的；x、y 代表像素点的二维空间位置，也是连续变化的。针对彩色图像，可以用红、绿、蓝 3 幅单色图像来表示，即 fR(x,y)、fG(x,y)、fB(x,y)。

　　模拟图像在二维空间上是连续分布的，亮度的值也是连续的，无法用计算机处理。为了用计算机来处理模拟图像，必须把连续的图像变换成离散的图像，即图像的数字化。模拟图像经过数字化处理后获得数字图像，即位图图像。

　　因为图像的连续性包含空间位置和亮度两个方面的内容，所以在对其进行数字化时，在空间位置和亮度上都要进行离散化。因此，图像的离散化也包括采样、量化两个阶段。

　　（1）采样：图像 I=f(x,y)在其空间坐标上的离散化称为采样。为了对一幅在空间上连续的静止图像进行采样，将图像在二维方向上分成 M 行、N 列，构成 M×N 个网格。

　　每一个网格用一个亮度值来表示，这个过程就是采样。单位长度上采样点的个数为采样频率。采样频率越高，得到的图像越细腻，表现的细节越逼真，但数据量也会增大，需要更大的存储空间。

　　图像的采样频率的确定通常也遵循奈奎斯特采样定理。

　　（2）量化：经过采样得到的图像亮度样本值，在亮度区间上仍然是连续的，把亮度区间划分成 K 个区间，一个区间对应于一个亮度值，对于所有落入第 i 个区间的任何亮度值，都用同一个亮度值来表示，这个过程称为图像的量化。

　　量化位数通常有 1 位、4 位、8 位、16 位、24 位和 32 位。

　　2. 图像数字化相关概念

　　（1）分辨率。图像的分辨率是一个和采样相关的概念，是指数字图像的实际尺寸，即该图像的水平和垂直方向的像素个数。图像的分辨率越高，图像越清晰。

　　（2）颜色深度。颜色深度是一个和图像量化相关的概念。在位图图像中，各像素的颜色信息用若干数据位来表示，这些数据位的个数称为图像的颜色深度（又称图像深度）。颜色深度决定了位图中出现的最大颜色数。和量化位数对应，目前图像的颜色深度有以下几种，即 1、4、8、16、24 和 32。

　　若图像的颜色深度为 1，表明位图中每个像素只有一个颜色位，也就是只能表示两种颜色，即黑或白，这种图像称为单色图像；若图像的颜色深度为 4，则每个像素有 4 个颜色位，可以表示 16 种颜色；若图像的颜色深度为 24，则位图中每个像素有 24 个颜色位，可包含 16777216 种不同的颜色，这种图像被称为真彩色图像。

10.2　Pillow 简介

　　PIL（Python imaging library）是 Python 的第三方图像处理库，由于其功能丰富，API 简洁易用，因此深受好评。

　　自 2011 年以来，由于 PIL 库更新缓慢，目前仅支持 Python 2.7 版本，这明显无法满足 Python 3 版本的使用需求。于是 Python 社区的一群志愿者在 PIL 库的基础上开发了一个支持 Python 3 版本的图像处理库，它就是 Pillow。

　　Pillow 不仅是 PIL 库的"复制版"，而且它在 PIL 库的基础上增加了许多新的特性。Pillow 发展至今，已经成为比 PIL 更具活力的图像处理库。Pillow 是 Python 中较为基础的图像处理库，主要用于图像的基本处理，如裁剪图像、调整图像大小和图像颜色处理等。

10.2.1　Pillow 库的特点

Pillow 库作为图像处理的常用库，主要有以下三大特点。

1.　支持广泛的文件格式

Pillow 库支持广泛的图像格式，如 jpeg、png、bmp、gif、ppm、tiff 等。同时，它也支持图像格式之间的相互转换。总之，Pillow 几乎能够处理任何格式的图像。

2.　提供了丰富的功能

Pillow 库提供了丰富的图像处理功能，包括图像归档与图像处理。其中，图像归档，包括创建缩略图、生成预览图像、图像批量处理等；图像处理则包括调整图像大小、裁剪图像、像素点处理、添加滤镜、图像颜色处理等。

3.　配合 GUI 工具使用

Pillow 库可以配合 Python GUI（graphical user interface，图形用户界面）工具 Tkinter 一起使用。

除上述特点之外，Pillow 库还能实现一些较为复杂的图像处理操作，如给图像添加水印、合成 GIF 动态效果图等。

10.2.2　Pillow 库的安装

PIL 库与 Pillow 库不允许在同一环境中共存，如果之前安装了 PIL 库，只有将其卸载才能安装 Pillow 库。通过 Python 包管理器 pip 来安装 Pillow 库是最简单、轻量级的一种安装方式，并且这种方法适用于任何平台，只需执行以下命令即可。

```
>>>pip install pillow
```

Pillow 库安装成功后，导包时要用 PIL 来导入，而不能用 pillow，如下述代码。

```
>>>import PIL
```

10.3　Pillow 基础

10.3.1　创建 Image 对象

Image 类是 Pillow 库中最为重要的类，该类被定义在和与其同名的 Image 模块中。使用下列导包方式引入 Image 模块：

```
from PIL import Image
```

使用 Image 类可以实例化一个 Image 对象，通过调用该对象的一系列属性和方法对图像进行处理。Pillow 库提供了两种创建 Image 实例对象的方法，下面对它们进行简单的介绍。

1.　open()方法

使用 Image 类的 open()方法，可以创建一个 Image 对象，其语法格式如下：

```
ph = Image.open(file,mode="r")
```

具体参数说明如下。

file：表示文件路径，字符串格式。

mode：可选参数，若出现该参数，则必须设置为 "r"，否则会引发 ValueError 异常。

例 10.1　使用 Pillow 打开并显示一幅图像。

源程序：

```
1    from PIL import Image
2    #打开图像文件
3    ph = Image.open("sheep.jpg")
4    #调用 show()方法显示图像
5    ph.show()
```

程序运行结果如图 10-4 所示。

图 10-4　显示图像的效果

2. new()方法

使用 Image 类提供的 new()方法可以创建一个新的 Image 对象，其语法格式如下：

```
ph=Image.new(mode,size,color)
```

具体参数说明如下。

mode：图像模式，字符串参数，如 RGB（真彩图像）、L（灰度图像）、CMYK（色彩图打印模式）等。

size：图像大小，元组参数（width, height）代表图像的像素大小。

color：图片颜色，默认值为 0 表示黑色，参数值支持（R,G,B）三元组数字格式、颜色的十六进制值以及颜色英文单词。

例 10.2　使用 Pillow 新建一幅图像。

源程序：

```
1    from PIL import Image
2    #使用颜色的十六进制格式
```

```
3    ph=Image.new('RGB',(320,240),"#0000ff")
4    ph.show()
```

程序运行结果如图 10-5 所示。

图 10-5　新建图像效果　　　　　　　　　　　彩图 10-5

10.3.2　Image 对象属性

Image 对象有一些常用的基本属性，这些属性能够帮助我们了解图片的基本信息，下面对这些属性做简单的讲解。

1. 查看图像的尺寸

width：查看图像的宽度（像素）。
height：查看图像的高度（像素）。
size：查看图像的尺寸（像素）。
例 10.3　查看图像的尺寸。
源程序：

```
1    from PIL import Image
2    ph = Image.open("sheep.jpg")
3    #打印 Image 对象属性
4    print(ph)
5    #使用 width 和 height 查看宽度和高度
6    print("宽是%s, 高是%s"%(ph.width,ph.height))
7    #使用 size 查看尺寸
8    print("图像的大小 size:",ph.size)
```

程序运行结果如图 10-6 所示。

```
<PIL.JpegImagePlugin.JpegImageFile image mode=RGB size=142x214 at 0x15DD0A17B80>
宽是142, 高是214
图像的大小size: (142, 214)
```

图 10-6　查看图像尺寸结果

2. 查看图像格式

format：查看图像格式。

例 10.4　查看图像格式。

源程序：

```
1    from PIL import Image
2    ph = Image.open("sheep.jpg")
3    #查看图像格式
4    print("图像的格式:",ph.format)
```

程序运行结果如图 10-7 所示。

图像的格式: JPEG

图 10-7　查看图像格式结果

3. 查看图像信息

info：查看图像信息（以字典形式显示）。

例 10.5　查看图像格式。

源程序：

```
1    from PIL import Image
2    ph = Image.open("sheep.jpg")
3    # 包括每英寸像素点大小和截图软件信息
4    print("图像信息:",ph.info)
```

程序运行结果如图 10-8 所示。

图像信息: {'jfif': 257, 'jfif_version': (1, 1), 'dpi': (96, 96), 'jfif_unit': 1, 'jfif_density': (96, 96)}

图 10-8　查看图像格式（以字典形式显示）结果

4. 查看图像模式

mode：查看图像模式。

例 10.6　查看图像模式。

源程序：

```
1    from PIL import Image
2    ph = Image.open("sheep.jpg")
3    print("图像模式信息:",ph.mode)
```

程序运行结果如图 10-9 所示。

图像模式信息: RGB

图 10-9　查看图像模式结果

10.3.3　图像保存与格式转换

Pillow 库支持多种图像格式，使用 open()方法读取图像时无须考虑图像的类型。同时，Pillow 库在保存图像时能实现图像格式之间的转换。

1. 图像保存

save()方法用于保存图像，当不指定文件格式时，它会以默认的图像格式来存储；如果指定图像格式，则会以指定的格式存储图像。save()方法的语法格式如下：

```
Image.save(file, format=None)
```

具体参数说明如下。

file：图像的存储路径，包含图像的名称，字符串格式。

format：可选参数，可以指定图像的格式，如果省略，则由文件扩展名决定。

例 10.7　保存图像。

源程序：

```
1    from PIL import Image
2    ph = Image.open("sheep.jpg")
3    ph.save('sheep.bmp')
```

执行源程序后，文件目录下会多一个名为"sheep.bmp"的文件。

2. 图像格式转换

Image 类提供的 convert()方法可以实现图像格式的转换，其语法格式如下：

```
Image.convert(mode,params**)
```

具体参数说明如下。

mode：要转换成的图像格式。

params：其他可选参数（可根据需要设置不同相关参数的组合）。

例 10.8　图像格式转换。

源程序：

```
1    from PIL import Image
2    im = Image.open("sheep.png")
3    #此时返回一个新的 image 对象,转换图像格式
4    image=im.convert('RGB')
5    #调用 save()方法保存
6    image.save('sheep.jpg')
```

通过以上代码，可以将 png 格式的图像转换为 jpg 格式的图像。

10.3.4　图像缩放

在图像处理过程中经常会遇到缩小或放大图像的情况，Image 类提供的 resize() 方法能够实现任意缩小和放大图像。

1. 图像缩放

resize()函数的语法格式如下：

```
resize(size, resample=Image.Resampling.BICUBIC, box=None, reducing_
gap=None)
```

具体参数说明如下。

size：元组参数(width,height)，图像缩放后的尺寸。

resample：可选参数，指图像重采样滤波器，默认为 Image.Resampling.BICUBIC。

box：对指定图片区域进行缩放，box 的参数值是长度为 4 的像素坐标元组，即（左，上,右,下）。需要注意，被指定的区域必须在原图的范围内，如果超出范围就会报错。当不传该参数时，默认对整个原图进行缩放。

reducing_gap：可选参数，浮点参数值，用于优化图像的缩放效果，常用参数值有 3.0 和 5.0。

例 10.9　缩小图像。

源程序：

```
1    from PIL import Image
2    ph= Image.open("sheep.jpg")
3    #缩小图像
4    ph=ph.resize((50,75))
5    #保存新图像
6    ph.save("缩小.JPG")
7    ph.show()
```

程序运行结果如图 10-10 所示。

图 10-10　图像缩小效果

例 10.10　局部放大图像。

源程序：

```
1    from PIL import Image
2    ph= Image.open("sheep.jpg")
3    #局部放大图像
```

```
4    ph=ph.resize((150,210),resample=Image.Resampling.BICUBIC,box=(10,10,
5    120,150))
6    #保存新图像
7    ph.save("局部.JPG")
     ph.show()
```

程序运行结果如图 10-11 所示。

图 10-11　图像局部放大效果

2.　批量修改图像尺寸

在图像处理过程中，对于某些不需要精细处理的环节，往往采用批量处理方法，如批量转换格式、批量修改尺寸、批量添加水印、批量创建缩略图等，这是提升工作效率的一种有效途径，它避免了单一、重复的操作。Pillow 库提供的 Image.resize()方法可以实现批量地修改图像尺寸。

例 10.11　批量修改图像尺寸。

源程序：

```
1    # 批量修改图像尺寸
2    import os
3    from PIL import Image
4    #读取图像目录
5    fileName = os.listdir('C:/Users/Administrator/Desktop/sheep/')
6    print(fileName)
7    #设定尺寸
8    width = 450
9    height = 300
10   # 如果目录不存在，则创建目录
11   if not os.path.exists('C:/Users/ Administrator /Desktop/newsheep/'):
12       os.mkdir('C:/Users/ Administrator /Desktop/newsheep/')
13   # 循环读取每一张图像
14   for img in fileName:
15       old_pic = Image.open('C:/Users/Administrator/Desktop/sheep/' + img)
16       new_image = old_pic.resize((width, height),Image.Resampling.
```

```
17  BILINEAR)
18      print (new_image)
        new_image.save('C:/Users/Administrator/Desktop/newsheep/'+img)
```

程序运行前，待处理的图像如图 10-12 所示；程序运行后，输出结果如图 10-13 所示，处理完成的图像如图 10-14 所示。

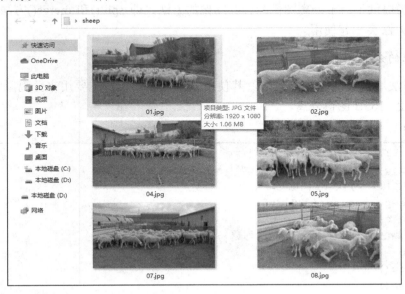

图 10-12　待处理图像

```
['01.jpg', '02.jpg', '03.jpg', '04.jpg', '05.jpg', '06.jpg', '07.jpg', '08.jpg', '09.jpg']
<PIL.Image.Image image mode=RGB size=450x300 at 0x17DFCAC7B50>
<PIL.Image.Image image mode=RGB size=450x300 at 0x17DFCAC7880>
<PIL.Image.Image image mode=RGB size=450x300 at 0x17DFCAC7B50>
<PIL.Image.Image image mode=RGB size=450x300 at 0x17DFCAC7880>
<PIL.Image.Image image mode=RGB size=450x300 at 0x17DFCAC7B50>
<PIL.Image.Image image mode=RGB size=450x300 at 0x17DFCAC7880>
<PIL.Image.Image image mode=RGB size=450x300 at 0x17DFCAC7B50>
<PIL.Image.Image image mode=RGB size=450x300 at 0x17DFCAC7880>
<PIL.Image.Image image mode=RGB size=450x300 at 0x17DFCAC7B50>
```

图 10-13　输出结果

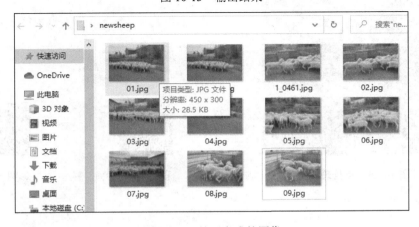

图 10-14　处理完成的图像

10.3.5　图像分离与合并

图像（指数字图像）由许多像素点组成，像素是组成图像的基本单位，而每一个像素点又可以使用不同的颜色，最终呈现出了绚丽多彩的图像（如 RGB 图像），它的每一个像素都是由红色、绿色和蓝色组合而成。图像的分离与合并，指的就是图像颜色的分离和合并。

Image 类提供了用于分离图像和合并图像的方法，即 split()和 merge()方法，通常情况下，这两个方法会一起使用。

1．图像的分离

split()方法用于实现图像的分离，其使用方法比较简单，主要用来分离颜色通道。

例 10.12　RGB 图像分离。

源程序：

```
1    from PIL import Image
2    ph=Image.open("sheep01.png")
3    #修改图像大小,以适应图像处理
4    image=ph.resize((300,250))
5    image.save("sheep02.png")
6    #分离颜色通道,产生 3 个 Image 对象
7    r,g,b = image.split()
8    r.show()
9    g.show()
10   b.show()
11   r.save("r.jpg")
12   g.save("g.jpg")
13   b.save("b.jpg")
```

程序运行前，待处理的图像如图 10-15 所示。

图 10-15　待处理图像

彩图 10-15

彩图 10-16

程序运行后，输出结果如图 10-16 所示。

图 10-16　分离后的图像

2. 图像的合并

Image 类提供的 merge()方法可以实现图像的合并操作。需要注意的是，图像合并可以是单个图像合并，也可以合并两个以上的图像。

merge()方法的语法格式如下：

```
Image.merge(mode, bands)
```

具体参数说明如下。

mode：指定输出图像的模式。

bands：参数类型为元组或者列表，其值是组成图像的颜色通道，如 RGB 分别代表 3 种颜色通道，可以表示为(r,g,b)。

合并图像时，两张图像的模式和大小必须要保持一致，否则不能合并。例 10.13 是将例 10.12 分离的图像通道颠倒后进行合并。

例 10.13　图像合并。

源程序：

```
1    from PIL import Image
2    ph1=Image.open("r.jpg")
3    ph2=Image.open("g.jpg")
4    ph3=Image.open("b.jpg")
5    #重新组合颜色通道,返回 Image 对象
6    ph_merge=Image.merge('RGB',(ph3,ph2,ph1))
7    ph_merge.show()
8    #保存图像
9    ph_merge.save("sheep03.jpg")
```

图像合并时将通道顺序颠倒，获得的图像效果与原图不同，如图 10-17 所示。

图 10-17　合并后图像

彩图 10-17

10.3.6　图像的裁剪、复制与粘贴

图像的裁剪、复制、粘贴是图像处理过程中经常使用的基本操作，Pillow Image 类提供了简单、易用的接口，能够快速实现这些简单的图像处理操作。

1. 图像裁剪

Image 类提供的 crop()方法允许以矩形区域的方式对原图像进行裁剪，其语法格式如下：

```
crop(box=None)
```

参数 box 表示裁剪区域，默认为 None，表示拷贝原图像。box 是一个有 4 个数字的元组参数(x_左上,y_左下,x1_右上,y1_右下)，分别表示被裁剪矩形区域的左上角 x、y 坐标和右下角 x、y 坐标。默认(0,0)表示坐标原点，宽度的方向为 x 轴，高度的方向为 y 轴，每个像素点代表一个单位。

例 10.14　图像裁剪。

源程序：

```
1    from PIL import Image
2    #裁剪图像
3    ph = Image.open("sheep01.png")
4    box =(0,140,280,300)
5    ph_crop = ph.crop(box)
6    ph_crop.show()
```

待裁剪图像见图 10-15，裁剪后效果如图 10-18 所示。

图 10-18　裁剪后图像

2. 图像复制与粘贴

复制、粘贴操作一般是成对出现的，Image 类提供了 copy() 和 paste() 方法来实现图像的复制和粘贴，其语法格式如下：

```
image.copy()
```

创建图像的一个副本

```
image.paste(image, box=None, mask=None)
```

是将一张图像粘贴至另一张图像中，参数说明如下。

image：被粘贴的图像。

box：指定图像被粘贴的位置或者区域，其参数值是长度为 2 或者 4 的元组序列。长度为 2 时，表示具体的某一点(x,y)；长度为 4 时，则表示图片粘贴的区域，此时区域的大小必须要和被粘贴的图像大小保持一致。

mask：可选参数，为图像添加蒙版效果。

例 10.15　图像复制与粘贴。

源程序：

```
1   from PIL import Image
2   ph1 = Image.open("sheep02.png")
3   ph2 = Image.open("sheep03.png")
4   #复制一张图像副本
5   ph2_copy=ph2.copy()
6   #对副本进行裁剪
7   ph2_crop = ph2_copy.crop((20,110,130,300))
8   #将裁剪后的副本粘贴至图像上
9   ph1.paste(ph2_crop,(400,500))
10  #显示粘贴后的图像
11  ph1.show()
```

sheep02 与 sheep03 原图如图 10-19 所示。

图 10-19　sheep02 与 sheep03 原图

运行程序，粘贴后图像效果如图 10-20 所示。

图 10-20　粘贴后图像

10.3.7　图像的图像几何变换

图像的几何变换主要包括图像翻转和图像旋转操作，Image 类提供了处理这些操作的
transpose()方法和 rotate()方法，下面分别对它们进行讲解。

1. 图像翻转

transpose()方法可以实现图像的垂直、水平翻转，其语法格式如下：

```
Image.transpose(method)
```

参数 method 决定了图像要如何翻转，具体参数说明如下。

Image.Transpose.FLIP_LEFT_RIGHT：左右水平翻转。

Image.Transpose.FLIP_TOP_BOTTOM：上下垂直翻转。

Image.Transpose.ROTATE_90：图像旋转 90°。

Image.Transpose.ROTATE_180：图像旋转 180°。

Image.Transpose.ROTATE_270：图像旋转 270°。

Image.Transpose.TRANSPOSE：图像转置。

Image.Transpose.TRANSVERSE：图像横向翻转。

例 10.16　图像翻转。

源程序：

```
1  from PIL import Image
2  ph = Image.open("sheep01.png")
3  #返回一个新的 Image 对象
4  ph_out=ph.transpose(Image.Transpose.FLIP_LEFT_RIGHT)
5  ph_out.show()
6  ph_out.save("水平翻转.png")
```

翻转前图像见图 10-15，翻转后图像效果如图 10-21 所示。

图 10-21　翻转后图像

2. 图像旋转

rotate()方法可以把图像旋转任意角度，其语法格式如下：

```
    Image.rotate(angle, resample=PIL.Image.NEAREST, expand=None, center=
None, translate=None, fillcolor=None)
```

具体参数说明如下。

angle：表示任意旋转的角度。

resample：重采样滤波器，默认为 PIL.Image.NEAREST 最近邻插值方法。

expand：可选参数，表示是否对图像进行扩展。如果参数值为 True，则扩大输出图像；如果为 False 或者省略，则表示按原图像大小输出。

center：可选参数，指定旋转中心，参数值是长度为 2 的元组，默认绕图像中心进行旋转。

translate：参数值为二元组，表示对旋转后的图像进行平移，以左上角为原点。

fillcolor：可选参数，填充颜色，图像旋转后，对图像之外的区域进行填充。

例 10.17   图像旋转。

源程序：

```
1    from PIL import Image
2    ph = Image.open("sheep01.png")
3    #旋转角度为 45°,并将旋转图像之外的区域填充为黄色
4    #返回同一个新的 Image 对象
5    ph_out=ph.rotate(45,fillcolor="white")
6    ph_out.show()
7    ph_out.save("旋转图像.png")
```

旋转前图像见图 10-15，旋转后图像效果如图 10-22 所示。

图 10-22   旋转后图像

10.3.8   图像降噪处理

受成像设备、传输媒介等因素的影响，图像总会或多或少地存在一些干扰信息，我们将这些干扰信息统称为"噪声"。例如，数字图像中常见的"椒盐噪声"，指的是图像会随机出现的一些白、黑色的像素点。图像噪声既影响了图像的质量，又妨碍人们的视觉观赏。因此，噪声处理是图像处理过程中必不可少的环节之一。

随着数字图像技术的不断发展，图像降噪方法也日趋成熟，通过某些算法来构造滤波器是图像降噪的主要方式。滤波器能够有效抑制噪声的产生，并且不影响被处理图像的形状、大小以及原有的拓扑结构。

Pillow 库通过 ImageFilter 类达到图像降噪的目的，该类中集成了不同种类的滤波器，通过调用它们从而实现图像的平滑、锐化、边界增强等图像降噪操作，具体语法格式如下：

```
image.filter(method)
```

参数 method 决定了降噪的滤波器类型，具体参数说明如下。

ImageFilter.BLUR：模糊滤波，即均值滤波。

ImageFilter.CONTOUR：轮廓滤波，寻找图像轮廓信息。

ImageFilter.DETAIL：细节滤波，使得图像显示更加精细。

ImageFilter.FIND_EDGES：寻找边界滤波（找寻图像的边界信息）。

ImageFilter.EMBOSS：浮雕滤波，以浮雕图的形式显示图像。

ImageFilter.EDGE_ENHANCE：边界增强滤波。

ImageFilter.EDGE_ENHANCE_MORE：深度边缘增强滤波。

ImageFilter.SMOOTH：平滑滤波。

ImageFilter.SMOOTH_MORE：深度平滑滤波。

ImageFilter.SHARPEN：锐化滤波。

ImageFilter.GaussianBlur()：高斯模糊。

ImageFilter.UnsharpMask()：反锐化掩码滤波。

ImageFilter.Kernel()：卷积核滤波。

ImageFilter.MinFilter(size)：最小值滤波器，从参数 size 指定的区域中选择最小像素值，然后将其存储到输出图像。

ImageFilter.MedianFilter(size)：中值滤波器，从参数 size 指定的区域中选择中值像素值，然后将其存储到输出图像。

ImageFilter.MaxFilter(size)：最大值滤波器。

ImageFilter.ModeFilter()：模式滤波。

从上述参数中选取几个进行示例演示，待处理的原始图像如图 10-23 所示。

图 10-23　待处理的原始图像

例 10.18　图像模糊处理。

源程序：

```
1    #导入 Image 类和 ImageFilter 类
2    from PIL import Image,ImageFilter
3    ph = Image.open("sheep04.png")
4    #图像模糊处理
5    ph_blur=ph.filter(ImageFilter.BLUR)
6    ph_blur.show()
7    ph_blur.save("模糊.png")
```

模糊处理后的图像如图 10-24 所示。

图 10-24   模糊处理后的图像

例 10.19   轮廓图。
源程序：

```
1    # 导入 Image 类和 ImageFilter 类
2    from PIL import Image,ImageFilter
3    ph = Image.open("sheep04.png")
4    #生成轮廓图
5    ph=ph.filter(ImageFilter.CONTOUR)
6    ph.show()
7    ph.save("轮廓.png")
```

运行程序后，轮廓图如图 10-25 所示。

图 10-25   轮廓图

例 10.20   图像边缘检测。
源程序：

```
1    #导入 Image 类和 ImageFilter 类
2    from PIL import Image,ImageFilter
```

```
3    ph = Image.open("sheep04.png")
4    #边缘检测
5    ph_blur=ph.filter(ImageFilter.FIND_EDGES)
6    ph_blur.show()
7    ph_blur.save("边缘检测.png")
```

运行程序后，图像边缘检测如图 10-26 所示。

图 10-26　图像边缘检测

例 10.21 浮雕图。

源程序：

```
1    #导入 Image 类和 ImageFilter 类
2    from PIL import Image,ImageFilter
3    ph = Image.open("sheep04.png")
4    #浮雕图
5    ph_blur=ph.filter(ImageFilter.EMBOSS)
6    ph_blur.show()
7    ph_blur.save("浮雕图.png")
```

运行程序后，浮雕图效果如图 10-27 所示。

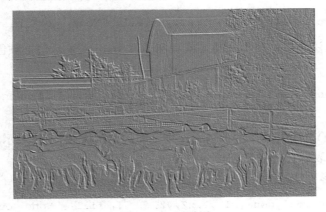

图 10-27　浮雕图

10.3.9 绘图与文字处理

1. Pillow 绘图

Pillow 中的 ImageDraw 模块实现了绘图功能，可以通过创建图片的方式来绘制 2D 图像；还可以在原有的图片上进行绘图，以达到修饰图片或对图片进行注释的目的。使用 ImageDraw 模块绘图时，需要先创建一个 ImageDraw.Draw 对象，并且提供指向文件的参数，然后引用创建的 Draw 对象方法进行绘图，最后保存或直接输出绘制的图像，具体语法格式如下：

```
drawObject = ImageDraw.Draw(obj)
```

1）绘制直线

```
drawObject.line([x1,y1,x2,y2], fill = None, width = 0, joint = None)
```

具体参数说明如下。

[x1,y1,x2,y2]：表示以(x1,y1)为起始点，以(x2,y2)为终止点画一条直线。[x1,y1,x2,y2] 也可以写为 (x1,y1,x2,y2)、[(x1,y1),(x2,y2)]等。

fill：设置指定线条颜色。

width：设置线条的宽度。

joint：表示一系列线之间的联合类型。

2）绘制圆弧

```
drawObject.arc([x1,y1,x2,y2],start,end,fill = None,width = 0)
```

具体参数说明如下。

[x1,y1,x2,y2]：在左上角坐标为(x1,y1)，右下角坐标为（x2,y2）的矩形区域的内接圆。

start：为起始角度。

end：为终止角度。

参数 fill 和 width 与 line()方法相同。

3）绘制椭圆

```
drawObject.ellipse([x1,y1,x2,y2],fill = None, outline = None, width = 0)
```

用法同 arc()方法类似，用于画圆（或者椭圆）。outline 表示边框颜色。

4）绘制扇形

```
drawObject.pieslice([x1,y1,x2,y2],start,end,fill = None,outline = None,
width = 0)
```

用法同 ellipse()方法类似，用于画起止角度间的扇形区域。fill 表示将扇形区域用指定颜色填满，outline 表示边框颜色。

5）绘制多边形

```
drawObject.polygon([x1,y1,x2,y2,....], fill = None, outline = None)
```

Python 会根据第一个参量中的(x,y)坐标对，连接出整个图形。

6）绘制矩形

```
drawObject.rectangle([x1,y1,x2,y2], fill = None, outline = None, width
= 0)
```

在指定的区域内画一个矩形，(x1,y1)表示矩形左上角的坐标，(x2,y2)表示矩形右下角的坐标。

7）绘制文字

```
drawObject.text(position, text, fill = None, font = None, anchor = None,
spacing = 0,  align ="left", direction = None, features = None, language = None)
```

具体参数说明如下。

position：是一个二元组，用于指定文字左上角的坐标。

text：表示要写入的文字内容。

fill：表示文本的颜色。

font：必须为 ImageFont 中指定的 font 类型。

spacing：表示行之间的像素数。

align：表示位置"left"、"center"或"right"。

direction：表示文字的方向，它可以是'rtl'（从右到左）、'ltr'（从左到右）或'ttb'（从上到下）。

例 10.22　Pillow 绘图。

源程序：

```
1    from PIL import Image,ImageDraw
2    #创建 Image 对象,当作背景图
3    ph = Image.open("sheep04.png")
4    #创建 ImageDraw 对象
5    draw = ImageDraw.Draw(ph)
6    #以左上角为原点,绘制矩形。元组坐标序列表示矩形的位置、大小
7    #fill 设置填充色为红色,outline 设置边框线为绿色
8    draw.rectangle((50,100,100,150),fill=(255,0,0),outline=(0,255,0))
9    #以左上角为原点,绘制圆形。元组坐标序列表示圆形的位置、大小
10   #fill 设置填充色为绿色,outline 设置边框线为蓝色
11   draw.ellipse((110,100,160,150),fill=(0,255,0),outline=(0,0,255))
12   #查看图片
13   ph.show()
14   #保存图片
15   ph.save(" Pillow 绘图.png")
```

Pillow 绘图的效果如图 10-28 所示。

2. 文字处理

ImageFont 模块通过加载不同格式的字体文件，在图像上绘制出不同类型的文字。

创建字体对象的语法格式如下：

```
font = ImageFont.truetype(font='字体文件路径', size=字体大小)
```

如果想要在图像上添加文本，还需要使用 drawObject.text()方法。

图 10-28　Pillow 绘图 　　　　　　　　　　　　　　　　　彩图 10-28

例 10.23　Pillow 文字处理。

源程序：

```
1   from PIL import Image,ImageFont,ImageDraw
2   #打开图片，返回 Image 对象
3   ph = Image.open("sheep04.png")
4   #创建 ImageDraw 对象
5   draw = ImageDraw.Draw(ph)
6   #加载计算机本地字体文件
7   font=ImageFont.truetype('C:/Windows/Fonts/msyh.ttc',size=36)
8   #在原图像上添加文本
9   draw.text(xy=(80,50),text='Python 语言程序设计',fill=(255,0,0),font=
10  font)
11  ph.show()
12  ph.save("文字处理.png")
```

Pillow 文字处理效果如图 10-29 所示。

图 10-29　Pillow 文字处理 　　　　　　　　　　　　　　　彩图 10-29

10.3.10　抓取图像

ImageGrab 模块用于将当前屏幕的内容或者剪贴板上的内容拷贝到 PIL 图像。

ImageGrab.grab()方法抓取屏幕，边框内的像素在 Windows 上以 "rgb" 图像的形式返回，在 macOS 上以 "rgba" 的形式返回。如果省略了边框，则会复制整个屏幕，具体语法格式如下：

```
ImageGrab.grab(box)
```

参数 box 表示屏幕区域，可省略。

例 10.24　抓取屏幕。

源程序：

```
1   from PIL import Image, ImageGrab
2   #抓取整个屏幕
3   im =ImageGrab.grab()
4   im.show()
5   #抓取屏幕区域
6   im=ImageGrab.grab((300, 100, 1400, 600))
7   im.show()
```

10.4　Pillow 应用

10.4.1　生成字母验证码

在各种系统中，为了防止恶意注册和机器冒充用户做暴力破解，都会要求用户输入验证码，Pillow 库配合随机函数也可以实现自动生产验证码，示例如下。

例 10.25　生成验证码。

源程序：

```
1    from PIL import Image, ImageDraw, ImageFont, ImageFilter
2    import random
3    # 随机字母
4    def rndChar():
5        return chr(random.randint(65, 90))
6    # 随机颜色 1
7    def rndColor():
8        return (random.randint(64, 255), random.randint(64, 255),
9    random.randint(64, 255))
10   # 随机颜色 2
11   def rndColor2():
12       return (random.randint(32, 127), random.randint(32, 127),
13   random.randint(32, 127))
14   width = 360
15   height = 120
```

```
16    image = Image.new('RGB', (width, height), (255, 255, 255))
17    # 创建 Font 对象
18    font = ImageFont.truetype('/usr/share/fonts/wps-office/simhei.ttf', 60)
19    # 创建 Draw 对象
20    draw = ImageDraw.Draw(image)
21    # 填充每个像素
22    for x in range(width):
23        for y in range(height):
24            draw.point((x, y), fill=rndColor())
25    # 输出文字
26    for t in range(6):
27        draw.text((60 * t + 10, 30), rndChar(), font=font, fill=rndColor2())
28    # 模糊处理
29    image = image.filter(ImageFilter.BLUR)
30    image.save('code.jpg', 'jpeg')
```

生成验证码效果如图 10-30 所示。

图 10-30　生成验证码

10.4.2　抓屏合成 gif 文件

有时我们需要将一段时间的屏幕操作保存下来，可以使用 Pillow 库进行抓屏，然后将抓取的图像合并成 gif 图像，如下例所示。

例 10.26　抓屏并保存。

源程序：

```
1     from time import sleep
2     from PIL import ImageGrab
3     #frame 为每秒抓取帧数
4     frame = 10
5     #sleepTime 为每帧间隔
6     sleepTime = 1.0 / frame
7     def capture():
8         m = int(input("Please enter the screen capture seconds:"))
9         x = int(input("How many seconds to capture the screen:"))
10        if x != 0:
11            sleep(x)
12        n = 1
13        #m 为抓取总帧数
14        m = frame * m
```

```
15        #imgList 为抓取图像列表
16        imgList = []
17        while n < m:
18            sleep(sleepTime)
19            #抓取图像
20            im = ImageGrab.grab()
21            #添加图像到列表
22            imgList.append(im)
23            n = n + 1
24        return imgList
25    #将抓取图像并合成 gif 图像
26    def mkGif(imgList):
27        im = imgList[0]
28        im.save('capture.gif', save_all=True, append_images=imgList[1:],
29    loop=0, duration=sleepTime)
30
31    imgList = capture()
32    mkGif(imgList)
```

10.4.3　Pillow 与 NumPy 数组

在机器学习中，常常需要将图像转化为 NumPy 数组做相关的数学计算，这时可以使用 Pillow 库加载文件，并转为 NumPy 数组。如果将图像数据作为 NumPy 数组进行操作，最后需要将其另存为 PNG 或 JPEG 文件，则可以使用 Image.fromarray 函数将给定的 NumPy 数组反转为 Pillow 库的 Image 对象，最后保存到文件中。ndarray 是 NumPy 数组中的数组类型，也称为 ndarray 数组，该数组可以与 Pillow 库的 PIL.Image 对象实现相互转化。

例 10.27　使用 NumPy 数组创建图像。

源程序：

```
1     #导入相关的包
2     from PIL import Image
3     #使用 numpy 之前需要提前安装
4     import numpy as np
5     #创建 300*400 的图像,3 个颜色通道
6     array = np.zeros([300,400,3],dtype=np.uint8)
7     #rgb 色彩模式
8     array[:,:200]=[255,0,0]
9     array[:,200:]=[0,255,0]
10    img = Image.fromarray(array)
11    img.show()
12    img.save("数组生成图像.png")
```

数组生成图像如图 10-31 所示。

图 10-31　数组生成图像

彩图 10-31

例 10.28　图像转化为数组。

源程序：

```
1   from PIL import Image
2   import numpy as np
3   ph = Image.open("sheep04.png")
4   #Image 图像转换为 ndarray 数组
5   img = np.array(ph)
6   print(img)
7   #ndarray 转换为 Image 图像
8   arr_img = Image.fromarray(img)
9   #显示图片
10  arr_img.show()
11  #保存图片
12  arr_img.save("arr_img.png")
```

图像转化为数组后的显示效果如图 10-32 所示。

图 10-32　图像转化为数组后的显示效果

10.4.4 使用 Pillow 库进行图像预处理

动物图像识别是当前的热门领域，图像识别之前需要对图像进行预处理，本小节将详细讲解图像预处理的一般步骤。

1. 打开并显示图像

Pillow 库使用操作系统的默认方式打开图像，但在图像处理中常用的是 matplotlib.pyplot 函数库。Matplotlib 库使用前需要安装。

例 10.29 使用 matplotlib.pyplot 显示图像。

源程序：

```
1    from PIL import Image
2    #导入 matplotlib 库
3    import matplotlib.pyplot as plt
4    #打开图像
5    img = Image.open('sheep.png')
6    #转换图像格式，"L" 为单通道色
7    model = img.convert('L')
8    plt.figure("sheep")
9    #使用 imshow() 绘制图像
10   plt.imshow(model, cmap=None)
11   #显示图像
12   plt.show()
```

显示图像的效果如图 10-33 所示。

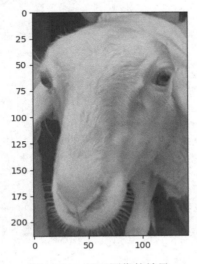

图 10-33 显示图像的效果

彩图 10-33

2. 分离 rgb 并显示

图像处理中经常需要对图像的颜色通道进行分离并处理，下面的例子将介绍如何分离颜色通道并显示。

例 10.30　分离 rgb 并显示。

源程序：

```python
from PIL import Image
import matplotlib.pyplot as plt
img = Image.open('sheep.png')
gray = img.convert('L')
# 分离rgb
r, g, b= img.split()
plt.figure("sheep")
#设置图像显示排列方式
def setPlot(num, title):
    #subplot(nrows, ncols, plot_number)
#图表的整个绘图区域被等分为numRows行和numCols列,然后按照从左到
#右、从上到下的顺序对每个区域进行编号,左上区域的编号为1
    plt.subplot(2, 3, num)
    plt.title(title)
    plt.axis('off')

setPlot(1, 'origin')
plt.imshow(img)

setPlot(2, 'gray')
plt.imshow(gray, cmap='gray')

# 合并rgb
setPlot(3, 'rgb')
plt.imshow(Image.merge('RGB', (r, g, b)))

setPlot(4, 'r')
plt.imshow(r)

setPlot(5, 'g')
plt.imshow(g)

setPlot(6, 'b')
plt.imshow(b)
plt.show()
```

分离 rgb 并显示的效果如图 10-34 所示。

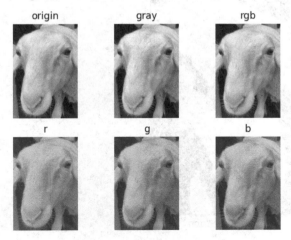

图 10-34　分离 rgb 并显示的效果　　　　　　　彩图 10-34

3.　二值化处理

图像二值化就是将图像上像素点的灰度值设置为 0 或 255，也就是将整个图像呈现出明显的黑白效果的过程。在数字图像处理中，二值图像占有非常重要的地位，图像的二值化使图像中数据量大为减少，从而能凸显出目标的轮廓。

例 10.31　二值化处理图像。

源程序：

```
1    from PIL import Image
2    import matplotlib.pyplot as plt
3    img = Image.open('sheep1.png')
4    #转换图像格式,"L"为单通道色
5    gray = img.convert('L')
6    #二值化处理
7    WHITE, BLACK = 1, 0
8    #单色图像中像素点的灰度值在 128 以上的为白色,其余为黑色
9    img_new = gray.point(lambda x: WHITE if x > 128 else BLACK)
10   plt.imshow(img_new, cmap='gray')
11   plt.show()
```

二值图显示效果如图 10-35 所示。

4.　图像压缩并显示二值矩阵

图像处理中如果图片大小不一，不利于工作，需要将图片压缩成统一大小。下例将图像压缩为 24×24，压缩后将图像二值化并输出二值矩阵。

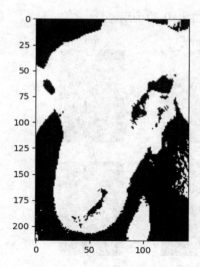

图 10-35　二值图显示效果

例 10.32　压缩图像并输出二值矩阵。

源程序：

```
1    from PIL import Image
2    import matplotlib.pyplot as plt
3    import numpy as nmp
4    #等比压缩图像
5    def resizeImg(**args):
6        #ori_img  源图片,  dst_img  目标图片
7        #dst_w,dst_h  目标图片大小,  save_q  图片质量
8        args_key = {'ori_img':'', 'dst_img':'', 'dst_w':'', 'dst_h':'',
9    'save_q':75}
10       arg = {}
11       for key in args_key:
12           if key in args:
13               arg[key] = args[key]
14       im = Image.open(arg['ori_img'])
15       ori_w, ori_h = im.size
16       widthRatio = heightRatio = None
17       ratio = 1
18       if (ori_w and ori_w > arg['dst_w']) or (ori_h and ori_h > arg['dst_h']):
19           if arg['dst_w'] and ori_w > arg['dst_w']:
20               widthRatio = float(arg['dst_w']) / ori_w
21           if arg['dst_h'] and ori_h > arg['dst_h']:
22               heightRatio = float(arg['dst_h']) / ori_h
23           if widthRatio and heightRatio:
24               if widthRatio < heightRatio:
25                   ratio = widthRatio
26               else:
```

```
27          ratio = heightRatio
28      if widthRatio and not heightRatio:
29          ratio = widthRatio
30      if heightRatio and not widthRatio:
31          ratio = heightRatio
32      newWidth = int(ori_w * ratio)
33      newHeight = int(ori_h * ratio)
34   else:
35      newWidth = ori_w
36      newHeight = ori_h
37   im.resize((newWidth, newHeight), Image.Resampling.LANCZOS).save
38   (arg['dst_img'], quality=arg['save_q'])
39   #将源图片等比压缩为 24*24 大小,并重命名
40   resizeImg(ori_img='sheep.png', dst_img='sheep_1.png', dst_w=24,
41   dst_h=24, save_q=60)
42   #打开压缩后图像,进行二值化
43   img = Image.open('sheep_1.png')
44   gray = img.convert('L')
45   WHITE, BLACK = 1, 0
46   img_new = gray.point(lambda x: WHITE if x > 128 else BLACK)
47   #打印二值矩阵
48   arr = nmp.array(img_new)
49   for i in range(arr.shape[0]):
50       print(arr[i].flatten())
```

图像二值化后输出的二值矩阵如图 10-36 所示。

```
[0 0 0 0 0 1 1 1 1 0 0 1 1 1]
[0 0 1 1 1 1 1 1 1 1 1 1 1 1]
[0 1 1 1 1 1 1 1 1 1 1 1 1 1]
[1 1 1 1 1 1 1 1 1 1 1 1 1 1]
[1 1 1 1 1 1 1 1 1 1 1 1 1 1]
[1 1 1 1 1 1 1 1 1 1 1 1 1 1]
[1 0 1 1 1 1 1 1 1 1 1 1 1 1]
[1 0 1 1 1 1 1 1 1 1 1 1 0 0]
[1 1 1 1 1 1 1 1 1 1 1 1 0 1]
[1 1 1 1 1 1 1 1 1 1 0 0 1 1]
[1 1 1 1 1 1 1 1 1 1 0 1 1 1]
[1 1 1 1 1 1 1 1 1 1 1 1 1 1]
[1 1 1 1 1 1 1 1 1 1 1 1 1 1]
[1 1 1 1 1 1 1 1 1 1 1 1 1 1]
[1 1 1 1 1 1 1 1 1 1 1 1 1 1]
[1 1 1 1 1 1 1 1 1 1 1 1 1 1]
[1 1 1 1 1 1 1 1 1 1 1 1 1 1]
[1 1 1 1 1 1 1 1 1 1 1 1 1 1]
[1 1 1 1 1 1 1 1 1 1 1 1 1 1]
[1 1 1 1 1 1 0 0 1 1 1 1 1 1]
[1 1 1 1 1 1 0 0 1 1 1 1 1 1]
[1 1 1 0 1 1 0 0 1 1 1 1 1 1]
[1 1 1 0 0 1 0 0 1 1 1 1 1 1]
```

图 10-36　二值矩阵显示

本 章 小 结

　　本章首先介绍了图形图像处理的基本知识，说明了图像数值化的概念；然后介绍了 Python 中 Pillow 库的特点与安装方式；接着重点讲解了 Pillow 库的详细用法，包括图像格式转换、图像缩放、图像分离与合并、图像几何变换与图像降噪等操作；最后通过实例讲解了在动物图像识别中如何使用 Pillow 库进行图像预处理。

参 考 文 献

董付国，2018. Python 程序设计基础[M]. 2 版. 北京：清华大学出版社.

江红，余青松，2017. Python 程序设计与算法基础教程[M]. 北京：清华大学出版社.

李东方，2017. Python 程序设计基础[M]. 北京：电子工业出版社.

刘卫国，2017. Python 语言程序设计[M]. 北京：电子工业出版社.

明日科技，2021. 零基础学 Python[M]. 长春：吉林大学出版社.

吴萍，2017. Python 算法与程序设计基础[M]. 2 版. 北京：清华大学出版社.

DAVID B，JONES B K，2015. Python Cookbook 中文版[M]. 陈舸，译. 3 版. 北京：人民邮电出版社.

LIANG Y D，2015. Python 语言程序设计[M]. 李娜，译. 北京：机械工业出版社.

LIE H M，2018. Python 基础教程[M]. 袁国忠，译. 3 版. 北京：人民邮电出版社.

MATTHES E，2023. Python Crash Course [M]. 3rd ed. US: No Starch Press.

SUMMERFIELD M，2011. Python 3 程序开发指南[M]. 王弘博，孙传庆，译. 北京：人民邮电出版社.